工业和信息化
精品系列教材

WeChat Mini Program Development

微信小程序开发 项目教程

慕课版 | 第2版

李莉 朱壮华 魏秀安◎主编

人民邮电出版社
北京

图书在版编目（CIP）数据

微信小程序开发项目教程 ： 慕课版 / 李莉, 朱壮华, 魏秀安主编. -- 2 版. -- 北京 ： 人民邮电出版社, 2025. -- (工业和信息化精品系列教材). -- ISBN 978-7-115-65126-6

Ⅰ. TN929.53

中国国家版本馆 CIP 数据核字第 2024G7M666 号

内 容 提 要

本书以一个典型项目的实现过程为主线，详细讲解了微信小程序开发技术。全书共 10 个单元，包括微信小程序概述，莫凡商城小程序项目任务，莫凡商城小程序的项目结构，莫凡商城首页静态布局设计，莫凡商城首页动态绑定设计，莫凡商城的注册、登录功能，莫凡商城商品详情页设计，莫凡商城获取收货地址功能设计，莫凡商城支付功能及订单详情页设计，小程序扩展应用。本书采用图、表与详细的示例代码相结合的方式，将微信小程序设计的基本原理和知识融入项目开发实战之中，讲解微信小程序的设计和实现，帮助读者掌握典型功能的开发方法，便于读者举一反三。

本书可作为高等院校、培训机构的微信小程序开发相关课程的教材，也可供对微信小程序开发感兴趣的读者自学参考。

◆ 主　　编　李　莉　朱壮华　魏秀安

责任编辑　闫子铭

责任印制　王　郁　焦志炜

◆ 人民邮电出版社出版发行　北京市丰台区成寿寺路 11 号

邮编　100164　电子邮件　315@ptpress.com.cn

网址　https://www.ptpress.com.cn

三河市君旺印务有限公司印刷

◆ 开本：787×1092　1/16

印张：20　　2025 年 1 月第 2 版

字数：577 千字　　2025 年 1 月河北第 1 次印刷

定价：79.80 元

读者服务热线：(010)81055256　印装质量热线：(010)81055316

反盗版热线：(010)81055315

前言

1. 为什么要学微信小程序

微信小程序是微信团队在 2017 年 1 月 9 日正式发布的一种新功能。它可以实现 App 的原生交互操作效果，但是不像 App 那样需要下载安装才能使用。微信小程序只需要用户扫一扫或者搜索一下就可以使用，不仅符合用户的使用习惯，还解放了用户手机的内存空间，同时给企业提供了宣传自己产品的渠道。企业创建微信小程序后，其产品可以被更多用户找到，从而达到宣传推广的效果。微信小程序的快速发展为广大开发者提供了很多就业机会。

2. 本书学习路径

莫凡商城小程序是贯穿本书的项目实例。读者通过学习本书内容可以了解如何完整地开发一个企业级的小程序，并在此过程中学习微信小程序的基础知识及典型模块的开发方法。本书的学习路径如下。

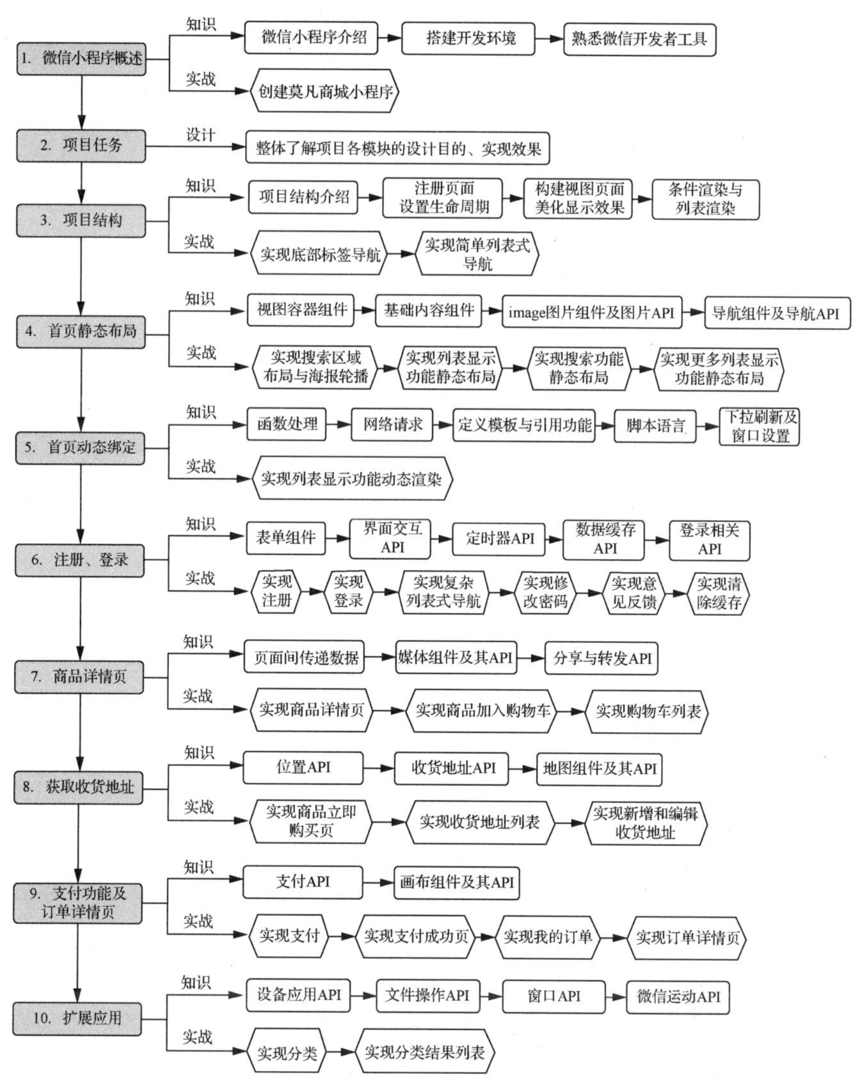

3．本书特点和优势

- 理论与实践相结合。本书根据行业企业发展需要来选取教学内容，符合读者的认知规律和教学规律。
- 任务驱动、适应性强。根据教学内容，合理安排教学任务，读者通过本书不仅能快速地学习到基本技术，还能够提高项目开发能力。
- 启智增慧，弘扬社会主义核心价值观。本书全面贯彻党的二十大精神，落实立德树人根本任务，引导学生坚定文化自信，树立社会责任感。

4．平台支撑，免费赠送资源

- 全部案例源代码、全书电子教案可登录人邮教育社区（www.ryjiaoyu.com）下载。
- 提供全书高清精讲视频课程（扫描书中二维码或登录人邮学院观看）。

本书由李莉、朱壮华、魏秀安任主编。由于编者水平有限，书中难免存在不妥之处，敬请广大读者批评指正。

编　者
2025 年 1 月

目录

单元3

莫凡商城小程序的项目结构…………32

单元4

莫凡商城首页静态布局设计…………57

单元 6

莫凡商城的注册、登录功能 ……………… 143

单元 7

莫凡商城商品详情页设计 ···· 210

单元 8

莫凡商城获取收货地址功能设计 ···· 242

单元 9

莫凡商城支付功能及订单详情页设计 ···· 268

单元 10

单元1 微信小程序概述

01

情景引入

微信小程序自从2017年1月9日正式发布后，深受各行各业的关注并被广泛使用。现在很多企业将微信小程序作为公司业务的流量入口，很多试点的业务也是先做成一款小程序在市场中运行，如果业务开展顺利、有发展前景，则再做Android版本、iOS版本的App。这种形式既便于企业尝试新业务，又可以让开发成本得到有效控制。小程序除了在公司层面得到极大的关注外，在开发人员之间也是热烈讨论的话题。微信小程序的开发门槛较低，很多开发人员都尝试自己开发小程序。微信小程序社区很活跃，小程序的产品不断丰富，并且微信小程序允许以个人身份发布，这些都为其发展注入了新的活力。

学习目标

知识目标

1. 了解微信小程序的起源和发展。
2. 了解微信小程序的功能。
3. 了解微信小程序的使用场景。
4. 学会搭建微信小程序环境。
5. 掌握微信开发者工具的使用方法。

能力目标

1. 能独立搭建开发环境并创建项目。
2. 熟练使用微信开发者工具。

素质目标

1. 培养创建规范的项目结构的能力。
2. 培养规范、严谨的工作态度。

思维导图

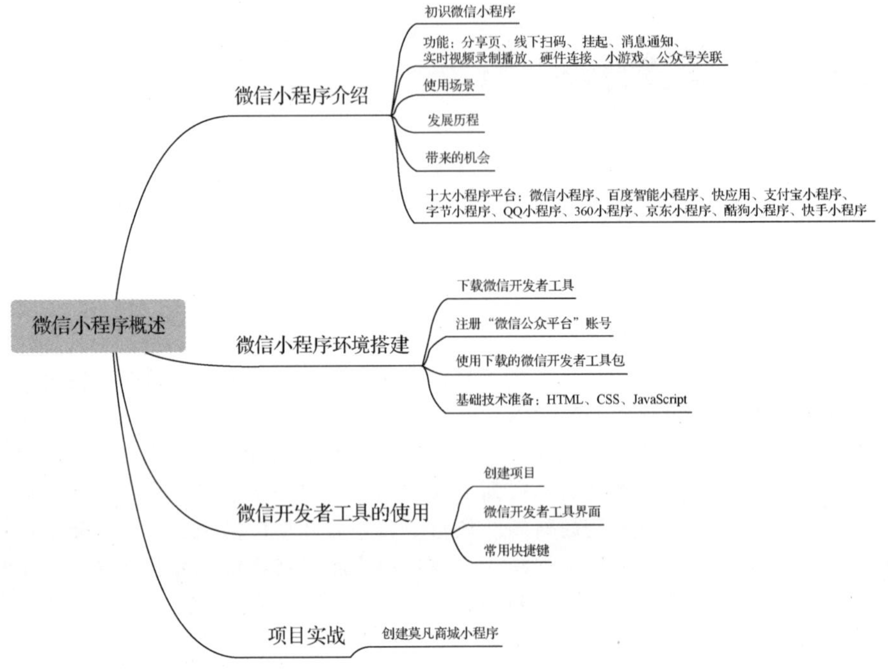

1.1 微信小程序介绍

1.1.1 初识微信小程序

微信小程序（WeChat Mini Program）是一种全新的连接用户与服务的方式，它可以在微信内被便捷地获取和传播，是一种无须安装即可使用的应用。它实现了应用“触手可及”的梦想，用户扫一扫或者搜索一下即可打开应用；也体现了“用完即走”的理念，用户不再需要关心是否安装太多应用的问题。应用变得无处不在，随时随地可用，无须安装卸载。

慕课视频

微信小程序介绍

微信小程序是腾讯公司推出的在服务号、订阅号、企业微信之后深受大众喜爱的一款产品。这4种产品分别有不同的作用和功能。

1. 服务号

服务号为企业和组织提供了更强大的业务服务与用户管理能力，主要偏向交互类服务，也就是常说的微信公众号，功能类似12315、银行，提供绑定信息等服务。服务号适用于商业应用，可以实现微信支付、定制菜单、多客服等功能，已成为许多企业和组织推广品牌、营销宣传、提供服务的重要工具之一。

适用人群：媒体、企业、政府或其他组织。

群发次数：服务号1个月（按自然月）内可发送4条群发消息。

2. 订阅号

订阅号为媒体和个人提供了一种新的信息传播方式，主要功能是在微信侧给用户传达资讯，功能类似于报纸、杂志，提供新闻信息或娱乐趣事。

适用人群：个人、媒体、企业、政府或其他组织。

群发次数：订阅号（认证用户、非认证用户）1 天内可群发 1 次消息。

3. 企业微信

企业微信原为企业号，是企业的专业办公管理工具，具有与微信一致的沟通体验，提供丰富、免费的办公应用，并与微信消息、小程序、微信支付等互通，助力企业高效办公和管理。

4. 小程序

小程序是一种新的开放平台，开发者可以快速地开发一个小程序。小程序可以在微信内被便捷地获取和传播，具有出色的使用体验。

微信小程序是基于去中心化而存在的一个平台，它没有聚合的入口，那么在哪里可以找到小程序呢?

（1）在微信的“发现”界面中，可以找到小程序的入口，如图 1.1（a）所示。

（2）在微信主界面的下拉窗口里可以找到用过的小程序，如图 1.1（b）所示。

（3）可以直接打开好友或者群里分享的小程序，如图 1.1（c）所示。

（a）“发现”界面

（b）主界面的下拉窗口

（c）分享的小程序

图 1.1　微信小程序入口

（4）扫描二维码，如图 1.2 所示，可以进入小程序。

图 1.2　微信小程序二维码

1.1.2 微信小程序的功能

用户使用微信小程序能做什么呢？微信小程序能为用户提供哪些功能呢？

（1）分享页功能：用户可以将小程序当前页分享给好友，如分享北京到上海的火车票列表页面，好友打开的是这个页面的实时数据。

（2）线下扫码功能：扫描二维码就可以使用微信小程序。

（3）挂起功能：例如，有电话接入时可以先接电话，接完电话后可以继续使用微信小程序进行相关操作。

（4）消息通知功能：商户可以发送消息给接受过服务的用户，用户也可以使用微信小程序的客服功能联系商户。

（5）实时视频录制播放功能：通过此功能，用户可以随时随地进行直播或者播放录播。

（6）硬件连接功能：使用 NFC（Near Field Communication，近场通信）功能，可以把手机变成公交卡、门禁卡等进行便捷使用；通过 Wi-Fi 连接功能，还可以进行网络连接。

（7）小游戏功能：微信小程序制作的“跳一跳”小游戏打开了小程序的游戏大门，小程序也可以制作小游戏。

（8）公众号关联功能：微信小程序可与公众号进行关联，公众号可关联不同主体的 3 个小程序，还可关联同一主体的 10 个小程序，一个小程序可关联最多 500 个微信公众号，并且在公众号的推文里可以插入微信小程序。

1.1.3 微信小程序的使用场景

从微信小程序上线开始，各种小程序就如雨后春笋般地出现。那么小程序适用于哪些场景呢？在发布小程序的时候，要选择服务类目，通过服务类目能知道小程序的使用场景。服务类目分为个人主体小程序开放的服务类目、非个人主体小程序开放的服务类目、境外主体小程序开放的服务类目。

（1）个人主体小程序的开发主体为个人，它的服务类目少一些、服务范围小一些，主要包括快递业与邮政、教育服务、交通服务、生活服务、餐饮服务、旅游服务、商业服务、体育等。

（2）非个人主体小程序开放的服务类目多一些、服务范围大一些，主要包括物流服务、教育服务、医疗服务、政务民生、金融业、交通服务、房地产服务、生活服务、IT 科技、餐饮服务、旅游服务、时政信息、文娱、电商平台、商家自营、商业服务、公益、社交、体育、汽车服务等。

（3）境外主体小程序开放的服务类目主要包括快递业与邮政、教育服务、出行与交通、房地产、生活服务、餐饮、旅游、商业服务、体育、汽车、本地服务、跨境电商等。

1.1.4 微信小程序的发展历程

微信小程序从开始研发到正式发布，经历了一年的时间。

（1）2016 年 1 月，微信团队首次提出“应用号”的概念。

（2）2016 年 9 月，“微信公众平台”对外发送小程序内测邀请，内测名额 200 个。

（3）2016 年 11 月，微信小程序对外公测，开发完成后可以提交审核，但公测期间不能发布。

（4）2016 年 12 月，微信创始人张小龙在微信公开课中解答外界对微信小程序的几大疑惑，包括没有应用商店、没有推送消息等。“微信公众平台”对外公告，上线的微信小程序最多可生成 10000 个带参数的二维码。

（5）2017 年 1 月，微信小程序正式上线，微信宣布小程序用户数量达到 1 亿。

（6）2017 年 2 月，开发模糊搜索、摩拜单车小程序，接入微信扫一扫。

（7）2017 年 3 月，个人开发者可以申请小程序的开发和发布，通过公众号菜单、模板消息可打开小程序，关联小程序可下发通知，App 可分享小程序，小程序兼容线下已有二维码。

（8）2017 年 4 月，小程序代码包的大小限制扩大到 2MB，提供小程序码，开放小程序第三方平台，公众号文章可进入小程序，提供门店小程序。

（9）2017 年 5 月，发布“小程序数据助手”，页面新增“转发”按钮，提供附件功能。

（10）2017 年 9 月，微信搜索框新增小程序入口。

（11）2017 年 12 月，微信更新的 6.6.1 版本开放了小游戏，代码包扩大到 4MB，升级实时录播视频及播放能力，升级小程序任务栏菜单。

（12）2018 年 1 月，微信提供了电子化的侵权投诉渠道，用户或者企业可以在“微信公众平台”及微信客户端入口进行投诉。微信小程序用户数量突破 2 亿。

（13）2018 年 3 月，微信正式宣布小程序广告组件启动内测，内容包括第三方可以快速创建并认证小程序、新增小程序插件管理接口和更新基础功能，开发者可以通过小程序来赚取广告收入，开放对个人开发者的使用权限。

（14）2018 年 4 月，通过公众号文章可以打开小程序，开放微信小程序游戏接口。

（15）2018 年 5 月，支持 App 打开小程序。

（16）2018 年 6 月，小程序支持打开公众号文章（关联的公众号），更新微信开发者工具——代码云托管，优化预览方式和界面布局，代码包扩大到 8MB。

（17）2018 年 7 月，开放品牌搜索功能，推出品牌官方区和微主页，任务栏出现“我的小程序”入口。

（18）2018 年 8 月，微信小程序云开发上线，支持 iPad 打开小程序。

（19）2018 年 10 月，微信小程序支持主体迁移。

（20）2019 年 1 月，微信小程序支持“小程序直播”，让用户可以在小程序内进行实时直播。

（21）2019 年 8 月，微信向开发者发布新功能公测与更新公告，微信 PC 版新版本支持打开聊天中分享的小程序。

（22）2019 年 9 月，微信小程序用户数量突破 3 亿。

（23）2020 年 3 月，微信宣布推出“小商店”功能，为小程序商家提供更丰富的线上销售工具。

（24）2020 年 6 月，新增 API（Application Programming Interface，应用程序编程接口）支持 NFC 读写。

（25）2020 年 7 月，新增 API，更新微信接口、Android 蓝牙配对接口、支持调出客户端视频编辑界面，新增地图个性化图层组件。

（26）2020 年 9 月，微信小程序支持发送私密消息、新增 API 检测手机是否开启视觉无障碍模式。

（27）2021 年 1 月，微信小程序宣布支持“小程序码长图”，可以将小程序码生成长图形式，提供更多的营销方式。

（28）2021 年 6 月，微信小程序支持异步分包、新增 API 支持 TCP（Transmission Control Protocol，传输控制协议）socket 接口。

（29）2021 年 7 月，新增 API 预约视频号直播、查询视频号预告信息接口。

（30）2021 年 10 月，新增微信小程序 Android 端支持启停截屏/录屏接口。

（31）2022 年 1 月，新增长期订阅消息提醒功能。

（32）2022 年 3 月，微信小程序用户数量突破 4 亿，成为我国互联网应用领域的重要组成部分。

（33）2022 年 8 月，新增 API 支持图片裁剪接口。

（34）2022 年 9 月，新增 API 支持图片提取文字接口。微信小程序日活跃账户数破 6 亿。

（35）2023年2月，新增API小程序通用AI推理接口、新增API小程序获取通用AI推理引擎版本接口。

（36）截至2024年10月，微信小程序用户规模已达到9.49亿。

1.1.5 微信小程序带来的机会

微信团队在小程序开发方面为小程序开发者提供了很多支持，这给开发者带来了很大的机会，微信小程序的学习门槛很低，不需要太难的技术，因此只要学习微信小程序编程，就可以成为一名“小程序员”，如设计师、学生等都可以转做“小程序员”。

微信团队大力扶持开发者，未来将提供与服务商相关的更多功能，为普通商户和服务商牵线搭桥。微信小程序可以作为获取流量的工具，客户可以在“附近的小程序”里看到5km范围内的小程序，这是开放性微信自带的流量。微信小程序可以快速进行商业转化，小程序自带交易属性，可完成线上交易，很多行业产品都开通了小程序，实现产品的销售和品牌传播。由于腾讯公司的大力扶持，小程序也成为各个企业非常看重的流量入口。

1.1.6 十大小程序平台

目前主要有十大小程序平台。

1. 微信小程序

首家发布的小程序平台，2017年1月9日正式上线，凭借着微信自身拥有的庞大的用户流量以及特有的社交资本，微信小程序一直持续领跑各平台小程序。微信小程序拥有着超越公众号的连接和服务能力，能将公众号、群聊、对话、朋友圈串联起来，为用户提供更延展也更丰富的服务，是当今最受欢迎的社交平台小程序之一。

2. 百度智能小程序

百度智能小程序于2018年7月4日正式上线，主要依托于百度App，主打“体验、流量、智能、开放”四大特点，支持搜索触达小程序，完美解决了应用饱和与渠道碎片化的矛盾，缩短了用户触达小程序的路径，是当下最热门的搜索平台小程序之一。

3. 快应用

快应用是目前主流的手机厂商——华为、小米、OPPO、vivo、中兴、金立、联想、魅族、努比亚联合推出的一个新型应用生态平台，具有“免安装、免存储、一键直达、更新直接推送”四大体验优势。快应用框架深度集成于各厂商手机系统中，用户无须下载安装App，即点即用，还具有支持生成桌面图标等留存功能。

4. 支付宝小程序

2018年9月12日，支付宝小程序正式上线，主要活跃在商业和生活领域，其具有独特优势的信用体系让支付宝在与押金、租赁相关的场景大放异彩，如共享单车、共享充电宝等支付宝小程序。

5. 字节小程序

字节小程序于2018年11月8日正式上线，旨在利用优质内容所关联和产生的使用场景进行小程序导流，解决开发者流量与转化的困扰。目前字节小程序在游戏、视频等领域颇具优势，是主流的内容服务推荐类小程序平台。

6. QQ小程序

QQ小程序在2019年6月正式上线，主要由“推荐、小游戏、小程序、我的”四大模块构成，其分类很有用户针对性，如在推荐里分为男生、女生、礼包、娱乐、社交等；QQ小程序更愿意利用游戏来吸引更多用户的注意力，其小游戏的总计推荐比例较大，非常适合年轻用户群体。

7. 360 小程序

360 小程序在 2019 年 7 月正式上线，是运行在 PC 端的一种轻型应用小程序平台，目前已支持 360 浏览器，在 360 浏览器屏幕左侧的一列显示。360 为小程序开放“端”的能力，使大小屏可以联动交互，既有 App 的交互功能，又有 PC 大屏的视觉体验优势。

8. 京东小程序

京东小程序平台是一个全面开放的生态模式，打通京东 App、京东金融 App、京麦 App 等多个 App 平台，覆盖家电、数码、母婴、汽车、体育、教育、智能家居、酒店等众多场景。

9. 酷狗小程序

作为音乐行业首个小程序开放平台，酷狗小程序为广大开发者开放了酷狗音乐千万级曲库，提供了曲库标签化基础能力、播放器解码能力等。开发者可以利用这些开发出各种音乐类小程序，从而减少音乐垂类应用开发的难度；普通用户也可以使用酷狗音乐 App 的官方模板，快速创建自己的小程序，优质小程序将获得平台的全方位推广资源。

10. 快手小程序

作为大众熟知的短视频平台，快手也已经进军小程序这个领域，快手小程序开发者平台在 2020 年底正式开放了快手平台提供的巨大流量池。快手小程序运行在快手生态内，是可被便捷使用的轻应用产品形态，开发者以快手小程序为载体，基于内容、服务的供给，或短视频、直播内容的生产连接用户，完成自身业务的价值实现。

1.2 微信小程序环境搭建

1.2.1 小程序环境搭建

微信小程序环境搭建很简单，需要 3 个步骤。

（1）下载微信开发者工具。在“微信公众平台”官网选择“小程序”→“小程序开发文档”选项，如图 1.3 所示。在打开的界面中选择“工具”→“下载”选项，可以看到微信小程序为不同的操作系统提供了不同版本的开发者工具（因为开发者工具的版本更新很快，所以实际版本以读者操作时所见为准），开发者可以根据自己的操作系统下载相应的版本，如图 1.4 所示。

（2）注册“微信公众平台”账号。在“微信公众平台”官网选择微信小程序类别进行注册，如图 1.5 所示。小程序支持个人开发者账号，可以注册个人账号；如果非个人主体需要注册小程序，则可以进行非个人主体认证。这两种账号都可以发布小程序。

图 1.3　小程序开发文档

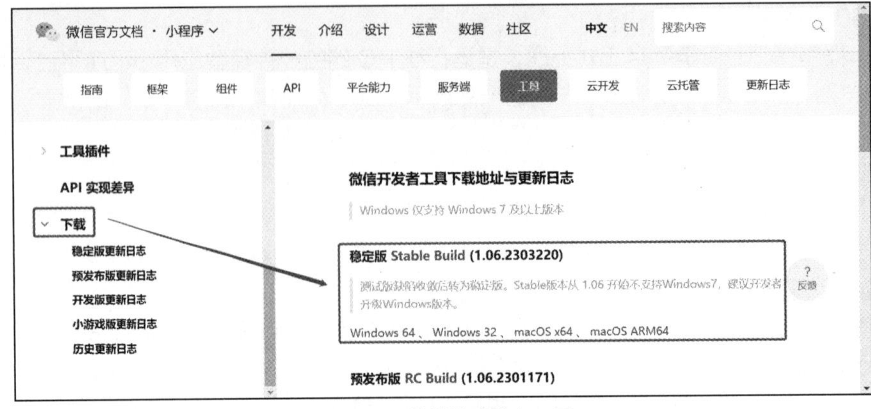

图 1.4 下载微信开发者工具

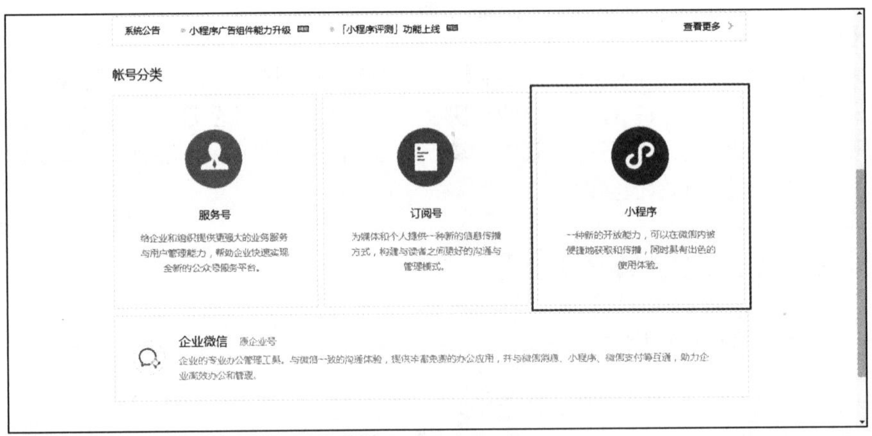

图 1.5 注册“微信公众平台”账号

（3）使用下载的微信开发者工具包。按照提示完成开发者工具的安装，安装完成后，运行微信开发者工具，会出现一个二维码，需要用绑定“微信公众平台”的微信账号扫描登录。登录后可以发现，开发者工具提供了本地“小程序项目”开发和“公众号网页项目”开发两个调试类型，如图 1.6 所示。在小程序开发部分，微信开发者工具支持新建小程序和导入已有的小程序。

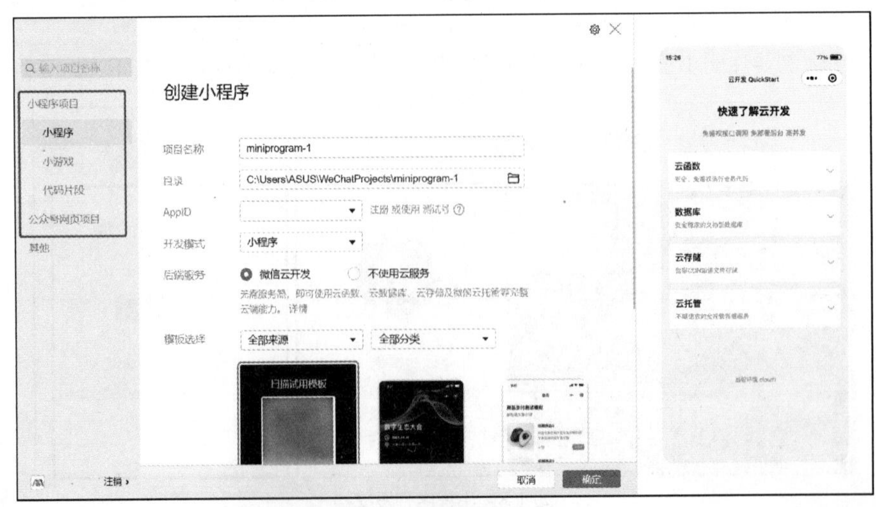

图 1.6 微信开发者工具

1.2.2 基础技术准备

微信小程序虽然入门门槛较低、学习成本低，但是也需要一些基础的技术准备。微信小程序自定义了一套语言，称为 WXML（WeiXin Markup Language，微信标记语言），它的使用方法类似于 HTML（HyperText Markup Language，超文本标记语言），所以开发者需要对 HTML 有所了解；微信小程序还定义了自己的样式语言 WXSS（WeiXin Style Sheets，微信样式表），它兼容 CSS（Cascading Style Sheet，串联样式表），并进行了扩展，所以开发者需要对 CSS 有所了解；微信小程序是使用 JavaScript（简称 JS）来进行业务处理的，兼容大部分 JS 功能，所以开发者需要对 JS 语言有所了解。有 HTML、CSS 和 JS 技术功底的人学习微信小程序的开发会非常容易。

1.3 微信开发者工具的使用

进行小程序开发，需要先掌握微信开发者工具的使用。对工具的使用掌握得越熟练，越有助于小程序的开发和提高开发效率。下面介绍微信开发者工具的使用方法。

1.3.1 如何创建项目

创建一个小程序项目时，需要准备 AppID、项目名称和项目目录。

（1）获取微信小程序 AppID 时，需要在“微信公众平台”官网登录账号，在“开发管理”→“开发设置”中，查看微信小程序的 AppID，如图 1.7 所示。

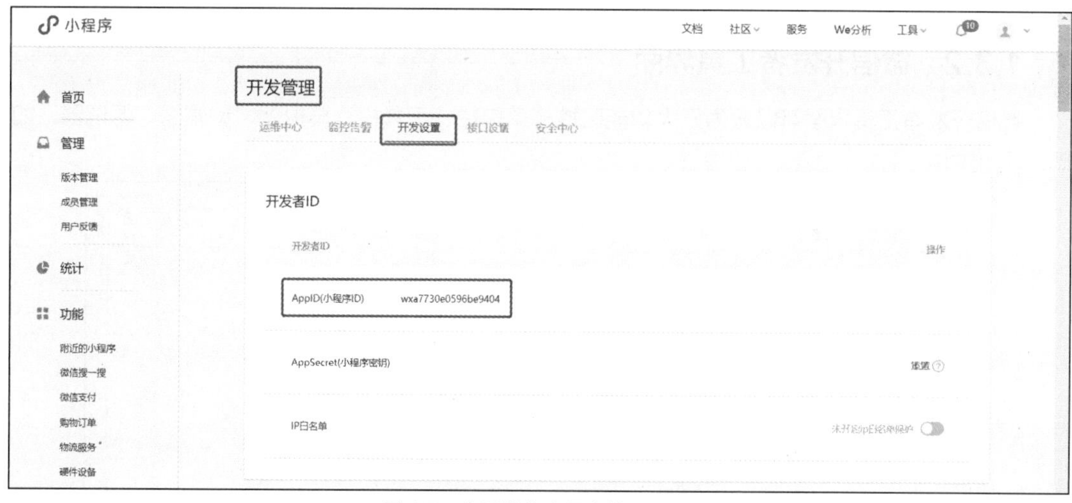

图 1.7 查看微信小程序的 AppID

（2）创建一个“小程序开发工具使用”项目，项目文件存放到“小程序开发工具使用”文件夹中，其他都使用默认配置，如图 1.8 所示。

（3）单击“创建”按钮，即可创建一个小程序项目，同时进入微信开发者工具界面，如图 1.9 所示。

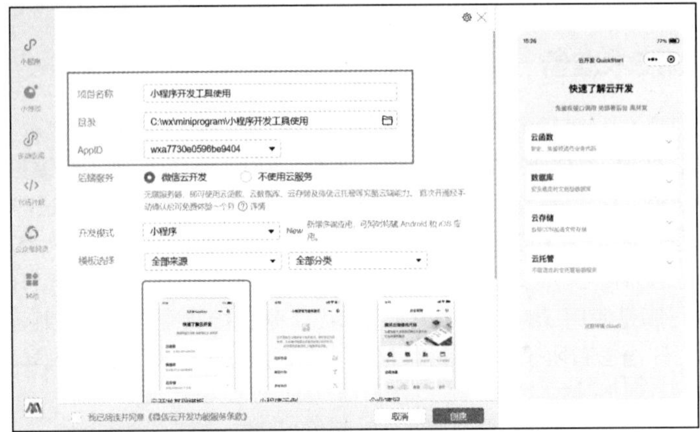

图1.8　创建小程序项目

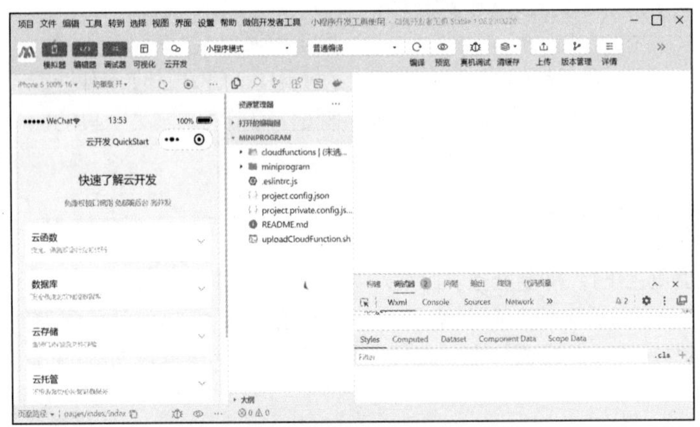

图1.9　微信开发者工具界面

1.3.2　微信开发者工具界面

微信开发者工具界面可以分为五大功能区域：菜单栏、工具栏、模拟器、编辑器、调试器，如图1.10所示。

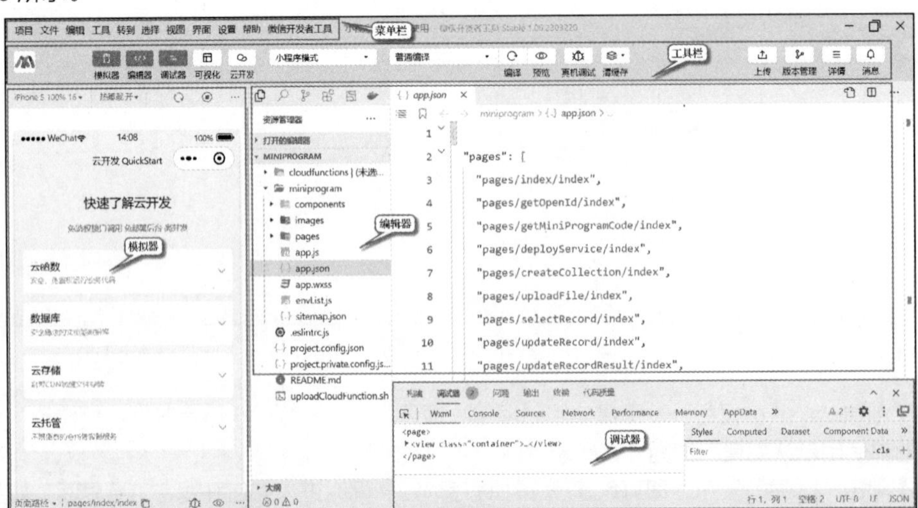

图1.10　微信开发者工具界面的五大功能区域

1. 菜单栏

菜单栏有项目、文件、编辑、工具、转到、选择、视图、界面、设置、帮助、微信开发者工具 11 个菜单，涉及软件的一些常规操作和功能使用。

“项目”菜单：通过“项目”菜单，可以新建项目、导入项目、打开最近项目、新建代码片段、导入代码片段、查看所有项目和关闭当前项目，从而对小程序项目或者代码片段进行管理和使用。

“文件”菜单：通过“文件”菜单，可以新建文件、保存文件、保存所有文件和关闭文件。

“编辑”菜单：用于对代码进行管理，通过该菜单可以格式化代码等。

“工具”菜单：用于编译、刷新、预览、清除缓存等。

“转到”菜单：用于切换编辑器、切换组、转到上一个问题、转到下一个问题等。

“选择”菜单：用于操作编辑器区域代码，包括全选、复制行等操作。

“视图”菜单：用于设置编辑器布局、开发工具外观等。

“界面”菜单：用于显示或者隐藏工具栏、模拟器、编辑器、调试器区域。

“设置”菜单：通过“设置”菜单，可以进行通用设置、外观设置、快捷键设置、编辑设置、代理设置、安全设置、项目设置等。

“帮助”菜单：“帮助”菜单包括开发者社区、开发者文档、功能引导教程等。

“微信开发者工具”菜单：通过该菜单，可以对微信开发者工具进行升级，以及回退和退出等操作。

2. 工具栏

工具栏包含了小程序开发中常用的工具和功能。

（1）显示或隐藏模拟器、编辑器、调试器按钮。这 3 个按钮可以分别控制模拟器、编辑器、调试器区域的显示或者隐藏。

（2）“可视化”按钮：用于查看模拟器界面指定区域代码，通过这个功能可以查看指定区域代码的组织结构、组件使用、属性等。

（3）“云开发”按钮。通过“云开发”按钮可以进入小程序云开发控制台，进行小程序云开发。

（4）小程序模式。这里提供 3 种模式：第一种是小程序模式，用于正常开发小程序项目；第二种是插件模式，用于开发小程序插件；第三种是多端应用模式，开发者可以一次编码，分别编译为小程序和 Android 及 iOS 应用，实现多端开发。

（5）编译操作。可以通过“编译”按钮或者“Ctrl+B”组合键编译当前代码，并自动刷新模拟器。由于需调试从不同场景进入具体的页面，开发者可以添加或选择已有的自定义编译条件进行编译和代码预览，单击“普通编译”下拉按钮，选择“添加编译模式”选项，弹出的界面如图 1.11 所示。

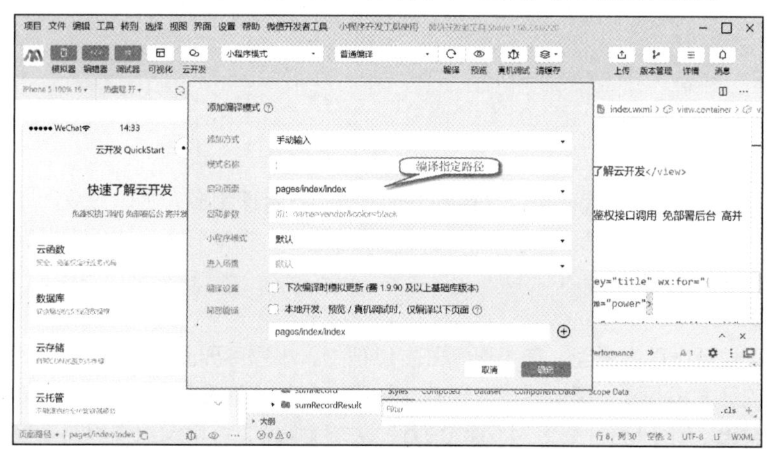

图 1.11　编译操作的界面

（6）预览。单击“预览”按钮，可以将小程序上传并生成二维码，扫描二维码后可以在手机上预览小程序，如图 1.12 所示。图中二维码仅为示意，请扫描自己操作生成的二维码。

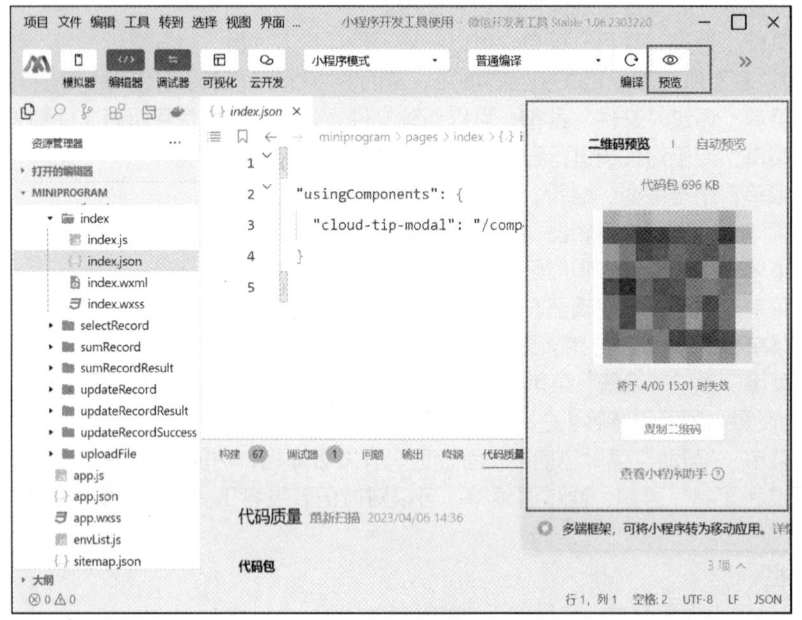

图 1.12　预览

（7）真机调试。小程序允许在真机上调试，可以在发布之前查看小程序在真机上的运行效果。

（8）清缓存。清缓存包括清除模拟器缓存、清除编译缓存、清除项目文件列表缓存、全部清除，如图 1.13 所示。

（9）上传。小程序开发完成后需要上传到腾讯服务器进行测试，如图 1.14 所示。

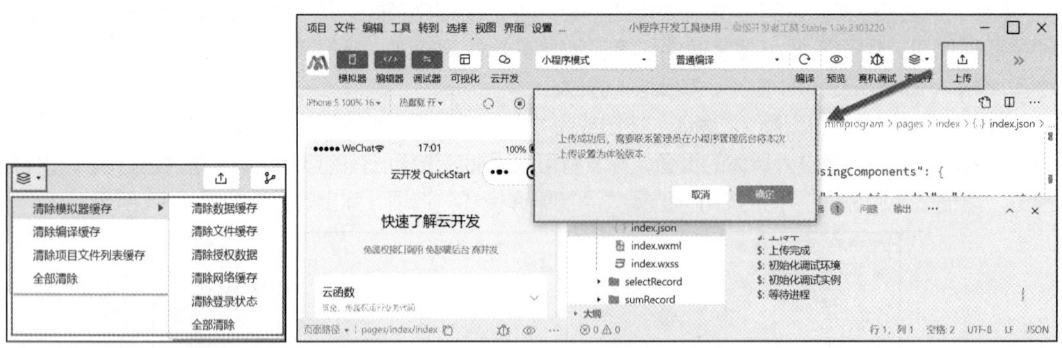

图 1.13　清缓存　　　　图 1.14　上传

（10）版本管理。小程序代码可以上传到 Git 进行版本管理和多人协作开发。

（11）详情：用于查看微信开发者工具的基本配置信息、性能分析、本地设置、项目配置信息。

（12）消息：用于给开发者发送消息。

3. 模拟器

模拟器用于显示小程序界面。在小程序开发过程中，小程序界面会随着代码的编写实时变化，以方便小程序的开发和调试。模拟器可以模拟小程序在各种终端设备上的操作效果；可以设置小程序运行的终端设备，如“iPhone 5”“iPhone 6”等终端设备；可以设置模拟器区域的百分比大小；可以模拟设置网络连接为“Wi-Fi”“2G”“3G”等，如图 1.15 所示。

4. 编辑器

编辑器分为两部分：一部分是用来展示项目文件目录和文件结构的，称为目录树；另一部分是用来编辑代码的区域，即代码编辑区域，如图 1.16 所示。

图 1.15　模拟器

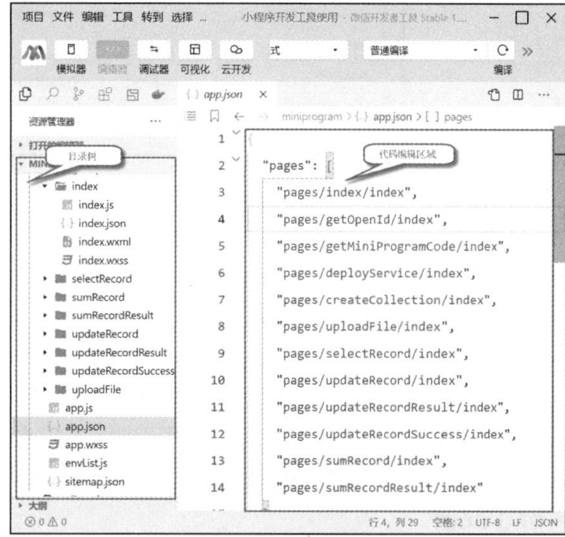

图 1.16　编辑器

（1）在项目目录上单击鼠标右键，在弹出的快捷菜单中可以进行文件操作，可以新建文件夹、文件、Page（JS、JSON、WXML、WXSS）、Component（JS、JSON、WXML、WXSS），对文件目录进行重命名，删除目录等，如图 1.17 所示。

（2）在代码编辑区域中编写代码后，可以通过模拟器实时预览编辑的小程序，如图 1.18 所示。修改 WXSS、WXML 文件，会刷新当前 Page；修改 JS、JSON 文件，会重新编译小程序。

图 1.17　文件操作

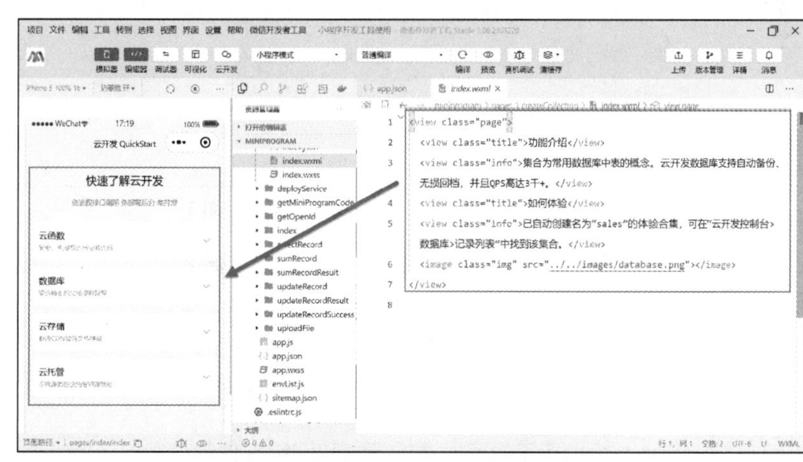

图 1.18　代码编写并实时预览编辑的小程序

（3）在代码编写过程中，微信开发者工具提供自动补全功能，如图 1.19 所示。在编辑 JavaScript 文件时，微信开发者工具会帮助开发者补全所有的 API，并给出相关的注释解释；在编辑 WXML 文件时，微信开发者工具会帮助开发者直接写出相关的标签；在编辑 JSON 文件时，微信开发者工具会帮助开发者补全相关的配置，并给出实时的提示。

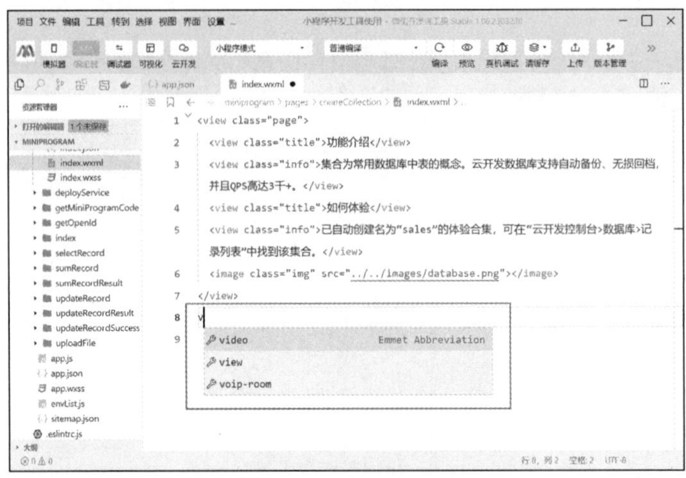

图 1.19　自动补全功能

（4）微信开发者工具提供自动保存功能。编写代码后，工具会自动帮助用户保存当前的代码编辑状态。直接关闭工具或者切换到其他项目时，并不会丢失已经编辑的文件内容。但需要注意的是，只有手动保存文件，修改内容才会写到磁盘上，并触发实时预览。

5. 调试器

小程序常用的调试窗口有 Wxml、Console、Sources、Network、Performance、Memory、AppData、Storage 等。

（1）Wxml 窗口用于帮助开发者开发 Wxml 转化后的界面，如图 1.20 所示。开发者在这里可以看到真实的页面结构及结构对应的 WXSS 属性，还可以修改对应的 WXSS 属性。

图 1.20　Wxml 窗口

（2）Console 窗口用于显示小程序的错误信息和调试代码，还可以进行代码编写和调试，如图 1.21 所示。

（3）Sources 窗口用于显示当前项目的脚本文件，在 Sources 窗口中，开发者看到的文件是经过处理之后的脚本文件，开发者的代码都会被包裹在 define()函数中，并且可通过 require 主动调用 Page 代码，如图 1.22 所示。

（4）Network 窗口用于观察发送的请求和调用文件的信息，包括文件名称、路径、大小、调用的状态、时间等，如图 1.23 所示。

（5）Performance 窗口包括主要操作按钮；页面性能高级汇总，如 FPS（每秒帧数情况）、CPU 占用情况、NET（网络资源情况）；火焰图 CPU；数据统计，如 Summary（统计报表）、Bottom-Up（事件时长顺序）、Call Tree（事件调用顺序）、Event Log（事件发生的先后顺序），如图 1.24 所示。

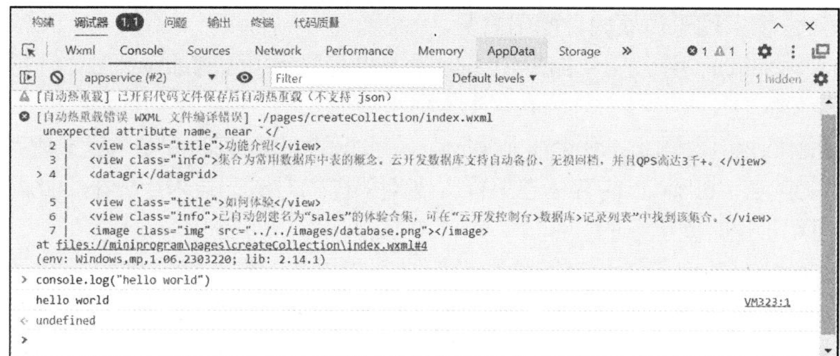

图 1.21　Console 窗口

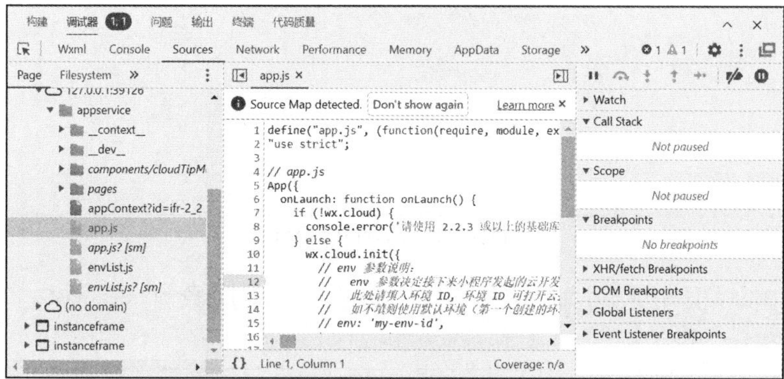

图 1.22　Sources 窗口

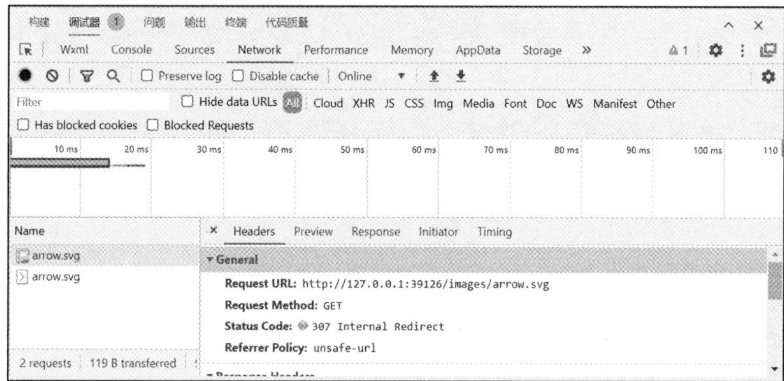

图 1.23　Network 窗口

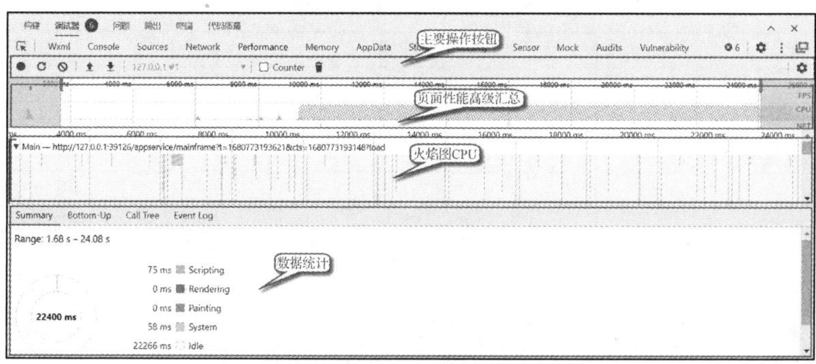

图 1.24　Performance 窗口

（6）Memory 窗口用于观察内存使用情况。

- Heap snapshot：用于打印堆快照。堆快照文件可显示页面的 JavaScript 对象和相关 DOM 节点之间的内存分配。
- Allocation instrumentation on timeline：在时间轴上随着时间变化记录内存信息。
- Allocation sampling：内存信息采样，使用采样的方法记录内存分配。此配置文件类型性能占用较小，可用于长时间运行的操作。

（7）AppData 窗口用于显示当前项目当前时刻的具体数据，实时地反馈项目数据情况，如图 1.25 所示。开发者可以在此处编辑数据，并将其即时反馈到界面上。

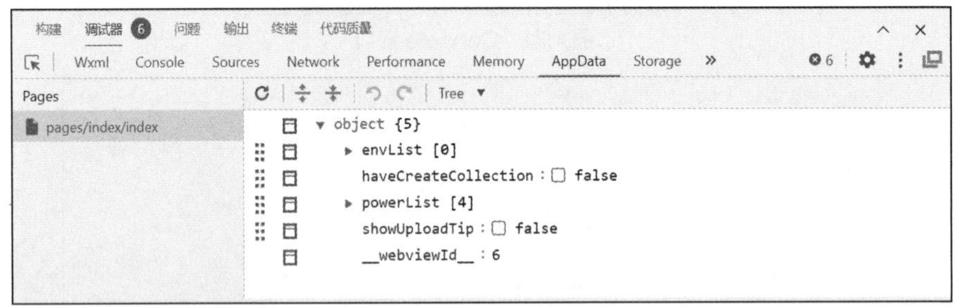

图 1.25　AppData 窗口

（8）Storage 窗口用于显示当前项目使用 wx.setStorage()或者 wx.setStorageSync()后的数据存储情况，如图 1.26 所示。

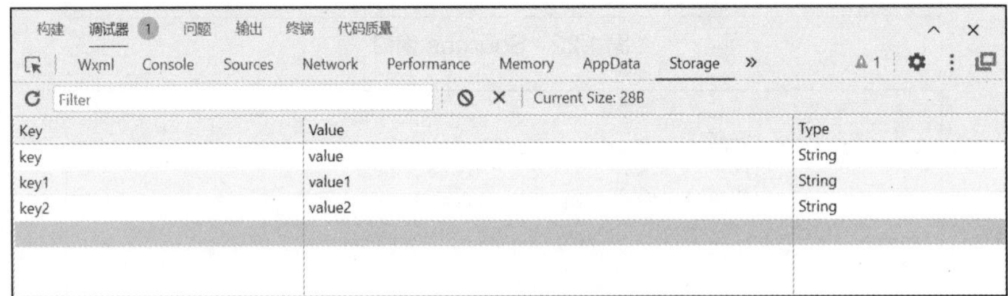

图 1.26　Storage 窗口

1.3.3　常用快捷键

为了方便开发者使用，微信开发者工具提供了很多快捷键，可简化操作步骤。下面列举一些在 Windows 操作系统中的快捷键及其功能，如表 1.1 所示。

表 1.1　快捷键及其功能

菜单	快捷键	功能
项目	Ctrl+Shift+N	新建项目
项目	Ctrl+Shift+W	关闭当前项目
文件	Ctrl+N	新建文件
文件	Ctrl+S	保存文件
文件	Ctrl+Shift+S	保存所有文件
文件	Ctrl+W	关闭当前文件
文件	Ctrl+F4	关闭编辑器
编辑	Shift+Alt+F	格式化代码
编辑	Ctrl+[或 Ctrl+]	代码行缩进
编辑	Ctrl+Shift+[或 Ctrl+Shift+]	折叠打开的代码块

续表

菜单	快捷键	功能
编辑	Ctrl+C、Ctrl+V	复制、粘贴
编辑	Ctrl+P	跳转到文件
编辑	Ctrl+F	查找
编辑	Ctrl+H	替换
编辑	Ctrl+Shift+F	在文件中查找
编辑	Ctrl+Shift+H	在文件中替换
编辑	Ctrl+/	切换行注释
编辑	Shift+Alt+A	切换块注释
工具	Ctrl+B	编译
工具	Ctrl+R	刷新
工具	Ctrl+Shift+P	预览
工具	Ctrl+Shift+R	真机调试
工具	Ctrl+Shift+U	上传
转到	Alt+→	前进
转到	Alt+←	返回
转到	Ctrl+K	上次编辑位置
转到	F8	下一个问题
转到	Shift+F8	上一个问题
转到	Alt+F3	下一个更改
转到	Shift+Alt+F3	上一个更改
转到	Ctrl+A	全选
转到	Shift+Alt+→	展开选定内容
转到	Shift+Alt+←	缩小选定内容
转到	Shift+Alt+↑	向上复制一行
转到	Shift+Alt+↓	向下复制一行
转到	Alt+↑	向上移动一行
转到	Alt+↓	向下移动一行
转到	Ctrl+Alt+↑	在上面添加光标
转到	Ctrl+Alt+↓	在下面添加光标
转到	Shift+Alt+I	在行尾添加光标
转到	Ctrl+D	添加下一个匹配项
转到	Ctrl+U	添加上一个匹配项
转到	Ctrl+Shift+L	选择所有匹配项
视图	Ctrl+Shift+Alt+P	打开命令面板
视图	Ctrl+K	打开资源管理器
视图	Ctrl+Shift+F	搜索
视图	Ctrl+Shift+G	源代码管理
视图	Ctrl+Shift+X	安装扩展插件
视图	Ctrl+`	打开终端
视图	Alt+Z	切换自动换行
界面	Ctrl+Shift+T	打开工具栏
界面	Ctrl+Shift+D	打开模拟器
界面	Ctrl+Shift+E	打开编辑器
界面	Ctrl+Shift+M	打开目录树
界面	Ctrl+Shift+I	打开调试器
设置	Ctrl+,	通用设置
设置	Ctrl+Q	退出

1.4 项目实战：创建莫凡商城小程序

项目实战：创建莫凡商城小程序

莫凡商城（mofunShop）小程序是贯穿本书的项目案例，通过本书内容可以了解如何完整地开发一个企业级的小程序。前文介绍了如何创建微信小程序项目及如何使用微信开发者工具，下面开始创建莫凡商城小程序。

（1）打开微信开发者工具，创建莫凡商城小程序，并将其存放到“mofunShop”文件夹，“AppID”使用自己在公众平台里获得的 AppID，“后端服务”设为“不使用云服务”，如图 1.27 所示。

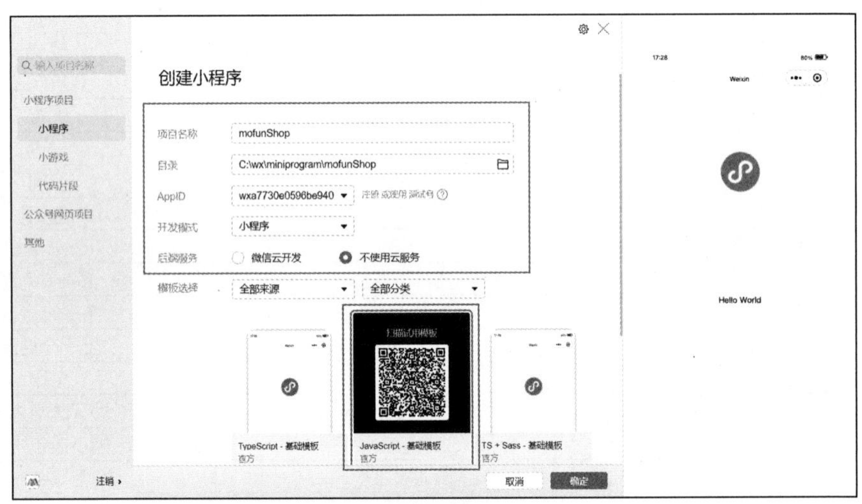

图 1.27 创建项目

（2）创建莫凡商城小程序项目之后，会进入微信开发者工具中的默认创建一个小程序界面，包括两部分内容：一是输出 Hello World 文字；二是获取用户的头像、昵称信息。在 pages/index/index.js 文件里，Page 的 data 里提供了数据源 motto，data 的数据可以动态地绑定到 WXML 界面，如图 1.28 所示。

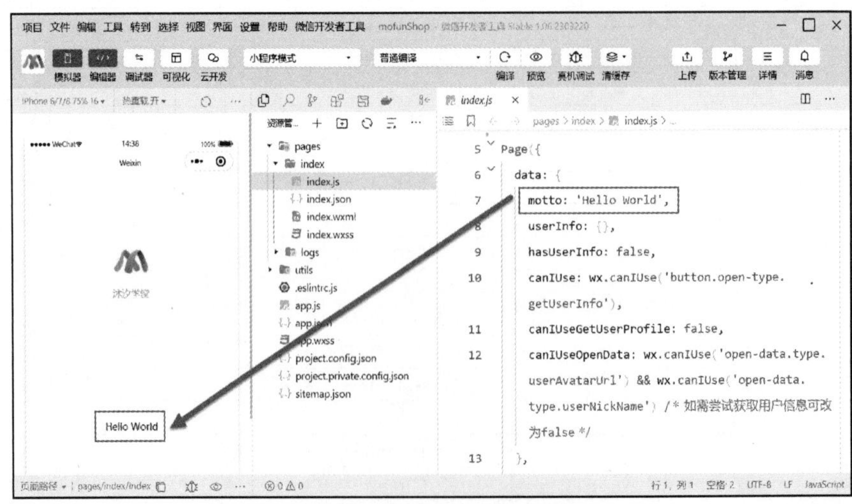

图 1.28 创建一个小程序界面

（3）在 pages/index/index.wxml 文件里，通过双大括号（{{}}）将 motto 绑定到页面里，motto 对应的值就可以在页面中显示出来，如图 1.29 所示。

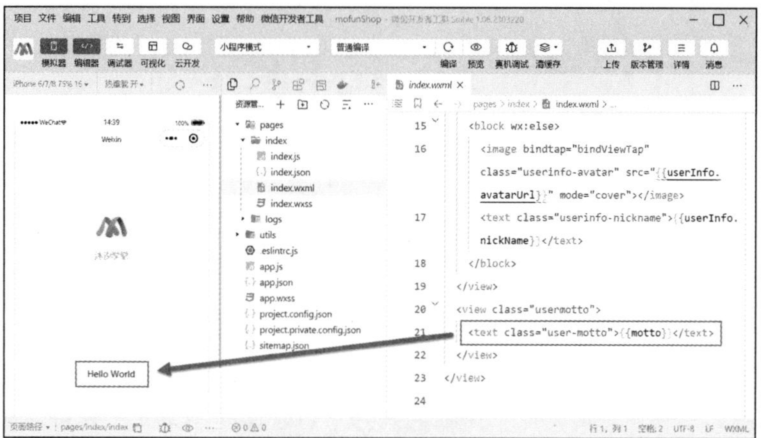

图 1.29　绑定 motto

（4）在 pages/index/index.wxss 文件里，通过 class 给 Hello World 添加样式，使其距顶部的高度为 200px，如图 1.30 所示。

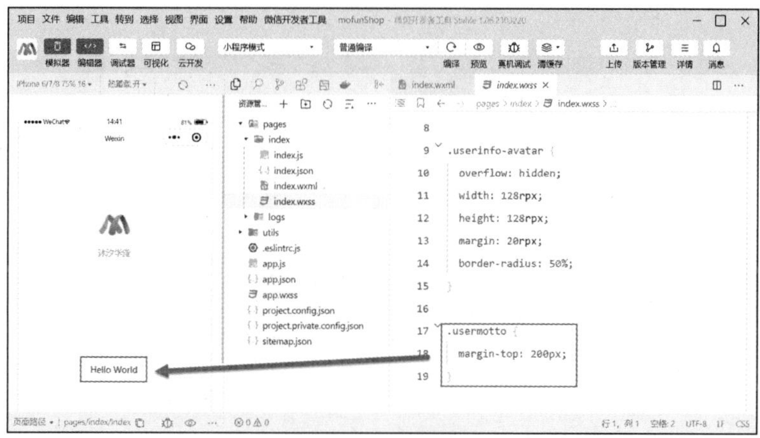

图 1.30　添加样式

在实际开发过程中，小程序的编写也是这样进行的：在 JS 文件里进行业务逻辑的处理，动态地提供数据；在 WXML 文件里绑定数据，渲染界面；在 WXSS 文件里添加样式，美化页面。

1.5　小结

本单元包含以下内容。

- 介绍了微信小程序是什么、能干什么、使用场景及小程序的发展历程，让读者对微信小程序有初步的认识。
- 带领读者搭建小程序的开发环境，完成微信小程序项目的创建，学习微信小程序相关的基础知识。
- 介绍了微信开发者工具的快捷键。
- 完成莫凡商城小程序的项目创建，让读者体验如何快速创建微信小程序。

单元2 莫凡商城小程序项目任务

02

情景引入

莫凡商城小程序是一个完整的小程序项目，主要实现图书商品的展示与销售功能，是非常具有代表性的小程序应用项目。小程序分为4个功能模块："我的"模块、"首页"模块、"购物车"模块和"分类"模块。"我的"模块用来显示用户的订单，还可以实现修改密码、意见反馈等功能，如图2.1所示。"首页"模块用于显示轮播海报、"热门技术"图书区域、"特惠时刻"图书区域、"畅销书籍"图书区域，如图2.2所示。"购物车"模块用于显示想要购买的商品列表，如图2.3所示。"分类"模块对销售的图书进行一、二级分类，还可以按分类显示图书商品信息，如图2.4所示。

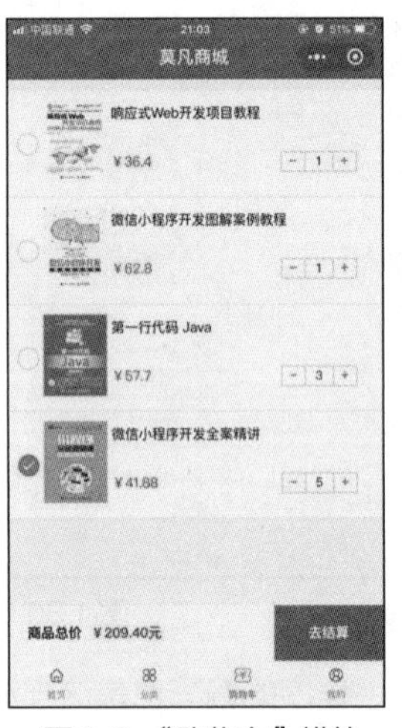

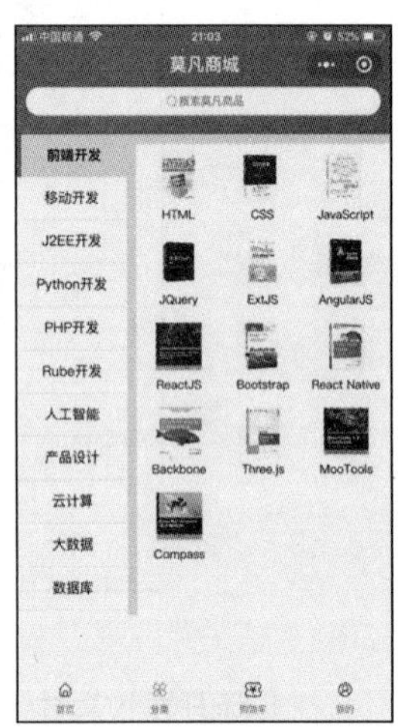

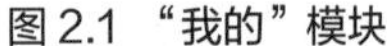

图2.1 "我的"模块　　图2.2 "首页"模块　　图2.3 "购物车"模块　　图2.4 "分类"模块

学习目标

知识目标

1. 了解"我的"模块功能相关任务。
2. 了解"首页"模块功能相关任务。
3. 了解"购物车"模块功能相关任务。
4. 了解"分类"模块功能相关任务。

能力目标

1. 能够独立拆解项目任务。
2. 能够完成项目任务。

素质目标

1. 培养独立自主思考的能力。
2. 培养学习注意力。

思维导图

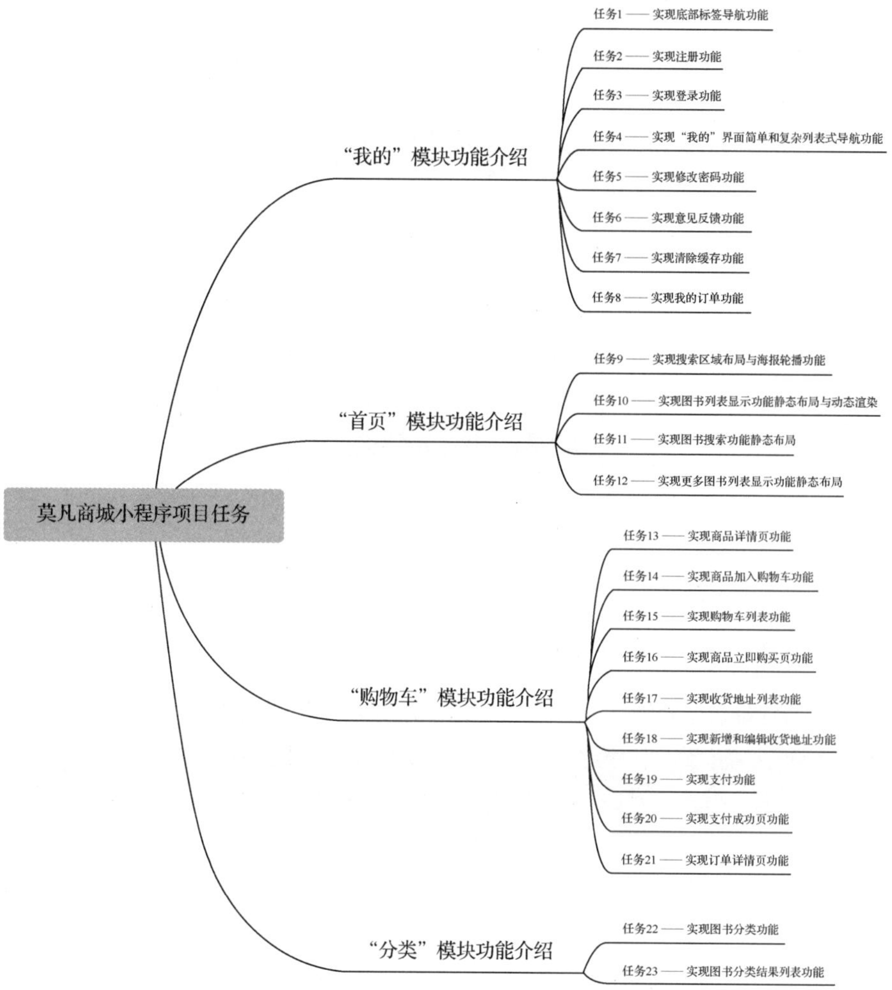

- 莫凡商城小程序项目任务
  - “我的”模块功能介绍
    - 任务1 —— 实现底部标签导航功能
    - 任务2 —— 实现注册功能
    - 任务3 —— 实现登录功能
    - 任务4 —— 实现“我的”界面简单和复杂列表式导航功能
    - 任务5 —— 实现修改密码功能
    - 任务6 —— 实现意见反馈功能
    - 任务7 —— 实现清除缓存功能
    - 任务8 —— 实现我的订单功能
  - “首页”模块功能介绍
    - 任务9 —— 实现搜索区域布局与海报轮播功能
    - 任务10 —— 实现图书列表显示功能静态布局与动态渲染
    - 任务11 —— 实现图书搜索功能静态布局
    - 任务12 —— 实现更多图书列表显示功能静态布局
  - “购物车”模块功能介绍
    - 任务13 —— 实现商品详情页功能
    - 任务14 —— 实现商品加入购物车功能
    - 任务15 —— 实现购物车列表功能
    - 任务16 —— 实现商品立即购买页功能
    - 任务17 —— 实现收货地址列表功能
    - 任务18 —— 实现新增和编辑收货地址功能
    - 任务19 —— 实现支付功能
    - 任务20 —— 实现支付成功页功能
    - 任务21 —— 实现订单详情页功能
  - “分类”模块功能介绍
    - 任务22 —— 实现图书分类功能
    - 任务23 —— 实现图书分类结果列表功能

2.1 “我的”模块功能介绍

“我的”模块需要实现底部标签导航功能、注册功能、登录功能、“我的”界面简单和复杂列表式导航功能、修改密码功能、意见反馈功能、清除缓存功能、我的订单功能。

慕课视频

莫凡商城小程序项目任务

2.1.1 任务 1——实现底部标签导航功能

莫凡商城小程序的底部标签导航包括“首页”“分类”“购物车”“我的”4 个标签。切换底部标签，可以显示对应的导航内容，如图 2.5 所示。

图 2.5　底部标签导航

底部标签导航是绝大多数小程序都会应用到的一种设计方式，其功能的实现对设计其他小程序具有借鉴意义。

2.1.2　任务 2——实现注册功能

注册是小程序中不可或缺的功能，要让用户在莫凡商城中创建一个属于自己的账号，就需要用到注册功能，如图 2.6 所示。

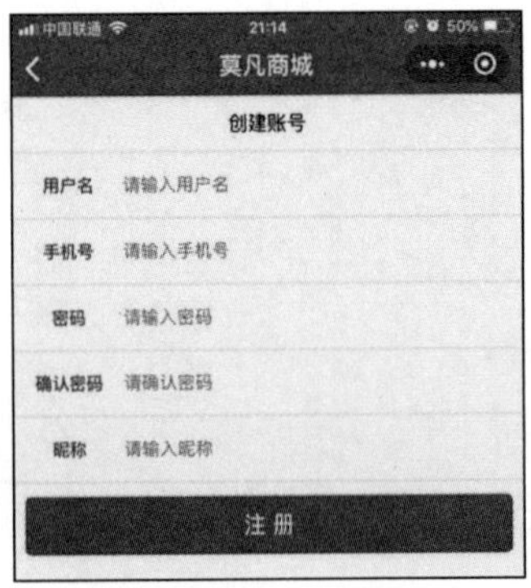

图 2.6　注册功能

注册功能可以通过用户的注册来管理用户的账号信息。通过注册表单的设计，可以学到表单校验、设计注册表单和提交注册表单的方法。

2.1.3　任务 3——实现登录功能

莫凡商城小程序提供了两种登录方式：账号密码登录和手机快捷登录，如图 2.7 和图 2.8 所示。

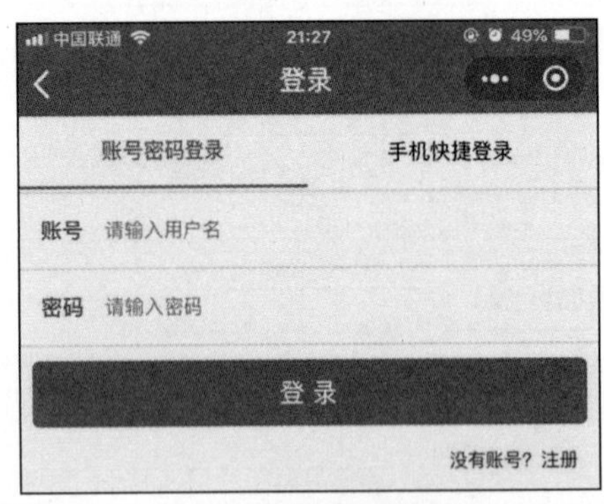

图 2.7　账号密码登录

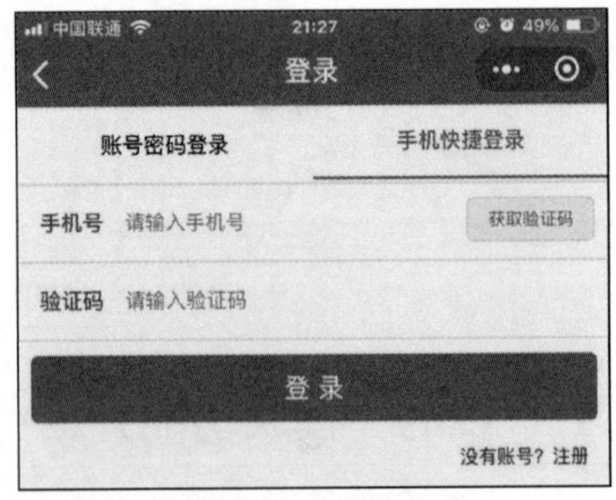

图 2.8　手机快捷登录

账号密码登录和手机快捷登录是现在比较流行的登录方式，很多小程序都会采用这样的设计，其功能的实现对设计其他小程序具有借鉴意义。

2.1.4　任务 4——实现“我的”界面简单和复杂列表式导航功能

莫凡商城小程序中的“我的”界面采用列表式导航来显示内容，这也是很多小程序会采用的一种方式，如图 2.9 所示。

列表式导航是比较普遍的一种设计，在“我的”界面里可能有很多菜单选项，列表式导航可以对其进行布局。

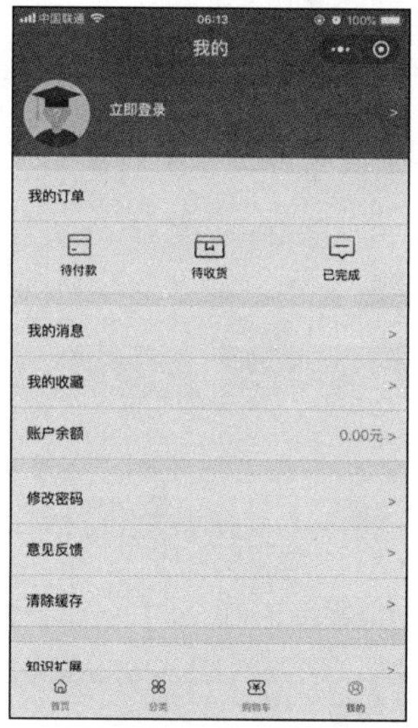

图 2.9 “我的”界面简单和复杂列表式导航

2.1.5 任务 5——实现修改密码功能

莫凡商城小程序用户可以修改自己的密码，通过输入原密码、输入新密码、确认密码并提交就可以完成密码的修改，如图 2.10 所示。

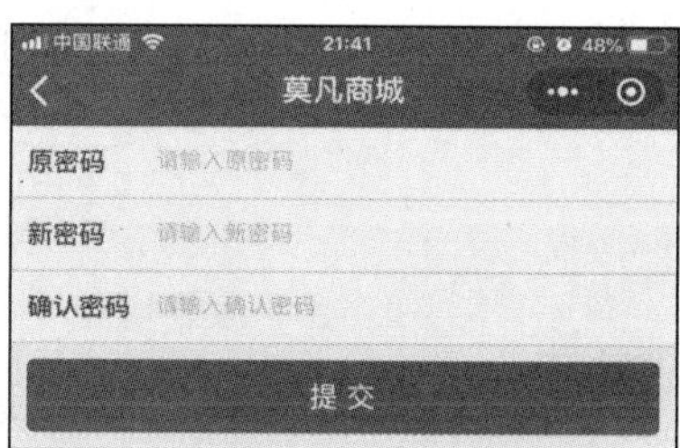

图 2.10 修改密码

通过修改密码功能，可以学会布局密码修改界面和校验表单的方法。

2.1.6 任务 6——实现意见反馈功能

莫凡商城小程序提供了意见反馈功能，用户可以填写自己的意见或建议，如图 2.11 所示。

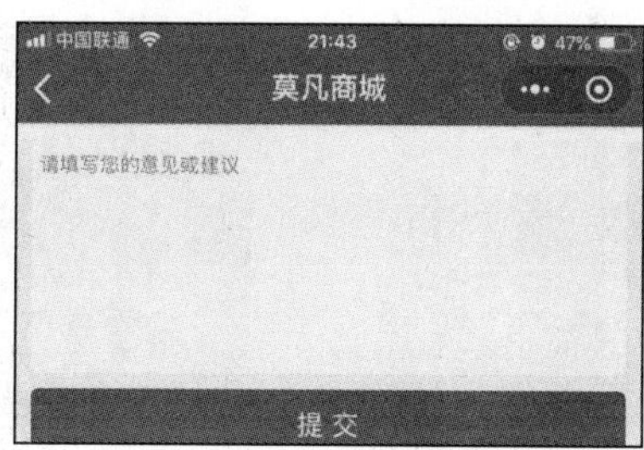

图 2.11 意见反馈

意见反馈功能用来收集用户对产品使用的意见或建议，通过这些意见或建议，可以优化小程序。

2.1.7 任务 7——实现清除缓存功能

莫凡商城小程序提供清除缓存功能，可以清理掉缓存在小程序中的数据，从而释放空间。

2.1.8 任务 8——实现我的订单功能

莫凡商城小程序我的订单功能提供“待付款”列表、“待收货”列表、“已完成”列表，如果没有订单，则显示空列表，如图 2.12～图 2.15 所示。

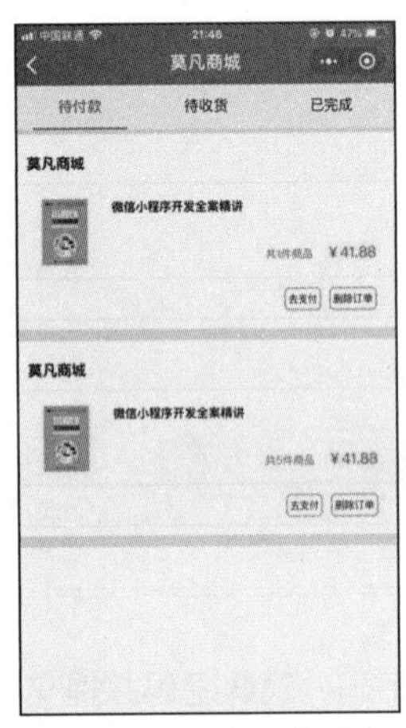

图 2.12 “待付款”列表

图 2.13 “待收货”列表

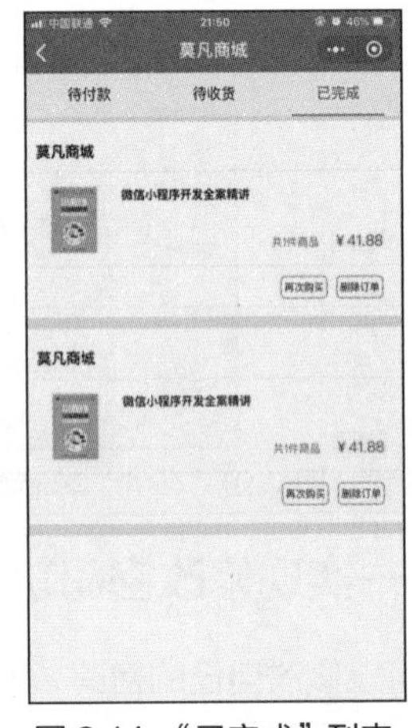

图 2.14 “已完成”列表

图 2.15 空列表

商城类小程序都有订单这个概念，订单可以分为待付款订单、待收货订单、已完成订单等不同类别，每种订单具有不同的操作按钮，这是设计订单列表时要考虑的事情。

2.2 “首页”模块功能介绍

莫凡商城小程序的首页具有海报轮播功能、图书列表显示功能、图书搜索功能、更多图书列表显示功能。

2.2.1 任务 9——实现搜索区域布局与海报轮播功能

首页上方是搜索区域和海报轮播区域。海报轮播功能是小程序中很常见的功能，它利用界面有限的空间，通过轮播的形式显示不同的内容，如图 2.16 和图 2.17 所示。

图 2.16 海报轮播 1

图 2.17 海报轮播 2

在首页中，搜索和海报轮播是比较常用的功能，海报轮播功能常用于重点产品或特殊活动的海报展示。

2.2.2 任务 10——实现图书列表显示功能静态布局与动态渲染

莫凡商城小程序在首页中显示了图书列表，包括“热门技术”列表、“特惠时刻”列表、“畅销书籍”列表，如图 2.18 所示。本任务分静态布局与动态渲染两部分。

图 2.18 图书列表显示

首页采用列表的形式是很常见的，在首页有限的空间里放置指定数量的商品，并且放置可以查看更多商品的入口，点击进入就可以查看更多的商品列表。

2.2.3 任务 11——实现图书搜索功能静态布局

莫凡商城小程序提供图书搜索功能，有搜索框和热门搜索标签列表，如图 2.19 所示，输入商品名称进行搜索，将显示商品搜索结果列表，如图 2.20 所示。

图 2.19 搜索框及热门搜索标签列表

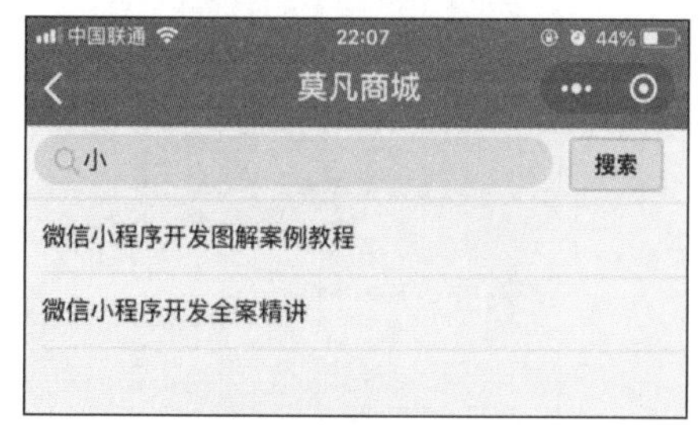

图 2.20 商品搜索结果列表

搜索是小程序必不可少的功能，商城里有很多商品时，搜索常常是用户最先使用的功能。

2.2.4 任务 12——实现更多图书列表显示功能静态布局

莫凡商城小程序首页的每个类别只显示 3 本书，点击“查看更多”超链接将显示该类别的所有图书列表，如图 2.21～图 2.23 所示。

图2.21　热门技术列表

图2.22　特惠时刻列表

图2.23　畅销书籍列表

制作更多图书列表可以学会商品列表的展示及不同商品分类的标签切换显示。

2.3 “购物车”模块功能介绍

莫凡商城小程序“购物车”模块包括商品详情页功能、商品加入购物车功能、购物车列表功能、商品立即购买页功能、收货地址列表功能、新增和编辑收货地址功能、支付功能、支付成功页功能、订单详情页功能等。

2.3.1 任务13——实现商品详情页功能

商品详情页用于商品轮播图片、商品介绍、商品价格等内容的显示，如图 2.24 和图 2.25 所示。

图2.24　商品详情页1

图2.25　商品详情页2

商品详情页的内容比较多、页面比较长，既要展示商品基本信息，又要有加入购物车、立即购买的操作按钮，在设计时最好将这两个按钮固定在底部区域，不随页面的滚动而改变位置，以方便用户随时将商品加入购物车或者立即购买。

2.3.2　任务 14——实现商品加入购物车功能

将商品加入购物车里，购物车中商品的数量会发生变化，如图 2.26 所示。

加入购物车功能是比较常用的功能，本任务讲解如何设计加入购物车功能。

2.3.3　任务 15——实现购物车列表功能

购物车以列表的形式显示已加入购物车的商品，可以显示选中商品的总价并进行结算，如图 2.27 所示。

图 2.26　加入购物车

图 2.27　购物车列表

很多商城都会设计购物车功能，本任务学习购物车列表功能的设计和实现。

2.3.4　任务 16——实现商品立即购买页功能

在商品立即购买页中可以看到要购买的商品名称、数量及价格，还可以选择收货地址，如图 2.28 所示。

商品立即购买页是购买前最终确定订单的页面，在此页面中可以提交订单来发起支付。

2.3.5　任务 17——实现收货地址列表功能

收货地址列表用来显示用户购买商品时可以选择的收货地址，如图 2.29 所示。

收货地址列表便于用户在下单的时候直接选择以前录入过的地址信息，不用每次都输入地址，方便用户快速下单。

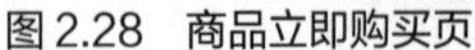

图 2.28　商品立即购买页

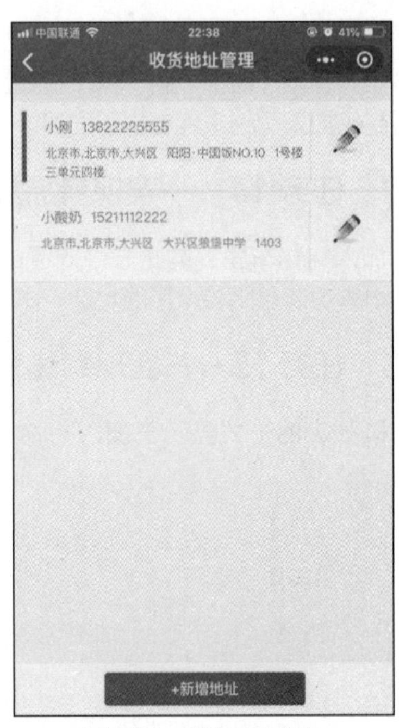

图 2.29　收货地址列表

2.3.6　任务 18——实现新增和编辑收货地址功能

通过新增收货地址功能可以创建新的收货地址，对于已有的收货地址，也可以重新进行编辑，如图 2.30 和图 2.31 所示。

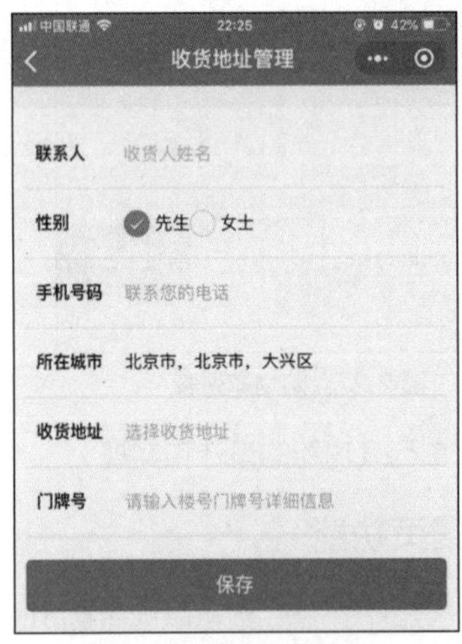

图 2.30　新增收货地址

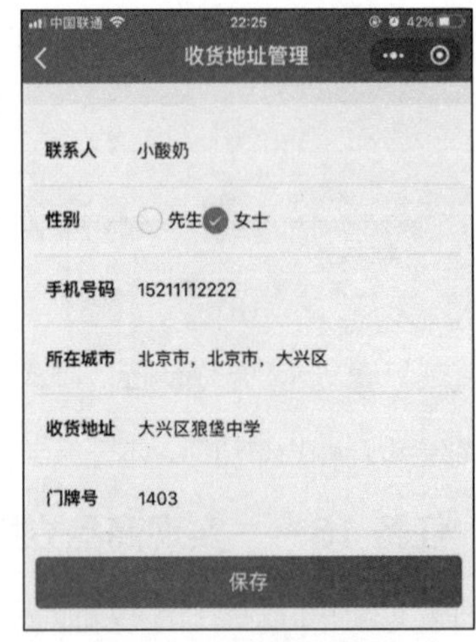

图 2.31　编辑收货地址

新增和编辑收货地址是常用的功能，用于动态地维护地址信息。

2.3.7　任务 19——实现支付功能

微信小程序支持微信支付，提供微信支付 API。莫凡商城在提交订单页和订单详情页都可以发起微信支付，如图 2.32 和图 2.33 所示。提交订单页与商品立即购买页显示一致，但强调不同的功能，提交订单页强调支付功能，商品立即购买页强调页面功能。

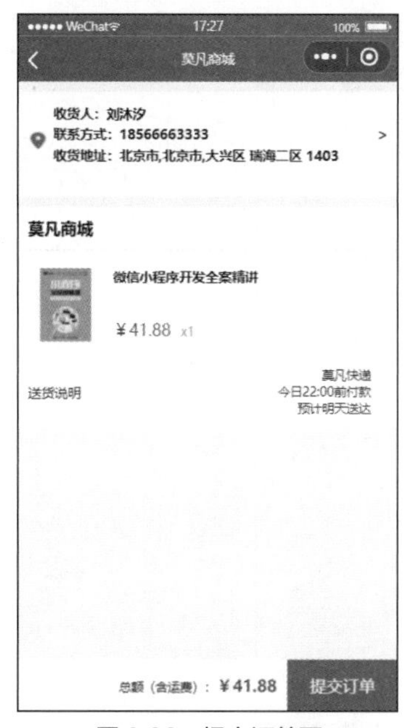

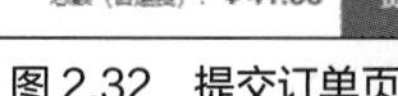
图 2.32　提交订单页

图 2.33　订单详情页

支付功能是购买商品时必不可少的功能，本任务讲解如何设计微信小程序支付功能。

2.3.8　任务 20——实现支付成功页功能

对于商品的购买，支付成功后，会跳转到支付成功页，如图 2.34 所示。

图 2.34　支付成功页

支付成功后，小程序会显示用户支付成功的友好提示，既提示用户支付成功，又给用户提供查看详情的入口。

2.3.9　任务 21——实现订单详情页功能

可以在订单详情页中查看订单相关信息、收货地址信息及商品信息，如图 2.35 所示。

用户在购买商品的时候，有时要先确认订单信息，或者支付后想查看自己的订单信息，此时就需要订单详情页。

图 2.35　订单详情页

2.4 “分类”模块功能介绍

莫凡商城小程序针对图书进行分类管理，按分类显示图书相关内容。

2.4.1 任务 22——实现图书分类功能

图书分类分为一级分类和二级分类，通过手风琴式导航来显示，如图 2.36 和图 2.37 所示。

图 2.36　图书分类 1

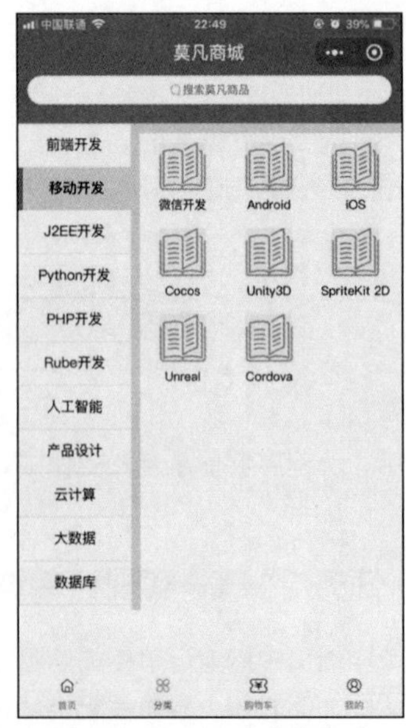

图 2.37　图书分类 2

手风琴式导航方式是很多商城都会采用的导航方式，对于商品类型过多的商城，这样的设计可以方便用户查找商品。

2.4.2 任务 23——实现图书分类结果列表功能

通过图书一级分类和二级分类，可以查看该分类下的所有图书，图书分类结果列表如图 2.38 所示。

图 2.38 图书分类结果列表

根据商品的分类可以查看该分类下的商品，这样查找商品具有目的性，方便用户快速查找到想要的商品。

2.5 小结

本单元包含以下内容。

- 介绍了莫凡商城小程序包含的四大功能模块：“我的”模块、“首页”模块、“购物车”模块、“分类”模块。
- 将四大功能模块的功能拆分成 23 个任务，帮助读者了解莫凡商城小程序的开发思路。

单元3 莫凡商城小程序的项目结构

03

情景引入

开发莫凡商城小程序需要了解项目结构和文件，如图3.1所示，包括3个部分：框架全局文件，用来配置全局的配置项，包括小程序逻辑文件、小程序公共配置文件、小程序公共样式表文件、小程序项目个性化配置文件等；工具类文件，用来抽取通用的业务逻辑处理模块或者函数，方便小程序快速开发；框架页面文件，用来构建页面、编写页面样式以及处理业务逻辑。

创建莫凡商城小程序项目后，会自动生成项目结构和文件。

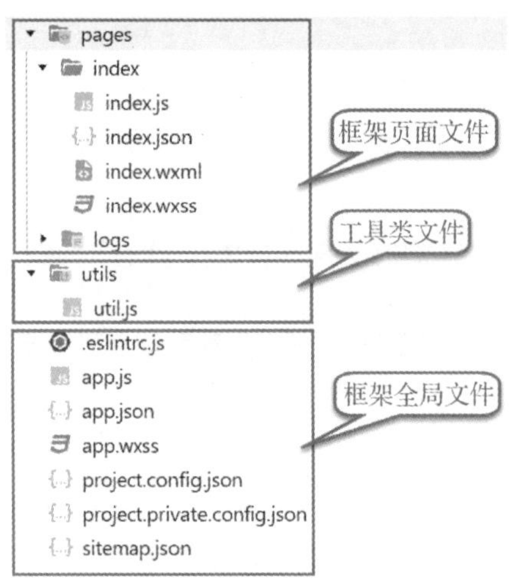

图 3.1 项目结构和文件

学习目标

知识目标

1. 了解微信小程序项目结构和文件。
2. 掌握微信小程序逻辑层框架接口的使用方法。
3. 掌握微信小程序WXML视图层的使用方法。
4. 掌握微信小程序条件渲染的使用方法。
5. 掌握微信小程序列表渲染的使用方法。

能力目标

1. 能够掌握微信小程序整体框架文件的使用方法。

2. 能够实现底部标签导航设计和“我的”界面布局设计。

素质目标

1. 提升分析问题、解决问题的能力。
2. 提升知识学习能力。

思维导图

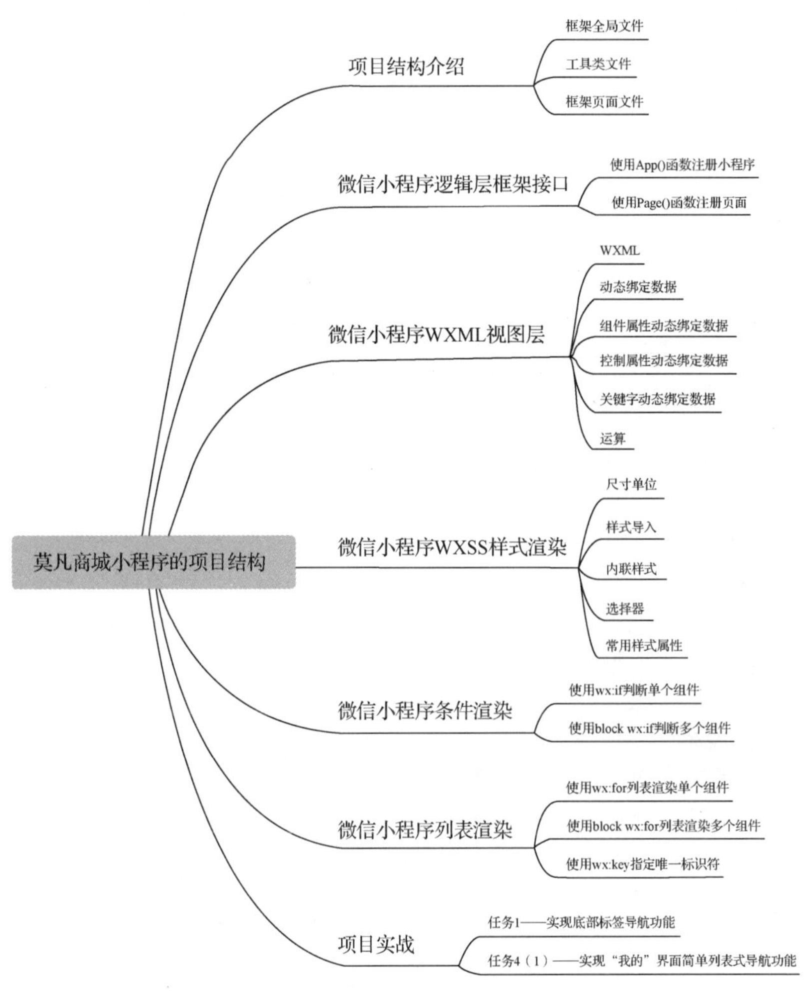

3.1 项目结构介绍

3.1.1 框架全局文件

一个小程序的框架全局文件主要有 5 个：app.js 文件、app.json 文件、app.wxss 文件、project.config.json 文件、sitemap.json 文件，这 5 个文件必须放在项目的根目录中。app.js 文件是小程序的逻辑文件（定义全局数据、定义函数的文件）；app.json 文件是小程序的公共配置文件；app.wxss 文件是小程序的公共样式表文件；project.config.json 文件是个性化项目配置文件；sitemap.json 文件用于配置小程序及其页面是否允许被微信索引。它们对所有页面都有效，作用如表 3.1 所示。

慕课视频

项目结构介绍

表 3.1　框架全局文件

文件	是否必填	作用
app.js	是	编写小程序逻辑
app.json	是	进行小程序公共配置
app.wxss	否	提供小程序公共样式表
project.config.json	是	进行小程序个性化项目配置
sitemap.json	是	配置小程序及其页面是否允许被微信索引

1. app.js 文件

app.js 文件可以指定微信小程序的生命周期函数。生命周期函数可以理解为微信小程序自己定义的函数，如 onLaunch()（监听小程序初始化）、onShow()（监听小程序显示）、onHide()（监听小程序隐藏）等，在不同阶段、不同场景可以使用不同的生命周期函数。此外，app.js 文件中还可以定义一些全局的函数和数据，其他页面引用 app.js 文件后就可以直接使用全局函数和数据，如图 3.2 所示。

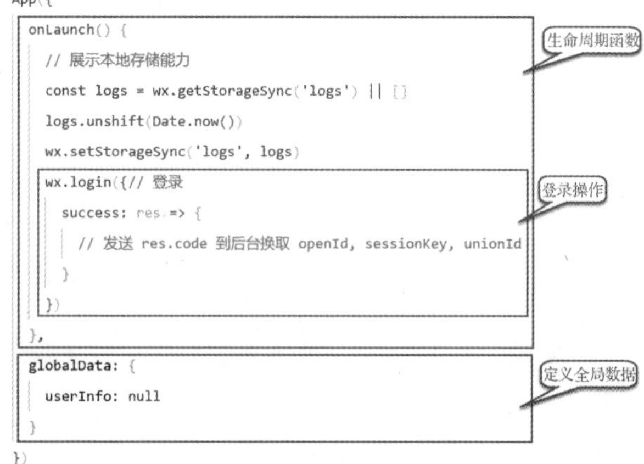

图 3.2　app.js 文件

在莫凡商城小程序里，接口访问域名、微信登录凭证 code、用户 ID 需要在 globalData 对象里配置，代码如下。

```
globalData: {
    userInfo: null,
    host: 'https://api.mofun365.com:8888',
    code: null, //微信登录凭证 code
    userId: null//用户 ID
  }
```

2. app.json 文件

app.json 文件用来对微信小程序进行公共配置，文件内容为一个 JSON 对象，其主要功能为配置页面路径、配置窗口表现、配置标签导航、配置网络超时、配置 debug 模式，如图 3.3 所示。另外，其还可以设置是否启用插件功能页、配置分包结构、设置 Worker 代码放置的目录等，app.json 文件配置项的类型及作用如表 3.2 所示。

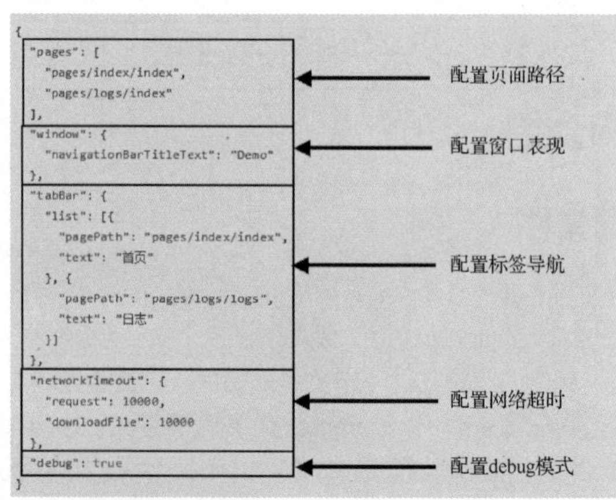

图 3.3　app.json 文件的 5 个功能

表 3.2　app.json 文件配置项的类型及作用

配置项	类型	是否必填	作用
pages	string	是	配置页面路径
window	object	否	配置窗口表现
tabBar	object	否	配置标签导航
networkTimeout	object	否	配置网络超时
debug	boolean	否	设置是否开启 debug 模式，默认关闭
functionalPages	boolean	否	设置是否启用插件功能页，默认关闭
subpackages	object	否	配置分包结构
workers	string	否	设置 Worker 代码放置的目录
requiredBackgroundModes	string	否	声明需要使用的后台运行能力，如“音乐播放”
plugins	object	否	声明小程序需要使用的插件
preloadRule	object	否	声明分包预下载的规则
resizable	boolean	否	设置 iPad 小程序是否支持屏幕旋转，默认关闭
navigateToMiniProgramAppIdList	string	否	声明需要跳转到的小程序列表
usingComponents	object	否	进行全局自定义组件配置
permission	object	否	进行小程序接口权限的相关设置
sitemapLocation	string	是	指明 sitemap.json 文件的位置

（1）pages：配置页面路径。它定义了一个数组，其中存放了多个页面的访问路径，是进行页面访问的必要条件。如果在这里没有配置页面访问路径，页面被访问时就会报错；如果在这里定义了页面访问路径，框架页面文件中就会建立相应名称的文件夹及文件，不需要再手动添加文件夹和文件了，如图 3.4 所示。

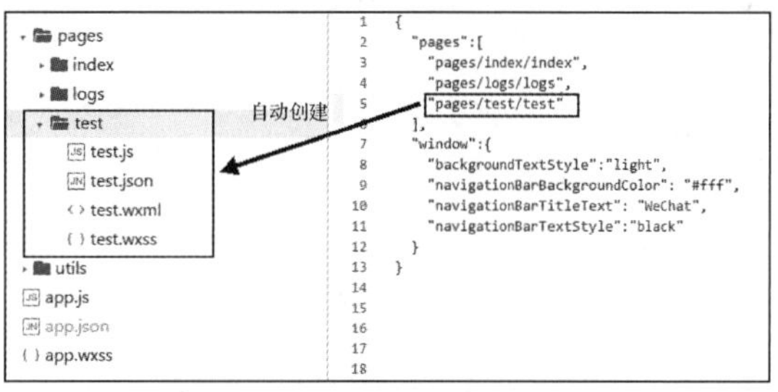

图 3.4　自动创建文件夹及文件

（2）window：配置窗口表现。它用于配置小程序的状态栏、导航条、标题、窗口背景色，可以设置导航条背景色（navigationBarBackgroundColor）、导航条文字（navigationBarTitleText）及导航条文字颜色（navigationBarTextStyle）；还可以设置窗口是否可以下拉刷新（enablePullDownRefresh）（默认为不可以下拉刷新），设置窗口的背景色（backgroundColor）和下拉背景字体或者 loading 样式（backgroundTextStyle），如图 3.5 所示。

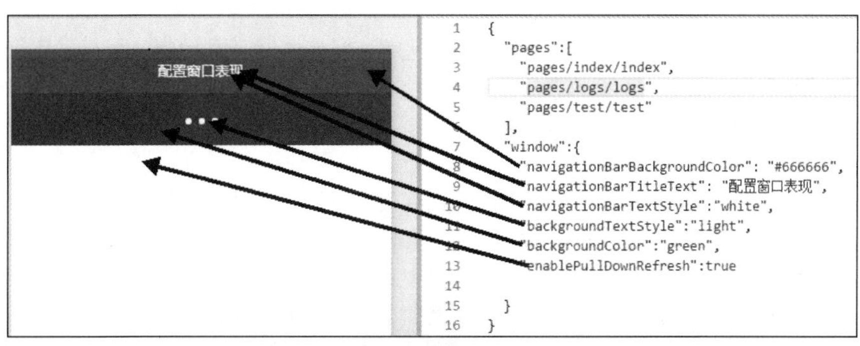

图 3.5　配置窗口表现

（3）tabBar：配置标签导航。标签导航是很多 App 都会采用的导航形式，微信小程序同样可以实现这样的效果，如图 3.6 所示。

图 3.6　莫凡商城小程序标签导航

怎么制作标签导航呢？需要在 app.json 文件里配置 tabBar 属性。tabBar 可以配置标签导航文字的默认颜色、选中颜色、标签导航背景色及上边框颜色。上边框颜色目前可以配置为黑和白（black/white）两种。标签导航存放在 list 数组中，list 中的每个对象对应一个标签导航，每个对象都可以配置标签导航的路径、导航名称等，代码如下。

```
"tabBar": {
    "selectedColor": "#009966",        //选中时的文字颜色
    "backgroundColor": "#ffffff",      //标签导航背景色
    "borderStyle": "white",            //标签导航上边框颜色
    "color": "#999999",                //文字默认颜色
    "list": [
      {
        "pagePath": "pages/index/index",                    //标签导航页面路径
        "text": "首页",                                      //标签导航文字
        "iconPath": "pages/images/bar/home-1.png",          //默认图标
        "selectedIconPath": "pages/images/bar/home-0.png"  //选中时的图标
      },
      {
        "pagePath": "pages/category/category",
        "text": "分类",
        "iconPath": "pages/images/bar/category-1.png",
        "selectedIconPath": "pages/images/bar/category-0.png"
      },
      {
        "pagePath": "pages/shoppingcart/shoppingcart",
        "text": "购物车",
        "iconPath": "pages/images/bar/cart-1.png",
        "selectedIconPath": "pages/images/bar/cart-0.png"
      },
      {
        "pagePath": "pages/me/me",
        "text": "我的",
        "iconPath": "pages/images/bar/me-1.png",
        "selectedIconPath": "pages/images/bar/me-0.png"
      }
    ]
}
```

（4）networkTimeout：配置网络超时。它用于配置网络请求、文件上传、文件下载时最大的请求时间，超过这个时间将不再请求。

（5）debug：配置 debug 模式，以便微信小程序开发者调试开发程序。图 3.7 所示为没有开启 debug 模式和开启了 debug 模式的调试信息对比。

从图 3.7 中可以看出，开启 debug 模式后，可以看到每一步的调用情况、访问路径及错误信息，这样更加方便开发者进行调试工作。

（6）functionalPages：设置是否启用插件功能页，默认是关闭的。插件所有者小程序（与插件 AppID 相同的小程序）需要设置这一项来启用插件功能页。

（7）subpackages：配置分包结构，启用分包加载时，声明项目分包结构。

（8）workers：使用 Worker 处理多线程任务时，设置 Worker 代码放置的目录。

（9）requiredBackgroundModes：声明需要使用的后台运行能力，类型为数组，目前支持后台音乐播放。

（10）plugins：声明小程序需要使用的插件。

（11）preloadRule：声明分包预下载的规则。

（12）resizable：在 iPad 上运行的小程序可以设置支持屏幕旋转。

（a）没有开启 debug 模式

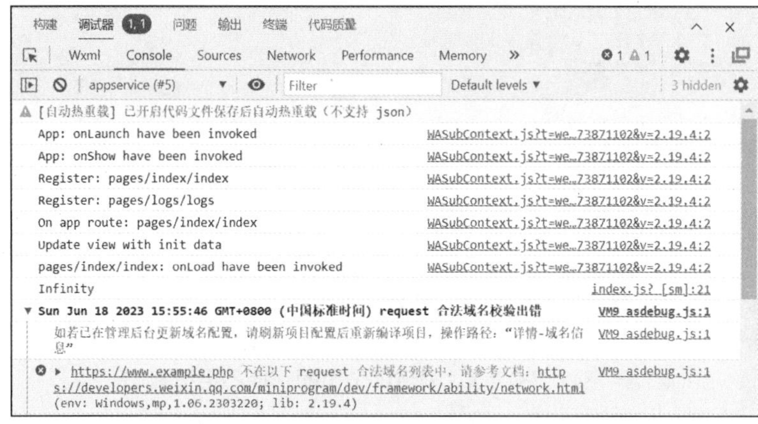

（b）开启了 debug 模式

图 3.7　debug 模式开启前后的调试信息对比

（13）navigateToMiniProgramAppIdList：声明需要跳转到的小程序列表。当小程序需要使用 wx.navigateToMiniProgram()接口跳转到其他小程序时，需要先在配置文件中声明需要跳转到的小程序 AppID 列表，最多允许填写 10 个。

（14）usingComponents：进行全局自定义组件配置。在此处声明的自定义组件将被视为全局自定义组件，在小程序内的页面或自定义组件中可以直接使用而无须再声明。

（15）permission：进行小程序接口权限的相关设置，字段类型为 object。

（16）sitemapLocation：指明 sitemap.json 文件的位置，默认为"sitemap.json"，即在 app.json 文件同级目录下。

3. app.wxss 文件

app.wxss 文件和 CSS 的使用方式一样，使用类选择器和行内样式的写法，兼容大部分 CSS 样式（有一些 CSS 样式不起作用）。它还扩展了 CSS，形成了具有自己风格的样式文件。app.wxss 文件用于对所有页面定义全局样式，如图 3.8 所示。只要页面有全局样式里的 class 样式，就可以渲染全局样式里的效果，但如果页面又重新定义了这个 class 样式，就会把全局样式覆盖掉，使用自己的样式。

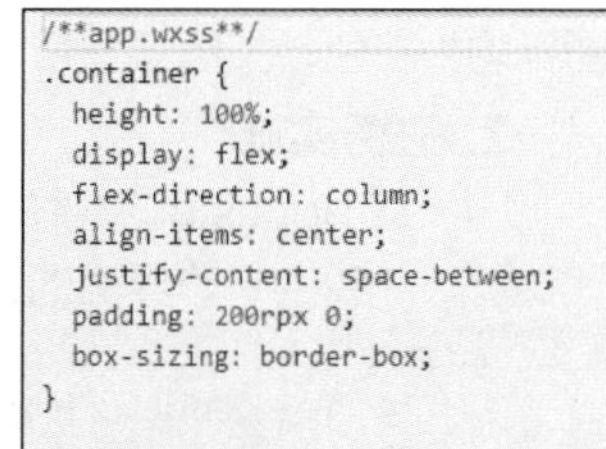

```
/**app.wxss**/
.container {
  height: 100%;
  display: flex;
  flex-direction: column;
  align-items: center;
  justify-content: space-between;
  padding: 200rpx 0;
  box-sizing: border-box;
}
```

图 3.8　app.wxss 文件

除了 app.wxss 文件提供的默认全局样式外，用户自己也可以定义一些全局样式，这样方便每个页面的使用，不用在每个页面都写一次，就能达到一次定义、其他页面直接引用的效果。

4. project.config.json 文件

在使用微信开发者工具时，开发者都会根据自己的喜好进行一些个性化配置，如界面颜色、编译配置等，当换了另外一台计算机重新安装工具的时候，需要重新配置。基于这个考虑，微信开发者工具在每个项目的根目录中都会生成一个 project.config.json 文件，开发者在工具上进行的任何配置都会写入这个文件，当重新安装工具或者换计算机工作时，只要载入同一个项目的代码包，开发者工具就会自动恢复之前开发项目时的个性化配置，其中包括编辑器的界面颜色、代码上传时自动压缩等一系列选项。

5. sitemap.json 文件

小程序根目录下的 sitemap.json 文件用于配置小程序及其页面是否允许被微信索引，文件内容为一个 JSON 对象，如果没有 sitemap.json 文件，则默认所有页面都允许被索引。配置示例如下。

```
{
  "rules":[{
    "action": "allow",
    "page": "path/to/page",
    "params": ["a",  "b"],
    "matching": "exact"
  }, {
    "action": "disallow",
    "page": "path/to/page"
  }]
}
```

page 匹配规则说明如下。

（1）"path/to/page?a=1&b=2" 表示这个页面路径会被优先索引。

（2）"path/to/page" 表示这个页面路径不会被索引。

（3）"path/to/page?a=1" 表示这个页面路径不会被索引。

（4）"path/to/page?a=1&b=2&c=3" 表示这个页面路径不会被索引。

matching 匹配规则说明如下。

（1）exact：当小程序页面的参数列表等于 params 时，规则命中。

（2）inclusive：当小程序页面的参数列表包含 params 时，规则命中。

（3）exclusive：当小程序页面的参数列表与 params 的交集为空时，规则命中。

（4）partial：当小程序页面的参数列表与 params 的交集不为空时，规则命中。

3.1.2 项目实战：任务 1——实现底部标签导航功能

1. 任务目标

实现莫凡商城底部标签导航功能，学会设计小程序的底部标签导航及窗口显示。

莫凡商城底部标签导航分为"首页""分类""购物车""我的"4 个部分。标签导航选中时，文字和图标均呈现为绿色；默认文字和图标均为灰色，如图 3.9 所示。

图 3.9　底部标签导航

2. 任务实施

（1）在 app.json 文件的 pages 配置项里配置"首页""分类""购物车""我的"等界面的路径，代码如下。

```
"pages": [
    "pages/index/index",
    "pages/category/category",
    "pages/shoppingcart/shoppingcart",
    "pages/me/me"
  ]
```

（2）在 window 配置项里配置导航条文字为"莫凡商城"，背景颜色为绿色，代码如下。

```
"window": {
    "backgroundTextStyle": "light",
```

```
    "navigationBarBackgroundColor": "#009966",
    "navigationBarTitleText": "莫凡商城",
    "navigationBarTextStyle": "white"
  }
```

（3）在 tabBar 配置项里配置导航文字和图标，代码如下。

```
"tabBar": {
    "selectedColor": "#009966",
    "backgroundColor": "#ffffff",
    "borderStyle": "black",
    "color": "#999999",
    "list": [
        {
            "pagePath": "pages/index/index",
            "text": "首页",
            "iconPath": "pages/images/bar/home-1.png",
            "selectedIconPath": "pages/images/bar/home-0.png"
        },
        {
            "pagePath": "pages/category/category",
            "text": "分类",
            "iconPath": "pages/images/bar/category-1.png",
            "selectedIconPath": "pages/images/bar/category-0.png"
        },
        {
            "pagePath": "pages/shoppingcart/shoppingcart",
            "text": "购物车",
            "iconPath": "pages/images/bar/cart-1.png",
            "selectedIconPath": "pages/images/bar/cart-0.png"
        },
        {
            "pagePath": "pages/me/me",
            "text": "我的",
            "iconPath": "pages/images/bar/me-1.png",
            "selectedIconPath": "pages/images/bar/me-0.png"
        }
    ]
  }
```

通过这 3 个步骤，就可以实现莫凡商城底部标签导航的配置，效果如图 3.10 所示。

图 3.10　莫凡商城底部标签导航的效果

在设计底部标签导航的时候，需要在 app.json 文件里针对 tabBar 进行配置，可以配置导航的标题、导航的图标、选中的文字颜色和默认的文字颜色。

3.1.3 工具类文件

在微信小程序项目结构里有一个 utils 文件夹，它用来存放工具栏的 JS 函数，如一些日期格式化、时间格式化的常用函数。定义完这些函数后，通过 module.exports 将定义的函数名称注册进来，在其他页面中才可以使用这些函数。图 3.11 所示为时间格式化工具类文件。

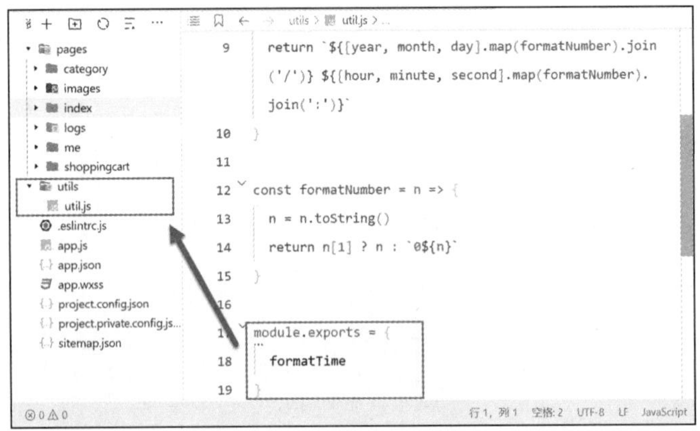

图 3.11 时间格式化工具类文件

3.1.4 框架页面文件

一个小程序的框架页面文件由 5 个文件组成，分别是页面逻辑文件（JS）、页面配置文件（JSON）、页面结构文件（WXML）、小程序脚本语言文件（WXS）、页面样式表文件（WXSS），如表 3.3 所示。

表 3.3 框架页面文件

文件类型	是否必填	作用
JS	是	编写页面逻辑
JSON	否	编写页面配置
WXML	是	编写页面结构
WXS	否	编写小程序脚本语言
WXSS	否	编写页面样式表

微信小程序的框架页面文件都是放置在 pages 文件夹下的，如图 3.12 所示。

每个页面都有一个独立的文件夹，例如，日志页面的 logs 文件夹下放置了 5 个文件，logs.js 文件用于进行业务路径处理；logs.json 文件用于进行页面的配置，可以覆盖全局 app.json 文件配置；logs.wxml 文件是页面结构文件，负责渲染页面；logs.wxs 文件是小程序脚本语言文件，在创建页面的时候不会自动生成该文件，需要使用的时候创建即可；logs.wxss 文件是针对 logs.wxml 文件页面的样式文件。

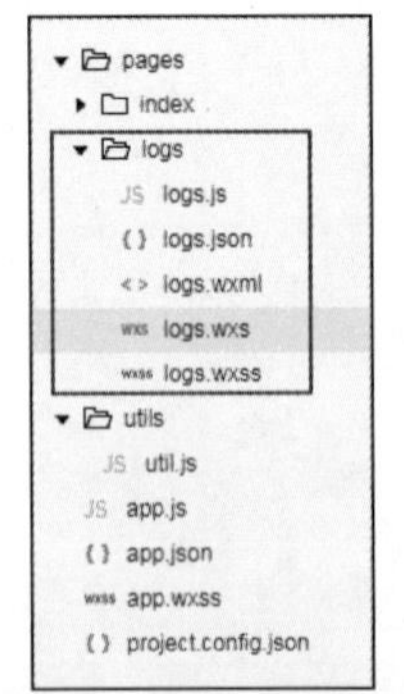

图 3.12 框架页面文件

注意 WXS（WeiXin Script）是小程序的一套脚本语言，结合 WXML，可以构建出页面的结构。

3.2 微信小程序逻辑层框架接口

要想小程序顺利运行，首先要注册小程序和其中的页面，并为它们设置生命周期。在 3.1.1 小节中介绍了框架全局文件，其中，app.js 文件是小程序的逻辑文件，用于定义全局数据和函数，本节将详细讲解在 app.js 文件中注册小程序和页面的方法。

慕课视频

微信小程序逻辑层框架接口

3.2.1 使用 App()函数注册小程序

在 app.js 小程序逻辑文件里，App()函数是用来注册小程序的，有了这个函数，才能说明这个项目是小程序项目。App()函数有一个 object 参数，在注册小程序的同时可以指定小程序的生命周期函数。

App()函数必须在 app.js 文件中调用，必须调用且只能调用一次。示例代码如下。

```
App({
  onLaunch(options) {
    //小程序初始化时做的操作
  },
  onShow(options) {
    //显示时做的操作
  },
  onHide() {
    //隐藏时做的操作
  },
  onError(msg) {
    console.log(msg)
  },
  onPageNotFound(msg){
    console.log(msg)
  },
  onThemeChange(msg){
    console.log(msg)
  },
  globalData: 'I am global data'
})
```

App()中的函数介绍如下。

（1）onLaunch()：生命周期回调函数，监听小程序初始化，在小程序初始化完成时触发，全局只触发一次。

（2）onShow()：生命周期回调函数，监听小程序启动或进入前台，在小程序启动或从后台进入前台显示时触发。

（3）onHide()：生命周期回调函数，监听小程序进入后台，在小程序从前台进入后台时触发。

（4）onError()：错误监听函数，在小程序发生脚本错误或 API 调用报错时触发。

（5）onPageNotFound()：页面不存在监听函数，在小程序要打开的页面不存在时触发。

（6）onThemeChange()：生命周期函数，系统切换主题时触发。可以使用 wx.onThemeChange()函数绑定监听。

通过 getApp()函数获取小程序全局唯一的 App 实例后，就可以调用 app.js 文件里配置的自定义函数和自定义全局数据了，代码如下。

```
var app = getApp()
console.log(appInstance.globalData.host) //获取在 globalData 全局数据里配置的域名
```

getApp()函数在页面的 JS 文件里执行就可以获取小程序全局唯一的 App 实例，莫凡商城小程序也是采用这样的方式来获取在 globalData 全局数据中配置的域名的。

注意 **（1）不要在定义于 App()内的函数中调用 getApp()，使用 this 就可以获得 App 实例。**
（2）通过 getApp()获取实例之后，不要私自调用生命周期函数。

3.2.2 使用 Page()函数注册页面

在 app.js 文件里使用 App()函数可以注册小程序，在框架页面文件里，根据配置的路径，会生成*.js、*.wxml、*.json、*.wxml 4 个文件（*.wxs 文件不会自动生成，需要时可手动创建），在*.js 文件里需要使用 Page()函数来注册一个页面，并指定页面的初始数据、生命周期函数回调、事件处理函数等，代码如下。

```
//index.js
Page({
 data: {
   text: "This is page data."      //页面初始数据
 },
 onLoad: function(options) {
   //页面加载时执行，可以在此进行初始化操作
 },
 onReady: function() {
   //页面初次渲染完成时执行
 },
 onShow: function() {
   //页面显示/切入前台时执行
 },
 onHide: function() {
   //页面隐藏/切入后台时执行
 },
 onUnload: function() {
   //页面卸载/关闭时执行
 },
 onPullDownRefresh: function() {
   //页面下拉刷新时执行
 },
 onReachBottom: function() {
   //页面上拉触底时执行
 },
 onShareAppMessage: function () {
   //用户点击右上角分享时执行，返回自定义分享数据
 },
 onPageScroll: function() {
   //页面滚动时执行
 },
 onResize: function() {
   //页面尺寸变化时执行
 },
 onTabItemTap(item) {
   console.log(item.index)
   console.log(item.pagePath)
   console.log(item.text)
 },
 //事件处理函数
 viewTap: function() {
    this.setData({
      text: 'Set some data for updating view.'//更新页面数据
```

```
    }, function() {
      //setData 回调函数，在数据设置成功后执行
    })
  },
  customData: {
    hi: 'MINA'  //自定义数据
  }
})
```

（1）data：data 是页面第一次渲染时使用的初始数据，页面加载时，data 将会以 JSON 字符串的形式由逻辑层传至渲染层，因此 data 中的数据必须是可以转换成 JSON 字符串的类型，如字符串、数字、布尔值、对象或数组。

JSON 是一种轻量级的数据交换格式，示例如下所示。

```
{
    "employees": [
        {
            "firstName": "Bill",
            "lastName": "Gates"
        }
    ]
}
```

（2）onLoad()：生命周期回调函数，页面加载时触发。一个页面只会调用一次，可以在 onLoad() 的参数对象中获取打开当前页路径中的参数。

（3）onReady()：生命周期回调函数，页面初次渲染完成时触发。一个页面只会调用一次，代表页面已经准备妥当，可以和视图层进行交互。

（4）onShow()：生命周期回调函数，页面显示/切入前台时触发。页面从后台切换至可见状态（如返回页面、从其他页面跳转回来）时调用。

（5）onHide()：生命周期回调函数，页面隐藏/切入后台时触发。页面跳转至其他页面或退至后台（如切换至微信聊天窗口）时调用。

（6）onUnload()：生命周期回调函数，页面卸载/关闭时触发，当调用 redirectTo()或 navigateBack()的时候调用。

（7）onPullDownRefresh()：页面事件处理函数，监听用户下拉刷新事件，需要在 app.json 文件的 window 选项中或页面配置中开启 enablePullDownRefresh。可以通过 wx.startPullDownRefresh() 触发下拉刷新，调用后触发下拉刷新动画，效果与用户手动下拉刷新一致。当处理完数据刷新后，wx.stopPullDownRefresh()可以停止当前页的下拉刷新。

（8）onReachBottom()：页面事件处理函数，监听用户上拉触底事件，可以在 app.json 文件的 window 选项中或页面配置中设置触发距离 onReachBottomDistance。在触发距离内上拉时，此事件只会触发一次。

（9）onShareAppMessage()：页面事件处理函数，监听用户点击页面内转发按钮（button 组件 open-type="share"）或右上角菜单中的“转发”按钮的行为，并自定义转发内容。只有定义了此页面事件处理函数，右上角菜单中才会显示“转发”按钮。

（10）onPageScroll()：页面事件处理函数，监听用户滑动页面事件。

（11）onResize()：页面事件处理函数，监听页面尺寸变化的事件。对于自定义组件，可以使用 resize 来进行监听。回调函数中将返回显示区域的尺寸信息。

（12）onTabItemTap()：页面事件处理函数，用户点击 tab（导航标签）时触发，可以获取 tab 的序号、页面路径、按钮文字。

（13）组件事件处理函数：在 Page 中还可以定义组件事件处理函数。在渲染层的组件中加入事件绑定，当事件被触发时，就会执行 Page 中定义的事件处理函数，如“注册”按钮可以自定义绑定 register 事件、“登录”按钮可以自定义绑定 login 事件等。

注意 通过 getCurrentPages()函数可以获取当前页栈，返回页面数组对象 PageObject[ ]。该数组中的第一个元素为首页，最后一个元素为当前页。不要尝试修改页面栈，否则会导致路由及页面状态错误。不要在小程序初始化的时候调用 getCurrentPages()函数，此时 page 还没有生成。

3.3 微信小程序 WXML 视图层

完成小程序和页面的注册后，就可以开始构建小程序页面视图了。WXML 是视图层框架设计的一套标签语言，结合基础组件、事件系统，可以构建出页面的视图。

慕课视频

微信小程序 WXML 视图层

3.3.1 WXML

在框架页面文件的*.wxml 文件里，可以利用 WXML 来构建小程序页面视图，构建视图页面内容就需要用到组件。例如，在页面里想显示出“你好，微信小程序”，代码如下。

```
<view> 你好，微信小程序</view>
```

3.3.2 动态绑定数据

在*.wxml 文件里，可以使用 view 组件进行布局设计（将在 4.2 节中详细讲解）。但在 3.3.1 小节中，显示的内容是直接写在 view 组件中的，不是动态数据，如何动态地绑定数据呢？

.wxml 文件中使用的动态数据都来自.js 文件中 Page()函数的 data 对象。在*.wxml 文件中，通过双大括号（{{}}）将在*.js 文件中定义的变量包裹起来，并将其放在 view 组件中，这样就可以实现数据动态绑定效果了。

示例代码如下。

```
<!--index.wxml-->
<view> {{ message }} </view>
```

```
//index.js
Page({
  data: {
    message: '你好，微信小程序'
  }
})
```

3.3.3 组件属性动态绑定数据

组件属性动态绑定数据是将*.js 文件 data 对象里的数据绑定到小程序的组件上，示例代码如下。

```
<!--index.wxml-->
<view id="{{id}}"> </view>
```

```
//index.js
Page({
  data: {
    id: 0
  }
})
```

3.3.4 控制属性动态绑定数据

控制属性动态绑定数据是通过条件判断 if 语句来控制的，如果满足条件判断，则执行该语句，否则不执行该语句，示例代码如下。

```
<!--index.wxml-->
<view wx:if="{{flag}}"> </view>
```

```
//index.js
Page({
 data: {
  flag: true
 }
})
```

3.3.5 关键字动态绑定数据

关键字动态绑定数据用于为组件的一些关键字绑定数据，如对于复选框组件，如果 checked 关键字等于 true，则代表选中复选框，如果等于 false，则代表不选中复选框，示例代码如下。

```
<checkbox checked="{{false}}"> </checkbox>
```

不要直接写 checked="false"，这样其计算结果是一个字符串，转换成 boolean 类型后代表真值。

3.3.6 运算

可以在“{{}}”内进行简单运算，微信小程序支持以下几种方式的运算。

（1）三元运算，示例代码如下。

```
<view hidden="{{flag ? true : false}}"> Hidden </view>
```

（2）算数运算，示例代码如下。

```
<!--index.wxml-->
<view> {{a + b}} + {{c}} + d </view>
```

```
//index.js
Page({
 data: {
   a: 1,
   b: 2,
   c: 3
 }
})
```

view 中的内容为 3+3+d。

（3）逻辑判断，示例代码如下。

```
<view wx:if="{{length > 5}}"> </view>
```

（4）字符串运算，示例代码如下。

```
<!--index.wxml-->
<view>{{"hello" + name}}</view>
```

```
//index.js
Page({

 data:{
  name: 'MINA'
 }
})
```

（5）数据路径运算，示例代码如下。

```
<!--index.wxml-->
<view>{{object.key}} {{array[0]}}</view>
```

```
//index.js
Page({
 data: {
```

```
    object: {
      key: 'Hello '
    },
    array: ['MINA']
  }
})
```

3.4 微信小程序 WXSS 样式渲染

WXSS 是一套样式语言，用于描述 WXML 的组件样式。WXSS 具有 CSS 的大部分特性，并且对 CSS 进行了扩充及修改，用来决定 WXML 组件的显示效果。与 CSS 相比，WXSS 在尺寸单位和样式导入上进行了扩展。

慕课视频

微信小程序 WXSS 样式渲染

3.4.1 尺寸单位

WXSS 的尺寸单位是 rpx（responsive pixel，响应像素），它可以根据屏幕宽度进行自适应。屏幕宽度规定为 750 rpx。例如，iPhone 6 的屏幕宽度为 375 px，共有 750 个物理像素，即 750 rpx = 375 px = 750 个物理像素，1 rpx = 0.5 px = 1 个物理像素。rpx 与 px 的换算关系如表 3.4 所示。

表 3.4 rpx 与 px 的换算关系

设备	rpx 换算成 px（屏幕宽度/750）	px 换算成 rpx（750/屏幕宽度）
iPhone 5	1 rpx = 0.42 px	1 px = 2.34 rpx
iPhone 6	1 rpx = 0.5 px	1 px = 2 rpx
iPhone 6 Plus	1 rpx = 0.552 px	1 px = 1.81 rpx

3.4.2 样式导入

使用@import 语句可以导入外联样式表，@import 后跟需要导入的外联样式表的相对路径，用“;”表示语句结束，示例代码如下。

```
// common.wxss
.small-p {
  padding:5px;
}
```

```
// app.wxss
@import "common.wxss";
.middle-p {
  padding:15px;
}
```

这样，在 app.wxss 文件里，可以将 common.wxss 文件样式导入使用。

定义在 app.wxss 文件中的样式为全局样式，作用于每个页面。在每个页面的*.wxss 文件中定义的样式为局部样式，只作用于对应的页面，并会覆盖 app.wxss 文件中相同的选择器。

3.4.3 内联样式

在 WXML 视图组件中，可以使用 style、class 属性来控制组件的样式。

（1）style：用于接收动态的样式，在运行时会进行解析。静态的样式统一写在 class 中，要尽量避免将静态的样式写在 style 中，以免影响渲染速度。style 属性示例代码如下。

```
<view style="color:red;" />    //静态的样式写在 style 中，尽量避免使用
<view style="color:{{color}}" />//动态获取
```

（2）class：用于指定样式规则，其属性值是样式规则中类选择器名（样式类名）的集合，样式类名不需要带上“.”，样式类名之间用空格分隔。class 属性示例代码如下。

```
<view class="normal_view" />
```

3.4.4 选择器

WXSS 样式渲染支持用选择器来控制，其支持的选择器如表 3.5 所示。

表 3.5 WXSS 支持的选择器

选择器	样例	样例描述
.class	.intro	选择所有拥有 class="intro"的组件
#id	#firstname	选择所有拥有 id="firstname"的组件
element	view	选择所有 view 组件
element, element	view, checkbox	选择所有文档的 view 组件和所有的 checkbox 组件
::after	view::after	在 view 组件后插入内容
::before	view::before	在 view 组件前插入内容

3.4.5 常用样式属性

常用样式包括 display（显示）、position（定位）、float（浮动）、background（背景）、border（边框）、outline（轮廓）、text（文本）、font（字体）、margin（外边距）、padding（填充）等。

（1）display 样式的属性和说明如表 3.6 所示。

表 3.6 display 样式的属性和说明

属性	说明
flex	多栏多列布局，常和 flex-direction: row/column 一起使用
inline-block	行内块元素
inline	此元素会被显示为内联元素，元素前后没有换行符
inline-table	作为内联表格显示（类似<table>），表格前后没有换行符
inline-flex	将对象作为内联块级弹性伸缩盒显示
none	此元素不会被显示
block	此元素将显示为块级元素，此元素前后会带有换行符
list-item	此元素会作为列表显示
table	作为块级表格显示（类似<table>），表格前后带有换行符
table-caption	作为一个表格标题显示（类似<caption>）
table-cell	作为一个表格单元格显示（类似<td>和<th>）
table-column	作为一个单元格列显示（类似<col>）
table-column-group	作为一个或多个列的分组来显示（类似<colgroup>）
table-row	作为一个表格行显示（类似<tr>）
table-row-group	作为一个或多个行的分组显示（类似<tbody>）
table-header-group	作为一个或多个行的分组显示（类似<thead>）
table-footer-group	作为一个或多个行的分组显示（类似<tfoot>）
inherit	规定从父元素继承 display 属性的值

（2）position 样式的属性和说明如表 3.7 所示。

表 3.7　position 样式的属性和说明

属性	说明
absolute	生成绝对定位的元素，相对于 static 定位以外的第一个父元素进行定位。元素的位置通过 left、top、right 及 bottom 属性进行规定
relative	生成相对定位的元素，相对于其正常位置进行定位。“left:20”表示向元素的 left 位置添加 20px
fixed	生成绝对定位的元素，相对于浏览器窗口进行定位。元素的位置通过 left、top、right 及 bottom 属性进行规定
static	默认值，没有定位，元素出现在正常的流中（忽略 top、bottom、left、right 或者 z-index 声明）
inline-flex	将对象作为内联块级弹性伸缩盒显示
inherit	规定从父元素继承 position 属性的值

（3）float 样式的属性和说明如表 3.8 所示。

表 3.8　float 样式的属性和说明

属性	说明
left	元素向左浮动
right	元素向右浮动
none	默认值，元素不浮动，并会显示其在文本中出现的位置
inherit	规定从父元素继承 float 属性的值

（4）background 样式的属性和说明如表 3.9 所示。

表 3.9　background 样式的属性和说明

属性	说明
background	简写属性，作用是将背景属性设置在一个声明中，background: color position size repeat origin clip attachment image;
background-color	指定要使用的背景颜色
background-position	指定背景图像的位置，background-position: center;
background-size	指定背景图像的大小，background-size:80px 60px;（即定义图像的宽度、高度）
background-repeat	指定如何重复背景图像，repeat、repeat-x、repeat-y、no-repeat、inherit
background-origin	指定背景图像的定位区域 padding-box，是背景图像填充框的相对位置
border-box	背景图像边界框的相对位置
content-box	背景图像相对位置的内容框
background-clip	指定背景图像的绘画区域。属性值同上
background-attachment	设置背景图像是否固定或者随页面的其余部分滚动
scroll	背景图像随页面的其余部分滚动。这是默认属性
fixed	背景图像是固定的
inherit	指定 background-attachment 的设置从父元素继承
local	背景图像随滚动元素滚动
background-image	指定要使用的一个或多个背景图像

（5）border 样式的属性和说明如表 3.10 所示。

表 3.10　border 样式的属性和说明

属性	说明	属性值
border	简写属性，用于把边框的属性设置在一个声明中	border:5px solid red;
border-width	用于为元素的所有边框设置宽度，或者单独为各边框设置宽度	thin、medium、thick、length

续表

属性	说明	属性值
border-style	设置元素所有边框的样式，或者单独为各边设置边框样式	solid、dashed、dotted、double 等
border-color	设置元素的所有边框中可见部分的颜色，或为 4 个边分别设置颜色	border-color: red;

（6）outline 样式的属性和说明如表 3.11 所示。

表 3.11　outline 样式的属性和说明

属性	说明	属性值
outline	在一个声明中设置所有的外边框属性	outline-color、outline-style、outline-width
outline-color	设置外边框的颜色	
outline-style	设置外边框的样式	solid、dashed、dotted、double 等
outline-width	设置外边框的宽度	thin、medium、thick、length

（7）text 样式的属性和说明如表 3.12 所示。

表 3.12　text 样式的属性和说明

属性	说明	属性值
color	设置文本颜色	
direction	设置文本方向	ltr：文本方向从左到右 rtl：文本方向从右到左
letter-spacing	设置字符间距	
line-height	设置行高	
text-align	对齐元素中的文本	left：文本左对齐。默认值，由浏览器决定 right：文本右对齐 center：文本居中对齐 justify：文本两端对齐 inherit：规定从父元素继承 text-align 属性的值
text-decoration	向文本添加修饰	underline：定义文本下的一条线 overline：定义文本上的一条线 line-through：定义穿过文本的一条线 blink：定义闪烁的文本
text-indent	缩进元素中文本的首行	
text-shadow	设置文本阴影	text-shadow: h-shadow、v-shadow、blur、color h-shadow：水平阴影的位置，允许使用负值 v-shadow：垂直阴影的位置，允许使用负值 blur：模糊的距离 color：阴影的颜色
text-transform	控制元素中的字母	capitalize：文本中的每个单词都以大写字母开头 uppercase：定义仅有大写字母 lowercase：定义无大写字母，仅有小写字母
vertical-align	设置元素的垂直对齐	baseline、sub、super、top、text-top、middle、bottom、text-bottom、length、%、inherit
white-space	设置元素中空白的处理方式	normal、pre、nowrap、pre-wrap、pre-line、inherit
word-spacing	设置字间距	normal、length、inherit

（8）font 样式的属性和说明如表 3.13 所示。

表 3.13　font 样式的属性和说明

属性	说明	属性值
font	在一个声明中设置所有字体属性	font-style、font-variant、font-weight、font-size、line-height、font-family（按顺序）
font-style	指定文本的字体样式	normal：默认值，浏览器会显示一个标准的字体样式 italic：浏览器会显示一个斜体的字体样式 oblique：浏览器会显示一个倾斜的字体样式 inherit：规定从父元素继承字体样式
font-variant	以小型大写字母的字体或者正常字体显示文本	normal：默认值，浏览器会显示一个标准的字体 small-caps：浏览器会显示小型大写字母的字体 inherit：规定从父元素继承 font-variant 属性的值
font-weight	指定字体的粗细	normal：默认值，定义标准的字体 bold：定义粗体字体 bolder：定义更粗的字体 lighter：定义更细的字体 inherit：规定从父元素继承字体的粗细
font-size	指定文本的字体大小	smaller：把 font-size 设置为比父元素更小的尺寸 larger：把 font-size 设置为比父元素更大的尺寸 length：把 font-size 设置为一个固定的值 %：把 font-size 设置为基于父元素的一个百分比值
line-height	指定文本行间距	
font-family	指定文本的字体系列	

（9）margin 样式的属性和说明如表 3.14 所示。

表 3.14　margin 样式的属性和说明

属性	说明	属性值
margin	在一个声明中设置所有外边距属性	margin:10px 5px 15px 20px;（即定义上边距、右边距、下边距、左边距的值）
margin-top	设置元素的上外边距	
margin-right	设置元素的右外边距	
margin-bottom	设置元素的下外边距	
margin-left	设置元素的左外边距	

（10）padding 样式的属性和说明如表 3.15 所示。

表 3.15　padding 样式的属性和说明

属性	说明	属性值
padding	使用缩写属性设置在一个声明中的所有填充属性	padding:10px 5px 15px 20px;（即定义上填充、右填充、下填充、左填充的值）
padding-top	设置元素的上填充	
padding-right	设置元素的右填充	
padding-bottom	设置元素的下填充	
padding-left	设置元素的左填充	

3.5　微信小程序条件渲染

在编写微信小程序时，经常需要进行条件判断，以确定是否需要渲染某代码块。

慕课视频

微信小程序条件渲染

3.5.1　使用 wx: if 判断单个组件

在微信小程序框架里，使用 wx: if="{{condition}}"来进行条件判断，确定是否需要渲染该代码块，示例代码如下。

```
<view wx:if="{{condition}}"> 你好，欢迎学习微信小程序 </view>
```

使用 wx: elif 和 wx: else 来添加一个 else 代码块。

```
<view wx:if="{{length > 5}}"> 长度大于 5 </view>
<view wx:elif="{{length > 2}}"> 长度大于 2 </view>
<view wx:else> 长度为 3 </view>
```

```
//index.js
Page({
 data: {
  length: 8
 }
})
```

当 length=8 时，输出结果为“长度大于 5”，执行第一个判断条件。

3.5.2 使用 block wx: if 判断多个组件

因为 wx:if 是一个控制属性，所以需要将它添加到一个标签上。如果想一次性判断多个组件标签，则可以使用一个<block/>标签将多个组件包裹起来，并在上边使用 wx:if 控制属性，示例代码如下。

```
<block wx:if="{{true}}">
  <view> 内容 1</view>
  <view> 内容 2</view>
</block>
```

<block/>并不是一个组件，它仅仅是一个包装元素，不会在页面中做任何渲染，只接收控制属性。

3.6 微信小程序列表渲染

在小程序中，经常需要将一些内容以列表的形式显示出来，这就要用到微信小程序的列表渲染。如果只是将数据以列表的形式显示出来，那么直接一行一行地显示即可。但如果数据的显示是动态的，这种方式就不能解决问题了。微信小程序提供了 wx: for 来解决这个问题。

慕课视频

微信小程序列表渲染

3.6.1 使用 wx:for 列表渲染单个组件

在组件上使用 wx:for 控制属性绑定一个数组，即可使用该数组中各项的数据重复渲染该组件。默认数组当前项的下标变量名为 index，数组当前项的变量名为 item，示例代码如下。

```
<view wx:for="{{array}}">
  {{index}}: {{item. name }}
</view>
```

```
//index.js
Page({
 data: {
  array: [{
    name: 'tom',
  }, {
    name: 'kevin'
  }]
 }
})
```

使用 wx:for-item 可以指定数组当前元素的变量名，使用 wx:for-index 可以指定数组当前元素下标的变量名，示例代码如下。

```
<view wx:for="{{array}}" wx:for-index="idx" wx:for-item="itemName">
 {{idx}}: {{itemName.name}}
</view>
```

3.6.2 使用 block wx: for 列表渲染多个组件

wx:for 应用在某一个组件上，当想渲染一个包含多节点的结构块时，wx:for 就需要应用在<block/>标签中，示例代码如下。

```
<block wx:for="{{[1, 2, 3]}}">
  <view> {{index}}: </view>
  <view> {{item}} </view>
</block>
```

3.6.3 使用 wx: key 指定唯一标识符

如果列表中项目的位置会动态改变，或者有新的项目添加到列表中，并且希望列表中的项目保持自己的特征和状态（如<input/>中的输入内容，<switch/>的选中状态），就需要使用 wx: key 来指定列表中项目的唯一标识符。

wx: key 的值以下列两种形式提供。

（1）字符串：代表在 for 循环的集合中值的某个属性，该属性的值需要是列表中唯一的字符串或数字，且不能动态改变。

（2）保留关键字：*this 代表在 for 循环中的 item 本身，这种表示方法需要 item 本身是一个唯一的字符串或者数字。当数据改变触发渲染层重新渲染的时候，会校正带有 key 的组件，框架会确保它们被重新排序，而不是重新创建，以确保组件保持自身的状态，并且提高列表渲染时的效率。

示例代码如下。

```
<switch wx:for="{{objectArray}}" wx:key="unique" style="display: block;">
{{item.id}} </switch>
Page({
  data: {
    objectArray: [
      {id: 5, unique: 'unique_5'},
      {id: 4, unique: 'unique_4'},
      {id: 3, unique: 'unique_3'},
      {id: 2, unique: 'unique_2'},
      {id: 1, unique: 'unique_1'},
      {id: 0, unique: 'unique_0'},
    ]
  }
})
```

注意 **若不提供 wx:key，则会出现一个 warning，如果明确知道该列表是静态的，或者不必关注其顺序，则可以选择忽略该 warning。**

3.7 项目实战：任务4（1）——实现"我的"界面简单列表式导航功能

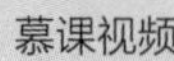

项目实战：实现"我的"界面简单列表式导航功能

1. 任务目标

实现莫凡商城"我的"界面简单列表式导航功能，学会使用 WXML 进行页面布局，使用 WXSS 进行样式渲染，进行数据绑定及列表式导航功能的应用。

莫凡商城"我的"界面可以分为 3 部分：第 1 部分是与登录相关的内容，包括头像和昵称；第 2 部分是与订单相关的内容，包括待付款、待收货、已完成的图标和文字；第 3 部分采用列表式导航，包括我的消息、我的收藏、账户余额、修改密码、意见反馈、清除缓存和知识扩展，如图 3.13 所示。

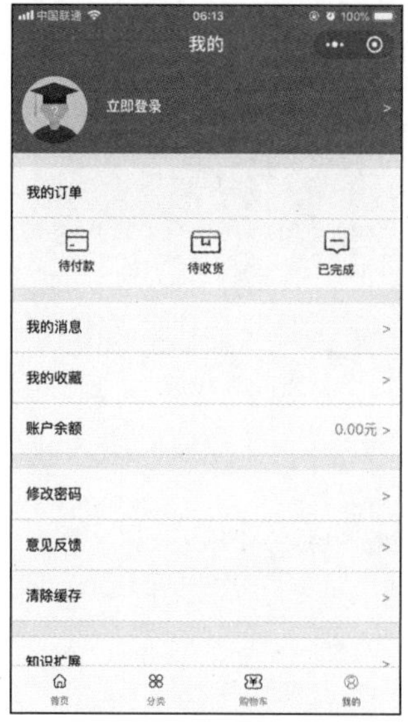

图 3.13 “我的”界面

2. 任务实施

（1）在 me.wxml 文件里进行页面的布局设计，代码如下。

```
  <view class="content">
    <!-- 登录相关-->
    <view class="head">
      <view class="headIcon">
        <image src="/pages/images/icon/head.jpg" style="width:70px;height:
70px;"></image>
      </view>
      <view class="login">
        <navigator url="../login/login" hover-class="navigator-hover">
{{nickName}}</navigator>
      </view>
      <view class="detail">
        <text>></text>
      </view>
    </view>
    <view class="hr"></view>
  <!--订单相关-->
    <view style="display:flex;flex-direction:row;">
      <view class="order">我的订单</view>
      <view class="detail2">
        <text></text>
      </view>
    </view>
    <view class="line"></view>
    <view class="nav">
      <view class="nav-item" bindtap="nav" id="0" data-status='1'>
        <view>
          <image src="/pages/images/icon/dfk.png" style="width:28px;height:
25px;"></image>
        </view>
        <view>待付款</view>
      </view>
      <view class="nav-item" bindtap="nav" id="1" data-status='3'>
        <view>
          <image src="/pages/images/icon/dsh.png" style="width:36px;height:
```

```
27px;"></image>
          </view>
          <view>待收货</view>
        </view>
        <view class="nav-item" bindtap="nav" id="2" data-status='4'>
          <view>
            <image src="/pages/images/icon/dpj.png" style="width:31px;height:
28px;"></image>
          </view>
          <view>已完成</view>
        </view>
      </view>
      <view class="hr"></view>
       <!--列表式导航相关-->
      <view class="item">
        <view class="order">我的消息</view>
        <view class="detail2">
          <text></text>
        </view>
      </view>
      <view class="line"></view>
      <view class="item">
        <view class="order">我的收藏</view>
        <view class="detail2">
          <text>></text>
        </view>
      </view>
      <view class="line"></view>
      <view class="item">
        <view class="order">账户余额</view>
        <view class="detail2">
          <text>0.00 元 ></text>
        </view>
      </view>
      <view class="line"></view>
      <view class="hr"></view>
      <view class="item" bindtap="updatePwd">
        <view class="order">修改密码</view>
        <view class="detail2">
          <text>></text>
        </view>
      </view>
      <view class="line"></view>
      <view class="item" bindtap="opinion">
        <view class="order">意见反馈</view>
        <view class="detail2">
          <text>></text>
        </view>
      </view>
      <view class="line"></view>
      <view class="item" bindtap='clearStore'>
        <view class="order">清除缓存</view>
        <view class="detail2">
          <text>></text>
        </view>
      </view>
      <view class="line"></view>
      <view class="hr"></view>
      <view class="line"></view>
      <view class="item">
```

```
      <view class="order">知识扩展</view>
      <view class="detail2">
        <text>></text>
      </view>
    </view>
    <view class="hr"></view>
</view>
```

（2）在 me.wxss 文件里进行页面的样式渲染，代码如下。

```
.head{
    width:100%;
    height: 90px;
    background-color: #009966;
    display: flex;
    flex-direction: row;
}
.headIcon{
    margin: 10px;
}
.headIcon image{
  border-radius:50%;
}
.login{
    color: #ffffff;
    font-size: 15px;
    font-weight: bold;
    position: absolute;
    left:100px;
    margin-top:30px;
}
.detail{
    color: #ffffff;
    font-size: 15px;
    position: absolute;
    right: 10px;
    margin-top: 30px;
}
.nav{
    display: flex;
    flex-direction: row;
    padding-top:10px;
    padding-bottom: 10px;
}
.nav-item{
    width: 25%;
    font-size: 13px;
    text-align: center;
    margin:0 auto;
}
.hr{
    width: 100%;
    height: 15px;
    background-color: #f5f5f5;
}
.order{
    padding-top:15px;
    padding-left: 15px;
    padding-bottom:15px;
    font-size:15px;
}
```

```
.detail2{
    font-size: 15px;
    position: absolute;
    right: 10px;
    margin-top:15px;
    color: #888888;
}
.line{
    height: 1px;
    width: 100%;
    background-color: #666666;
    opacity: 0.2;
}
.item{
   display:flex;
   flex-direction:row;
}
```

（3）在 me.js 文件里实现 nickName（昵称）数据的动态绑定，代码如下。

```
Page({
 data: {
   nickName: '立即登录'
 }
})
```

（4）在 me.json 文件里修改页面导航标题，如果在各个页面的 JSON 文件里重新设置导航标题，则会显示各个页面里设置的标题，否则显示 app.json 文件里配置的全局导航标题，代码如下。

```
{
 "navigationBarTitleText": "我的"
}
```

这样就完成了“我的”界面简单列表式导航功能设计。很多 App 会采用这样的导航，学会一种列表式导航设计后，在设计其他应用的时候，就可以直接借鉴并使用这种设计了。

3.8 小结

本单元包含以下内容。

- 介绍了小程序的项目结构，包括框架全局文件、工具类文件、框架页面文件。
- 介绍了小程序逻辑层框架接口，包括 App()函数、Page()函数。
- 介绍了 WXML 视图层、WXSS 样式渲染、条件渲染、列表渲染等内容。

单元4 莫凡商城首页静态布局设计

04

情景引入

假如要开发一个在线旅游平台的微信小程序，需要确保用户可以浏览各种旅游景点和景点相关信息。在设计小程序的界面时，需要使用不同的视图容器组件来展示不同的内容并实现交互效果。view视图容器组件是最基本的容器组件，可以使用它来布局其他组件，设计页面的结构和层次。swiper滑块视图容器组件可以实现图片轮播的效果，可以在首页使用它来展示各个景点的精美图片，让用户通过滑动屏幕浏览不同的景点图片。text文本组件用于显示文字内容，可以使用它来展示景点的名称、特点等相关信息。image图片组件用于显示图片，可以使用它来展示景点的封面图或其他相关图片，吸引用户的注意。

莫凡商城首页包含3个部分：第1部分是用来搜索莫凡商城商品的搜索区域；第2部分是通过海报轮播效果显示的轮播广告；第3部分用来展示图书商品的区域，每个区域展示3本图书，点击“查看更多”超链接可以链接更多的图书商品，首页效果如图4.1所示。

图 4.1 首页效果

学习目标

知识目标

1. 掌握微信小程序视图容器组件的使用方法。

2. 掌握微信小程序基础内容组件的使用方法。
3. 掌握微信小程序image图片组件及图片API的使用方法。
4. 掌握微信小程序导航组件和导航API的使用方法。

能力目标

1. 能够熟练使用微信小程序组件构建页面。
2. 能够熟练使用微信小程序组件的相关API。
3. 能够使用组件和组件API来完成项目实战。

素质目标

1. 提升洞察力和深度思考能力。
2. 提升动手能力。
3. 提升审美能力。

思维导图

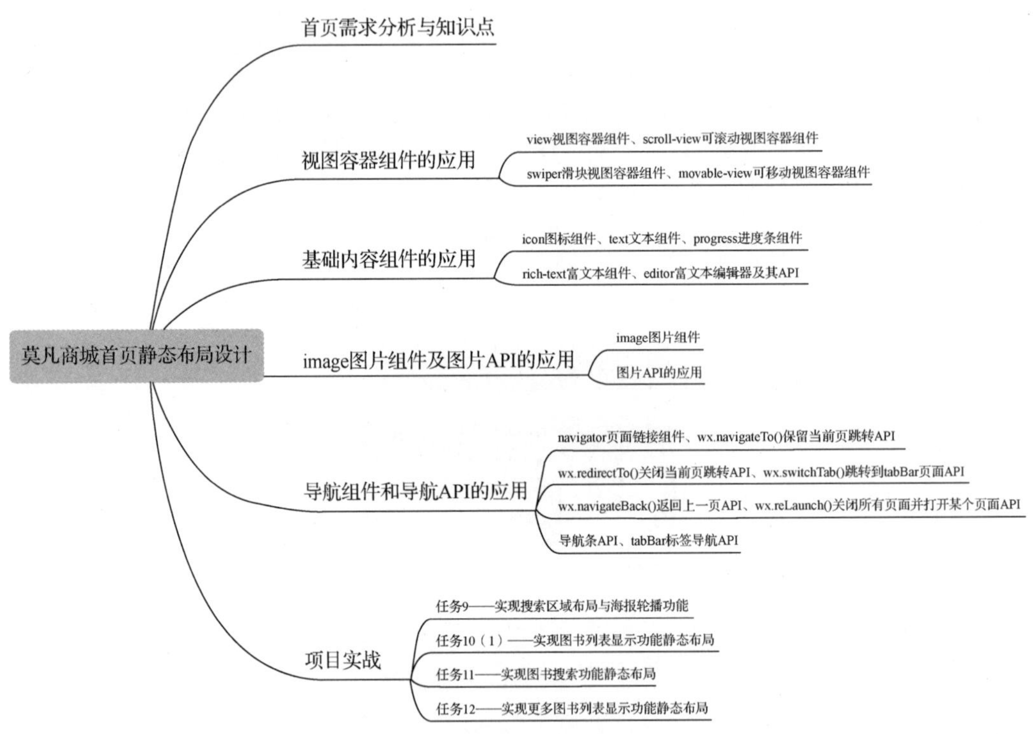

4.1 首页需求分析与知识点

莫凡商城首页包含搜索、海报轮播、展示图书商品、查看更多图书商品等功能，它的布局设计需要用到视图容器组件，如 view 视图容器组件、swiper 滑块视图容器组件、text 文本组件、image 图片组件等。本单元会详细介绍这些组件及其使用方法，例如，海报轮播效果使用 swiper 滑块视图容器组件来实现；点击搜索区域和查看更多图书商品时会进行页面跳转，会用到导航组件和导航 API；界面的样式需要用 WXSS 样式来渲染，以进行页面美化布局，最终完成莫凡商城首页的静态布局设计。

慕课视频

首页需求分析与知识点

4.2 视图容器组件的应用

视图容器组件是用来进行页面布局的，不同的视图容器组件可以用来实现不同的布局效果，view 视图容器组件是基本的容器组件，scroll-view 是可滚动视图容器组件，swiper 是滑块视图容器组件，movable-view 是可移动视图容器组件。

慕课视频

视图容器组件的应用

4.2.1 view 视图容器组件

view 视图容器组件是 WXML 界面布局的基础组件，也是最常用的界面布局组件之一，它的使用方法和 HTML 里的 DIV 功能类似。view 视图容器组件有自己的属性，如表 4.1 所示。

表 4.1 view 视图容器组件的属性

属性	类型	默认值	说明
hover-class	string	none	指定按下去的样式类。当 hover-class="none"时，表示没有点击态效果
hover-stop-propagation	boolean	false	指定是否阻止当前节点的父节点出现点击态
hover-start-time	number	50	指定按住后多久出现点击态，单位为 ms
hover-stay-time	number	400	指定手指松开后点击态的保留时间，单位为 ms

在莫凡商城 index.wxml 文件页面里，若要输出“Hello World”文字、头像、昵称，则可以使用 view 视图容器组件进行布局，以渲染界面内容，效果如图 4.2 所示。

图 4.2 渲染后的界面效果

具体代码如下。

```
<view class="container">
  <view class="userinfo">
      <image bindtap="bindViewTap" class="userinfo-avatar" src="https://wx.
qlogo.cn/mmopen/vi_32/Q0j4TwGTfTI249Dbdib9mqaKWK29vWLp2K1PHrMO0bwmOgLUE9T86XOG9k
```

```
Rx9PtBMRic4HFwqeHbUlK5IDWzvwPA/132" mode="cover"></image>
        <text class="userinfo-nickname">kevin</text>
    </view>
    <view class="usermotto">
      <text class="user-motto">Hello World</text>
    </view>
  </view>
```

4.2.2 scroll-view 可滚动视图容器组件

scroll-view 可滚动视图容器组件允许视图容器中的内容进行横向滚动或者纵向滚动，类似于浏览器的水平滚动条和垂直滚动条，可以在有限的显示窗口中通过滚动的方式显示更多的内容。scroll-view 可滚动视图容器组件的属性如表 4.2 所示。

表 4.2 scroll-view 可滚动视图容器组件的属性

属性	类型	默认值	说明
scroll-x	boolean	false	允许横向滚动
scroll-y	boolean	false	允许纵向滚动
upper-threshold	number	50	距顶部/左端多远（单位为 px）时，触发 scrolltoupper 事件
lower-threshold	number	50	距底部/右端多远（单位为 px）时，触发 scrolltolower 事件
scroll-top	number		设置纵向滚动条位置
scroll-left	number		设置横向滚动条位置
scroll-into-view	string		值应为某子元素的 ID，表示滚动到该元素时，元素顶部对齐滚动区域顶部
scroll-with-animation	boolean		在设置滚动条位置时使用动画过渡
enable-back-to-top	boolean	false	在 iOS 系统点击顶部状态栏、Android 系统双击标题栏时，滚动条返回顶部。只支持纵向滚动
enable-flex	boolean	false	启用 flexbox 布局。开启后，如果当前节点声明了 display: flex，则会成为 flex container，并作用于其子节点
scroll-anchoring	boolean	false	开启 scroll anchoring 特性，即控制滚动位置不随内容变化而抖动。仅在 iOS 系统中生效，Android 系统中可参考 CSS 的 overflow-anchor 属性
enable-passive	boolean	false	开启 passive 特性，能优化一定的滚动性能
refresher-enabled	boolean	false	开启自定义下拉刷新特性
refresher-threshold	number	45	设置自定义下拉刷新阈值
refresher-default-style	string	black	设置自定义下拉刷新默认样式，支持设置为 black、white、none。none 表示不使用默认样式
refresher-background	string	#fff	设置自定义下拉刷新区域背景颜色
refresher-triggered	boolean	false	设置当前下拉刷新状态，true 表示下拉刷新已经被触发，false 表示下拉刷新未被触发
enhanced	boolean	false	开启 scroll-view 增强特性，开启该特性后，可通过 ScrollViewContext 操作 scroll-view 可滚动视图容器组件
bounces	boolean	true	iOS 系统中 scroll-view 边界弹性控制（同时开启 enhanced 属性后生效）
show-scrollbar	boolean	true	滚动条显隐控制（同时开启 enhanced 属性后生效）
paging-enabled	boolean	false	分页滑动效果（同时开启 enhanced 属性后生效）
fast-deceleration	boolean	false	滑动减速速率控制，仅在 iOS 系统中生效（同时开启 enhanced 属性后生效）
bindscrolltoupper	eventhandle		滚动到顶部/左端会触发 scrolltoupper 事件
bindscrolltolower	eventhandle		滚动到底部/右端会触发 scrolltolower 事件

续表

属性	类型	默认值	说明
bindscroll	eventhandle		滚动时触发。event.detail = {scrollLeft, scrollTop, scrollHeight, scrollWidth, deltaX, deltaY}
bindrefresherpulling	eventhandle		自定义下拉刷新控件被下拉
bindrefresherrefresh	eventhandle		自定义下拉刷新控件被触发
bindrefresherrestore	eventhandle		自定义下拉刷新控件被复位
bindrefresherabort	eventhandle		自定义下拉刷新控件被中止
binddragstart	eventhandle		滑动开始事件（同时开启 enhanced 属性后生效）detail { scrollTop, scrollLeft }
binddragging	eventhandle		滑动事件（同时开启 enhanced 属性后生效）detail { scrollTop, scrollLeft }
binddragend	eventhandle		滑动结束事件（同时开启 enhanced 属性后生效）detail { scrollTop, scrollLeft, velocity }

1. 纵向滚动

要实现内容纵向滚动，需要给<scroll-view/>一个固定高度，在滑动的时候就会出现纵向的滚动条。

在莫凡商城 index.wxml 页面文件里增加纵向滚动条，效果如图 4.3 所示。

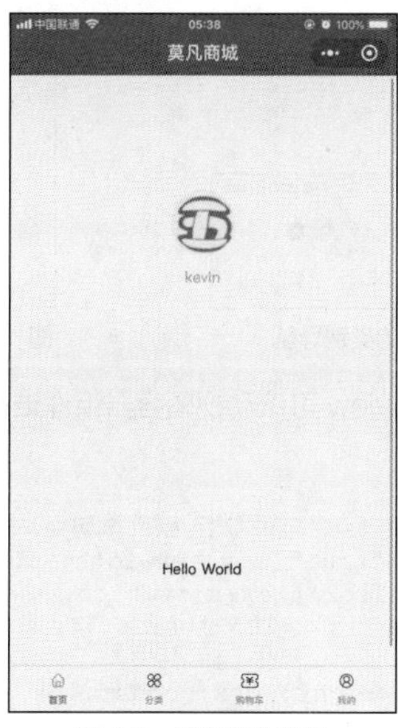

图 4.3 纵向滚动效果

具体代码如下。

```
    <view class="container">
      <scroll-view scroll-y="true" style="height: 200px;" bindscrolltoupper=
"upper" bindscrolltolower="lower">
        <view class="userinfo">
          <image bindtap="bindViewTap" class="userinfo-avatar" src="https://
wx.qlogo.cn/mmopen/vi_32/Q0j4TwGTfTI249Dbdib9mqaKWK29vWLp2KlPHrMO0bwmOgLUE9T86XO
G9kRx9PtBMRic4HFwqeHbUlK5IDWzvwPA/132" mode="cover"></image>
          <text class="userinfo-nickname">kevin</text>
        </view>
      </scroll-view>
      <view class="usermotto">
```

```
        <text class="user-motto">Hello World</text>
      </view>
    </view>
```

2. 横向滚动

滴滴出行 App 在地图的上方显示类别导航，如图 4.4 所示，有快车、单车、出租车、礼橙专车、公交、代驾、豪华车、安全须知、小桔租车、顺风车、关爱出行、车生活、金融服务，这些导航在一屏里无法完全显示出来，需要向左滑动和向右滑动以显示完整的导航标签，点击相应的标签可以看到对应的内容，这时就可以采用 scroll-view 可滚动视图容器组件来实现这些标签的横向滚动。

下面模拟滴滴出行横向滚动效果，可以向左滑动和向右滑动，效果如图 4.5 所示。

图 4.4　滴滴出行 App 的类别导航

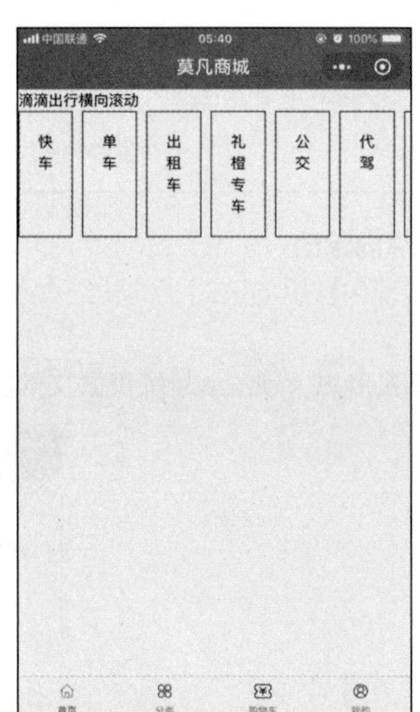

图 4.5　模拟滴滴出行横向滚动效果

在 WXML 文件里使用 scroll-view 可滚动视图容器组件进行布局，设置 scroll-x="true"以横向滚动，具体代码如下。

```
    <view class="section">
      <view class="section__title">滴滴出行横向滚动</view>
       <scroll-view scroll-x="true" style="width: 100%;">
        <view style="display:flex;flex-direction:row">
          <view style="margin-right:10px;border:1px solid blue;padding:20px;">快车
</view>
          <view style="margin-right:10px;border:1px solid blue;padding:20px;">单车
</view>
          <view style="margin-right:10px;border:1px solid blue;padding:20px;">出租
车</view>
          <view style="margin-right:10px;border:1px solid blue;padding:20px;">礼橙
专车</view>
          <view style="margin-right:10px;border:1px solid blue;padding:20px;">公交
</view>
          <view style="margin-right:10px;border:1px solid blue;padding:20px;">代驾
</view>
          <view style="margin-right:10px;border:1px solid blue;padding:20px;">豪华
车</view>
          <view style="margin-right:10px;border:1px solid blue;padding:20px;">安全
须知</view>
          <view style="margin-right:10px;border:1px solid blue;padding:20px;">小桔
租车</view>
```

```
        <view style="margin-right:10px;border:1px solid blue;padding:20px;">顺风车</view>
        <view style="margin-right:10px;border:1px solid blue;padding:20px;">关爱出行</view>
        <view style="margin-right:10px;border:1px solid blue;padding:20px;">车生活</view>
        <view style="margin-right:10px;border:1px solid blue;padding:20px;">金融服务</view>
      </view>
    </scroll-view>
  </view>
```

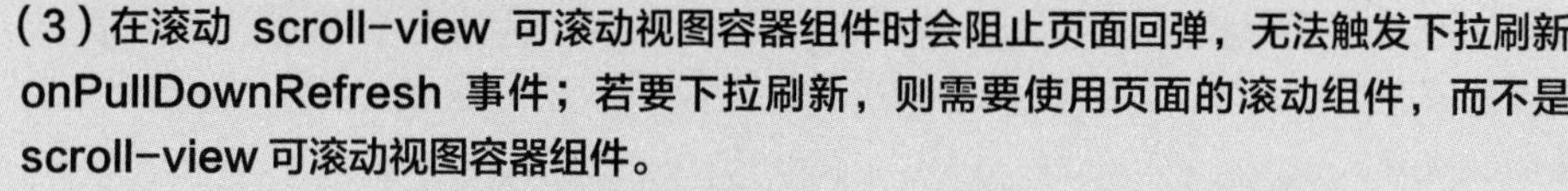

注意 （1）基础库 2.4.0 以下版本不支持嵌套 textarea（多行输入框）、map（地图）、canvas（画布）和 video（视频）组件。

（2）scroll-into-view 的优先级高于 scroll-top。

（3）在滚动 scroll-view 可滚动视图容器组件时会阻止页面回弹，无法触发下拉刷新 onPullDownRefresh 事件；若要下拉刷新，则需要使用页面的滚动组件，而不是 scroll-view 可滚动视图容器组件。

4.2.3 swiper 滑块视图容器组件

swiper 滑块视图容器组件是经常会用到的组件，它可以实现海报轮播效果或者多种登录方式（账号密码登录、手机号快捷登录）之间的切换，可以用来在指定区域内切换显示不同内容，其属性如表 4.3 所示。

表 4.3 swiper 滑块视图容器组件的属性

属性	类型	默认值	说明
indicator-dots	boolean	false	是否显示面板指示点
indicator-color	color	rgba(0, 0, 0, 3)	指示点颜色
indicator-active-color	color	#000000	当前选中的指示点颜色
autoplay	boolean	false	是否自动切换
current	number	0	当前所在滑块的 index
interval	number	5000	自动切换时间间隔
duration	number	500	滑动动画时长
circular	boolean	false	是否采用衔接滑动
vertical	boolean	false	滑动方向是否为纵向
previous-margin	string		前边距，可用于露出前一项的一小部分，有 px 和 rpx 两种单位
next-margin	string		后边距，可用于露出后一项的一小部分，有 px 和 rpx 两种单位
snap-to-edge	boolean	false	当 swiper-item 的个数大于或等于 2，关闭 circular 且开启 previous-margin 或 next-margin 的时候，可以指定这个边距是否应用到第一个或最后一个元素
display-multiple-items	number	1	同时显示的滑块数量
skip-hidden-item-layout	boolean	false	是否跳过未显示的滑块布局。其值为 true 时，可优化复杂情况下的滑动性能，但会丢失隐藏状态的滑块的布局信息

续表

属性	类型	默认值	说明
easing-function	string	default	指定 swiper 切换缓动动画类型。default 表示使用默认缓动函数、linear 表示使用线性动画、easeInCubic 表示使用缓入动画、easeOutCubic 表示使用缓出动画、easeInOutCubic 表示使用缓入缓出动画
bindchange	eventhandle		current 改变时会触发 change 事件。event.detail={current, current}
bindtransition	eventhandle		swiper-item 的位置发生改变时会触发 transition 事件。event.detail={dx:dx,dy:dy}
bindanimationfinish	eventhandle		动画结束时会触发 animationfinish 事件，event.detail 同 bindchange

swiper 滑块视图容器组件里嵌套有 swiper-item 组件，用来显示不同页签的内容，一个 swiper 滑块视图容器组件里可以有多个 swiper-item 组件，显示多个区域的内容，以实现海报轮播效果和页签切换效果。

1. 海报轮播效果

海报轮播效果常用来展示商品图片信息或者广告信息。要在有限的区域内展示更多的内容，可以通过轮播的方式动态显示这些内容。海报轮播是小程序和 App 经常采用的一种布局方式，如图 4.6 和图 4.7 所示。

图 4.6　海报 1

图 4.7　海报 2

（1）在 WXML 文件里进行海报轮播区域的布局，采用 swiper 滑块视图容器组件进行布局，具体代码如下。

```
<view class="haibao">
    <swiper indicator-dots="{{indicatorDots}}" autoplay="{{autoplay}}"
interval="{{interval}}" duration="{{duration}}">
      <block wx:for="{{imgUrls}}">
         <swiper-item>
           <image src="{{item}}" class="silde-image" style="width:100%"></image>
         </swiper-item>
      </block>
    </swiper>
 </view>
```

（2）在 JS 文件里，提供海报轮播的图片、是否自动播放、轮播的时长等数据，通过数据绑定的方式渲染到相应页面上，具体代码如下。

```
Page({
 data: {
  indicatorDots: true,
  autoplay: true,
  interval: 5000,
  duration: 1000,
```

```
    imgUrls: [
      "../images/haibao/11.jpg",  "../images/haibao/22.jpg"
    ]
  }
})
```

设置 indicatorDots 为 true 表示面板显示指示点，设置 autoplay 为 true 即可自动进行海报轮播，interval 用于设置自动切换时长，duration 用于设置滑动动画时长。

使用 indicator-color 属性可设置指示点颜色，使用 indicator-active-color 属性可设置当前选中的指示点颜色，可以根据自己的需求设计出更好的海报轮播效果。

2. 页签切换效果

swiper 滑块视图容器组件除了可以实现海报轮播效果外，还可以实现页签切换效果。它有一个 current 属性，表示当前所在页面的 index，根据 index 值来显示不同的页面，常用于多种方式的登录或者多个页签之间的切换，如图 4.8 和图 4.9 所示。

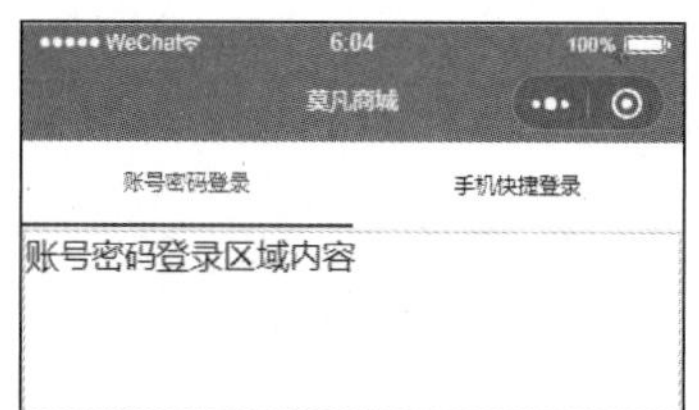

图 4.8　账号密码登录

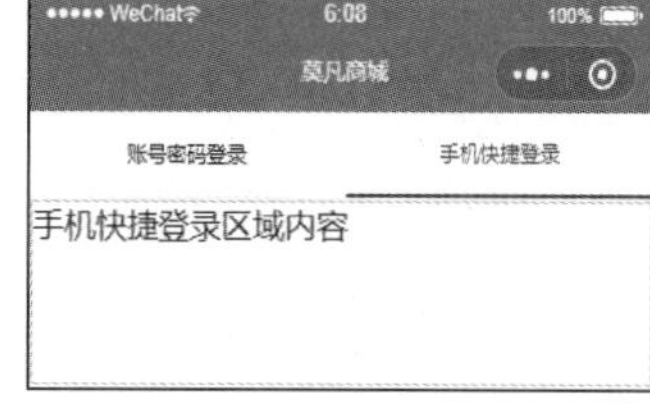

图 4.9　手机快捷登录

（1）进入 WXML 文件，进行账号密码登录和手机快捷登录页面的布局设计，具体代码如下。

```
<view class="content">
    <view class="loginTitle">
        <view class="{{currentTab==0?'select':'default'}}" data-current="0"
bindtap="switchNav">账号密码登录</view>
        <view class="{{currentTab==1?'select':'default'}}" data-current="1"
bindtap="switchNav">手机快捷登录</view>
    </view>
    <view class="hr"></view>
    <swiper current="{{currentTab}}"style="height:120px">
        <swiper-item>
          <view style="margin:0 auto;border:1px solid #cccccc;width:99%;
height:100px;">
              账号密码登录区域内容
          </view>
        </swiper-item>
        <swiper-item>
         <view style="margin:0 auto;border:1px solid #cccccc;width:99%;
height:100px;">
              手机快捷登录区域内容
          </view>
        </swiper-item>
    </swiper>
</view>
```

（2）进入 WXSS 文件，为页面文件添加样式，具体代码如下。

```
.loginTitle{
      display: flex;
      flex-direction: row;
      width: 100%;
}
.select{
     font-size:12px;
     color: red;
```

```
    width: 50%;
    text-align: center;
    height: 45px;
    line-height: 45px;
    border-bottom:5rpx solid red;
}
.default{
    font-size:12px;
    margin: 0 auto;
    padding: 15px;
}
.hr{
    border: 1px solid #cccccc;
    opacity: 0.2;
}
```

（3）进入 JS 文件，提供当前面板的索引值，并提供页签切换函数，具体代码如下。

```
Page({
  data: {
    currentTab: 0
  },
  switchNav: function (e) {
    var page = this;
    if (this.data.currentTab == e.target.dataset.current) {
      return false;
    } else {
      page.setData({ currentTab: e.target.dataset.current });
    }
  }
})
```

这样就可以实现两种登录方式的页签切换效果，页签切换时，切换至的页签的标题为选中的状态，对应的内容也随之切换。

4.2.4 movable-view 可移动视图容器组件

movable-view 是一个可移动视图容器组件，在页面中可以被拖曳移动。使用这个组件前，需要先定义可移动区域 movable-area，再定义直接子节点 movable-view，否则不能移动。movable-area 要设置 width 和 height 属性，若不设置，则其值默认为 10 px。movable-view 也要设置 width 和 height 属性，若不设置，则其值默认为 10 px，movable-view 默认为绝对定位，top 和 left 属性为 0 px。movable-view 可移动视图容器组件的属性如表 4.4 所示。

表 4.4 movable-view 可移动视图容器组件的属性

属性	类型	默认值	说明
direction	string	none	movable-view 的移动方向。其属性值有 all、vertical、horizontal、none
inertia	boolean	false	movable-view 是否带有惯性
out-of-bounds	boolean	false	超过可移动区域后，movable-view 是否可以移动
x	number/string		定义 *x* 轴方向的偏移。如果 x 的值不在可移动范围内，则会自动移动到可移动范围；改变 x 的值会触发动画
y	number/string		定义 *y* 轴方向的偏移。如果 y 的值不在可移动范围内，则会自动移动到可移动范围；改变 y 的值会触发动画
damping	number	20	阻尼系数，用于控制 x 或 y 改变时的动画和过界回弹的动画，值越大表示移动越快
friction	number	2	摩擦系数，用于控制惯性滑动的动画，值越大表示摩擦力越大，滑动停止越快；必须大于 0，否则会被设置为默认值

续表

属性	类型	默认值	说明
disabled	boolean	false	是否禁用
scale	boolean	false	是否支持双指缩放，默认缩放手势生效区域在 movable-view 内
scale-min	number	0.1	定义缩放倍数最小值
scale-max	number	10	定义缩放倍数最大值
scale-value	number	1	定义缩放倍数，取值范围为 0.1～10
animation	boolean	true	是否使用动画
bindchange	eventhandle		拖动过程中触发的事件。event.detail = {x, y, source}。其中，source 表示产生移动的原因，值可为 touch（拖动）、touch-out-of-bounds（超出移动范围）、out-of-bounds（超出移动范围后的回弹）、friction（惯性）和空字符串（setData）
bindscale	eventhandle		缩放过程中触发的事件。event.detail = {x, y, scale}
htouchmove	eventhandle		初次手指触摸后移动为横向时触发。如果 catch 此事件，则意味着 touchmove 事件（手指触摸后移动事件）也被 catch
vtouchmove	eventhandle		初次手指触摸后移动为纵向时触发。如果 catch 此事件，则意味着 touchmove 事件（手指触摸后移动事件）也被 catch

movable-view 可移动视图容器组件提供了 4 个事件：bindchange、bindscale、htouchmove 和 vtouchmove。

下面使用 movable-view 可移动视图容器组件来进行移动设置，背景的矩形区域代表可以移动的区域，其中的方块代表可以移动的组件，如图 4.10 所示。

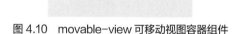

图 4.10　movable-view 可移动视图容器组件

（1）在 WXML 文件里，使用 movable-area 和 movable-view 可移动视图容器组件进行布局，具体代码如下。

```
<view class="section">
  <movable-area style="height: 200px; width:100%; background: yellow;">
   <movable-view style="height: 50px; width: 50px; background: red;" x="{{x}}"
y="{{y}}" direction="all" bindchange= "change" bindscale='scale' htouchmove=
"htouchmove" vtouchmove="vtouchmove">
   </movable-view>
  </movable-area>
</view>
```

（2）在 JS 文件里，提供拖动函数、缩放函数、初次手指触摸后移动为横向时触发函数、初次手指触摸后移动为纵向时触发函数，通过数据绑定的方式渲染到页面上，具体代码如下。

```
Page({
  data: {
    x: 0,
    y: 0
  },
  change: function (e) {
    console.log("拖动过程中触发的事件");
    console.log(e.detail)
  },
```

```
    scale: function (e) {
      console.log("缩放过程中触发的事件");
      console.log(e.detail)
    },
    htouchmove: function (e) {
      console.log("初次手指触摸后移动为横向时触发事件");
      console.log(e.detail)
    },
    vtouchmove: function (e) {
      console.log("初次手指触摸后移动为纵向时触发事件");
      console.log(e.detail)
    }
})
```

（3）当拖动可以移动的组件时，拖动过程中会触发事件，如在拖动组件的过程中输出拖动位置的日志，如图4.11所示。

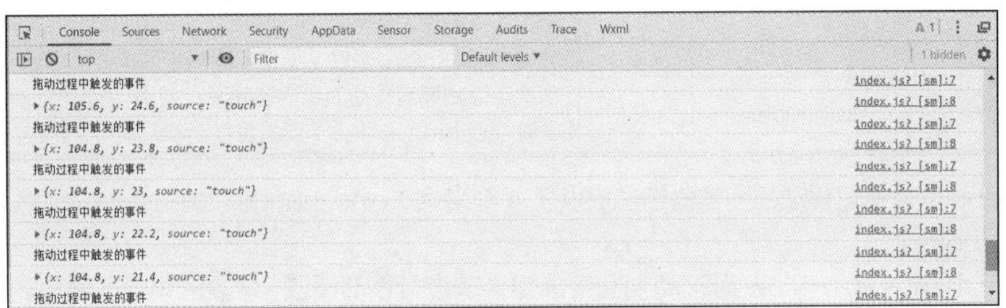

图4.11　拖动组件的过程中输出拖动位置的日志

4.2.5　项目实战：任务9——实现搜索区域布局与海报轮播功能

1. 任务目标

实现莫凡商城搜索区域布局与海报轮播功能，学会利用view视图容器组件、image图片组件来完成搜索区域布局，可以实现搜索区域的水平居中和垂直居中；学会利用swiper滑块视图容器组件实现海报轮播功能。

莫凡商城首页顶部放置搜索区域和海报轮播区域，海报轮播区域可以动态地显示不同海报内容，其效果如图4.12和图4.13所示。

图4.12　海报轮播效果1

图4.13　海报轮播效果2

2. 任务实施

下面来实现首页搜索区域布局设计和海报轮播效果设计。

（1）在 index.wxml 文件里进行搜索区域布局设计，具体代码如下。

```
<view class="content">
  <view class="search">
    <view class="searchInput" bindtap="searchInput">
      <image src="/pages/images/tubiao/fangdajing-1.jpg" style="width:15px;
height:19px;"></image>
      <text class="searchContent">搜索莫凡商品</text>
    </view>
  </view>
</view>
```

（2）在 index.wxss 文件里进行搜索区域布局样式渲染，具体代码如下。

```
.content{
  width: 100%;
  font-family: "Microsoft YaHei";
}
.search{
    width: 100%;
    background-color: #009966;
    height: 50px;
    line-height: 50px;
}
.searchInput{
    width: 95%;
    background-color: #ffffff;
    height: 30px;
    line-height: 30px;
    border-radius: 15px;
    display: flex;
    justify-content:center;
    align-items:center;
    margin: 0 auto;
}
.searchContent{
    font-size:12px;
    color: #777777;
}
```

（3）在进行搜索区域界面布局的时候，使用了 view 视图容器组件、image 图片组件、text 文本组件，界面布局效果如图 4.14 所示。

图 4.14 搜索区域界面布局效果

（4）在 index.wxml 文件里进行海报轮播效果布局设计，具体代码如下。

```
<view class="content">
  <view class="search">
    <view class="searchInput" bindtap="searchInput">
      <image src="/pages/images/tubiao/fangdajing-1.jpg" style="width:15px;
height:19px;"></image>
      <text class="searchContent">搜索莫凡商品</text>
    </view>
  </view>
    <view class="haibao">
    <swiper indicator-dots="{{indicatorDots}}" autoplay="{{autoplay}}"
interval="{{interval}}" duration="{{duration}}">
      <block wx:for="{{imgUrls}}">
        <swiper-item>
          <image src="{{item}}" class="silde-image" mode="scaleToFill"></image>
        </swiper-item>
```

```
        </block>
      </swiper>
    </view>
  </view>
```

（5）在 index.wxss 文件里进行海报轮播效果样式渲染，具体代码如下。

```
.content{
  width: 100%;
  font-family: "Microsoft YaHei";
}
.search{
    width: 100%;
    background-color: #009966;
    height: 50px;
    line-height: 50px;
}
.searchInput{
    width: 95%;
    background-color: #ffffff;
    height: 30px;
    line-height: 30px;
    border-radius: 15px;
    display: flex;
    justify-content:center;
    align-items:center;
    margin: 0 auto;
}
.searchContent{
    font-size:12px;
    color: #777777;
}
.haibao{
   text-align: center;
   width: 100%;
}
.silde-image{
   width: 100%;
}
```

（6）在 index.js 文件里进行海报轮播效果数据初始化，具体代码如下。

```
Page({
  data: {
    indicatorDots: true,
    autoplay: true,
    interval: 5000,
    duration: 1000,
    imgUrls: [
      "/pages/images/haibao/1.jpg",
      "/pages/images/haibao/2.jpg",
      "/pages/images/haibao/3.jpg"
    ]
  }
})
```

这样就完成了海报轮播区域布局、样式渲染、页面数据初始化及绑定操作，海报轮播图可以动态地显示不同的内容，如图 4.15 所示。

图 4.15　海报轮播区域设计

在设计海报轮播区域的时候，用到了 view 视图容器组件和 swiper 滑块视图容器组件。利用 swiper 滑块视图容器组件来实现海报轮播效果时，用到了 swiper 的 indicatorDots（是否显示面板指示点）、autoplay（是否自动切换）、interval（自动切换时间间隔）

和 duration（滑动动画时长）属性。swiper 滑块视图容器组件还有更多的属性，读者可以自己尝试使用。在渲染列表的时候，用到了 wx: for 列表渲染。

4.3 基础内容组件的应用

使用小程序的基础内容组件能快速进行各种页面的布局设计。基础内容组件包括 icon 图标组件、text 文本组件、progress 进度条组件、rich-text 富文本组件、editor 富文本编辑器等。

4.3.1 icon 图标组件

微信小程序提供了丰富的 icon 图标组件，如图 4.16 所示，有成功、警告、提示、取消、下载等不同的含义，可应用于不同的场景。

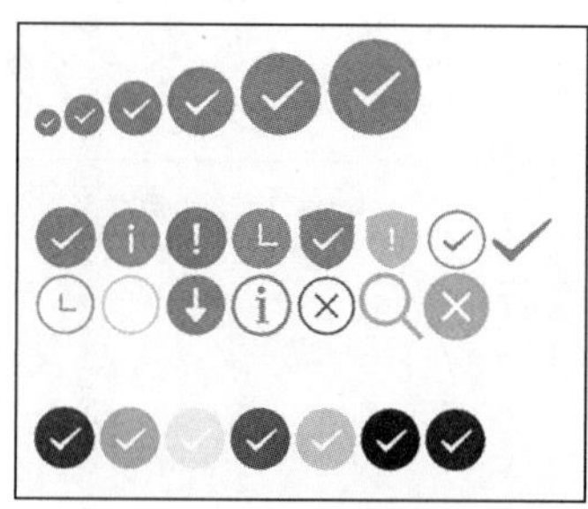

图 4.16 icon 图标组件

icon 图标组件有 3 个属性：图标的类型 type、图标的大小 size 和图标的颜色 color，如表 4.5 所示。

表 4.5 icon 图标组件的属性

属性	类型	默认值	说明
type	string		icon 的类型，有效值包括 success、success_no_circle、info、warn、waiting、cancel、download、search、clear 等
size	number	23	icon 的大小，单位默认为 px
color	string		icon 的颜色，与 CSS 的 color 相同

下面使用 icon 图标组件绘制图标。

（1）使用 icon 图标组件绘制不同尺寸的图标。

```
<view class="group">
    <icon type="success" size="20"/>
    <icon type="success" size="50"/>
    <icon type="success" size="60"/>
    <icon type="success" size="80"/>
    <icon type="success" size="100"/>
</view>
```

效果如图 4.17 所示。

（2）使用 icon 图标组件绘制不同类型的图标。

```
<view class="group">
    <icon type="success" size="45"/>
    <icon type="info" size="45"/>
    <icon type="warn" size="45"/>
    <icon type="waiting" size="45"/>
    <icon type="safe_success" size="45"/>
```

```
        <icon type="success_circle" size="45"/>
        <icon type="success_no_circle" size="45"/>
        <icon type="waiting_circle" size="45"/>
        <icon type="circle" size="45"/>
        <icon type="download" size="45"/>
        <icon type="info_circle" size="45"/>
        <icon type="cancel" size="45"/>
        <icon type="search" size="45"/>
        <icon type="clear" size="45"/>
    </view>
```

效果如图 4.18 所示。

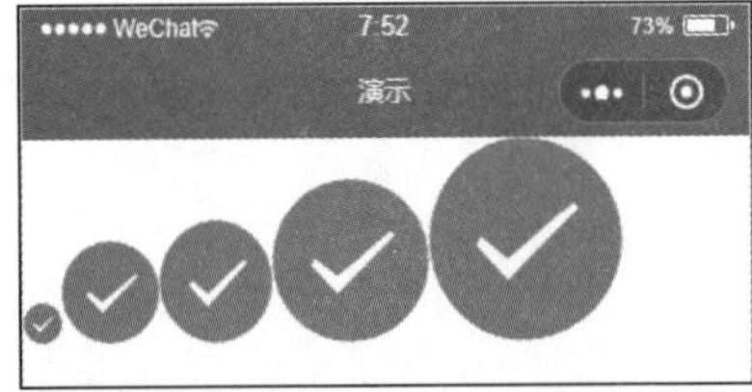

图 4.17　不同尺寸的图标效果

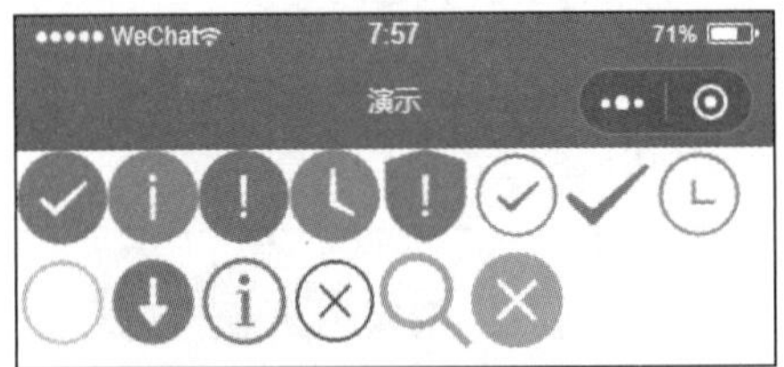

图 4.18　不同类型的图标效果

（3）使用 icon 图标组件绘制不同颜色的图标。

```
<view class="group">
  <icon type="success" size="45" color="red" />
  <icon type="success" size="45" color="orange" />
  <icon type="success" size="45" color="yellow" />
  <icon type="success" size="45" color="green" />
  <icon type="success" size="45" color="rgb(0, 255, 255)" />
  <icon type="success" size="45" color="blue" />
  <icon type="success" size="45" color="purple" />
</view>
```

效果如图 4.19 所示。

这样就可以绘制出不同尺寸、不同类型、不同颜色的图标了，开发者可以根据自己的需求，利用 icon 图标组件来设计小程序的图标。

图 4.19　不同颜色的图标效果

4.3.2　text 文本组件

text 文本组件是用来放置文本信息的组件，它的属性如表 4.6 所示。

表 4.6　text 文本组件的属性

属性	类型	默认值	说明
user-select	boolean	false	文本是否可选，该属性会使文本节点显示为 inline-block
space	string		显示连续空格，ensp 为半角空格大小，emsp 为全角空格大小，nbsp 为根据字体设置的空格大小
decode	boolean	false	是否解码

text 文本组件支持转义符“\”，如换行\n、空格\t。<text> 组件内只支持嵌套<text>组件，除 text 文本组件外的其他组件都无法长按选中。decode 属性可以解析不换行空格（ ）、小于号（<）、大于号（>）、&符号（&）、引号（'）、半角空格（ ）、全角空格（ ），各个操作系统的空格标准并不一致。

使用转义符的示例代码如下。

```
<view class="btn-area">
  <view class="body-view">
    <text>我要学习\t 微信小程序</text>
    <text>我要成为\n 一名优秀工程师</text>
  </view>
  <view class="body-view">
    <text>我要学习\t 微信小程序</text>
  </view>
  <view class="body-view">
    <text>我要成为\n 一名优秀工程师</text>
  </view>
</view>
```

效果如图 4.20 所示。

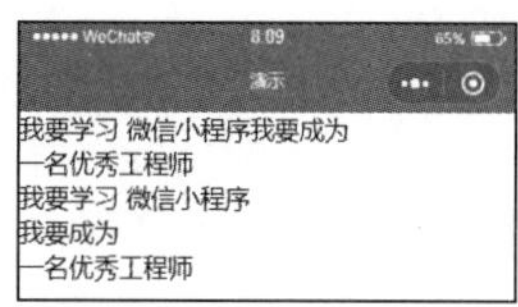

图 4.20　转义符效果

从图 4.20 中可以看出，\t 具有空格功能，\n 具有换行功能，同时可以看出 text 文本组件是放置在一行里的，这一点不同于 view 组件，每个 view 组件都单独成一行。

4.3.3　progress 进度条组件

progress 进度条组件是一种用来提升用户体验的组件，就像视频播放一样，可以通过进度条看到完整视频的长度、当前播放的进度，以便用户合理地安排自己的时间。微信小程序也提供了 progress 进度条组件，其属性如表 4.7 所示。

表 4.7　progress 进度条组件的属性

属性	类型	默认值	说明
percent	number		百分比（0～100）
show-info	boolean	false	在进度条右侧显示百分比
border-radius	number/string	0	圆角大小
font-size	number/string	16	进度条右侧百分比的字体大小
stroke-width	number	6	进度条线的宽度，单位为 px
color	string	#09bb07	进度条的颜色
activeColor	string	#09bb07	激活部分的进度条的颜色
backgroundColor	string	#ebebeb	未激活部分的进度条的颜色
active	boolean	false	进度条从左往右的动画
active-mode	string	backwards	backwards：动画从头播放。 forwards：动画从上次的结束点继续播放
duration	number	30	进度增加 1%所需的时间，单位为 ms
bindactiveend	eventhandle		动画完成事件

可以尝试应用各种进度条的效果，示例代码如下。

```
<progress percent="20" show-info />
<progress percent="40" stroke-width="12" />
<progress percent="60" color="pink" />
<progress percent="80" active />
<progress percent="70" show-info stroke-width="20" border-radius="10" font-size="20" color="#CCCCCC" activeColor="#FF4040" backgroundColor="#6E8B3D" active active-mode="backwards" />
```

进度条效果如图 4.21 所示。

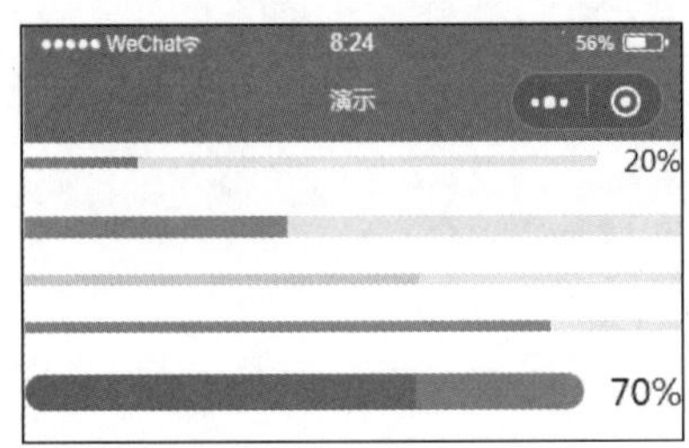

图 4.21　进度条效果

4.3.4　rich-text 富文本组件

通过 rich-text 富文本组件可以在 WXML 页面文件中显示一些富文本内容，如显示 HTML 的一些元素内容。rich-text 富文本组件的属性如表 4.8 所示。

表 4.8　rich-text 富文本组件的属性

属性	类型	默认值	说明
nodes	string/array		节点列表/HTML String
space	string		显示连续空格，ensp 为半角空格大小，emsp 为全角空格大小，nbsp 为根据字体设置的空格大小
user-select	boolean	false	文本是否可选，该属性会使节点显示为 block

rich-text 富文本组件的 nodes 节点列表属性推荐使用 array 类型。nodes 支持两种节点，通过 type 来区分，分别是元素节点和文本节点，默认为元素节点，即在 rich-text 富文本区域里显示的 HTML 节点。

1. 元素节点（type=node）

元素节点的属性如表 4.9 所示，受信任的 HTML 节点包括 a、abbr、address、article、aside、b、bdi、bdo、big、blockquote、br、caption、center、cite、code、col、colgroup、dd、del、div、dl、dt、em、fieldset、font、footer、h1、h2、h3、h4、h5、h6、header、hr、i、img、ins、label、legend、li、mark、nav、ol、p、pre、q、rt、ruby、s、section、small、span、strong、sub、sup、table、tbody、td、tfoot、th、thead、tr、tt、u、ul。

表 4.9　元素节点的属性

属性	类型	默认值	说明
name	标签名	string	支持部分受信任的 HTML 节点
attrs	属性	object	支持部分受信任的属性
children	子节点列表	array	结构和 nodes 一致

2. 文本节点（type= text）

文本节点的属性如表 4.10 所示。

表 4.10　文本节点的属性

属性	类型	默认值	说明
text	文本	string	支持 entities（实体）

示例代码如下。

```
<rich-text nodes="{{nodes}}" bindtap="tap"></rich-text>
```

```
Page({
  data: {
    nodes: [{
      name: 'div',
      attrs: {
        class: 'div_class',
        style: 'line-height: 60px; color: red;'
      },
      children: [{
        type: 'text',
        text: 'Hello World!'
      }]
    }]
  },
  tap() {
    console.log('tap')
  }
})
```

注意 （1）nodes 不推荐使用 string 类型，如果使用 string 类型，则组件会将 string 类型转换为 array 类型，导致性能有所下降。

（2）rich-text 富文本组件内屏蔽所有节点的事件。

（3）attrs 属性不支持 id，支持 class。

（4）name 属性对字母大小写不敏感。

（5）如果使用了不受信任的 HTML 节点，则该节点及其所有子节点都会被移除。

（6）img 标签仅支持网络图片。

（7）如果在自定义组件中使用了 rich-text 富文本组件，那么仅自定义组件的 WXSS 样式对 rich-text 富文本组件中的 class 生效。

4.3.5 editor 富文本编辑器及其 API

editor 富文本编辑器可以对图片、文字进行编辑，可以导出带标签的 html 和纯文本的 text 内容。富文本组件内部引入了一些基本的样式使得内容可以正确展示，开发时可以将其覆盖。需要注意的是，在其他组件或环境中使用 rich-text 富文本组件导出 html 时，需要额外引入这段样式，并维护<ql-container><ql-editor></ql-editor></ql-container>的结构。editor 富文本编辑器的属性如表 4.11 所示。

表 4.11 editor 富文本编辑器的属性

属性	类型	默认值	说明
read-only	boolean	false	设置编辑器为只读
placeholder	string		提示信息
show-img-size	boolean	false	点击图片时显示图片大小控件
show-img-toolbar	boolean	false	点击图片时显示工具栏控件
show-img-resize	boolean	false	点击图片时显示修改尺寸控件
bindready	eventhandle		编辑器初始化完成时触发
bindfocus	eventhandle		编辑器聚焦时触发，event.detail = {html, text, delta}
bindblur	eventhandle		编辑器失去焦点时触发，event.detail = {html, text, delta}
bindinput	eventhandle		编辑器内容改变时触发，event.detail = {html, text, delta}
bindstatuschange	eventhandle		通过 context 改变编辑器内的样式时触发，返回选区已设置的样式

示例代码如下。

```
<view class="container">
  <view class="page-body">
    <editor id="editor" class="ql-container" placeholder="{{placeholder}}"
bindready="onEditorReady" read-only= "{{readOnly}}" bindinput="onContentChange"
style="border:1px solid #cccccc;width:200px;" showImgSize showImgToolbar
showImgResize>
    </editor>
    <view>
      <button bindtap="clickBtn">操作</button>
    </view>
  </view>
</view>
```

```
Page({
  data: {
    placeholder: '开始输入...',
    isReadOnly: false
  },
  onEditorReady:function() {//初始化编辑器
    var that = this;
    wx.createSelectorQuery().select('#editor').context(function (res) {
     that.editorCtx = res.context;
    }).exec()
  },
  onContentChange:function(e){//监控编辑器内容变化
    console.log(e.detail);
  },
  clickBtn:function(e) {//操作
    //清空编辑器内容
    this.editorCtx.clear();
    //插入文本内容
    this.editorCtx.insertText({
      text: "插入内容"
    });
    //插入图片
    this.editorCtx.insertImage({
      src: "https://api.mofun365.com:8888/images/banner/20250616221700.png"
    });
    //初始化编辑器内容
    this.editorCtx.setContents({
      html: "<h1>初始化编辑器内容<h1>"
    });
    //获取编辑器内容
    this.editorCtx.getContents({
      success:function(res) {
        console.log(res);
      }
    });
    //修改样式
    this.editorCtx.format("align", "center");
    //清除当前选区的样式
    this.editorCtx.removeFormat({
      success: function (res) {
        console.log("-------------------清除当前选区的样式------------------");
      }
    });
    //插入分割线
    this.editorCtx.insertDivider({
      success: function (res) {
```

```
          console.log("-------------------插入分割线------------------");
        }
      });
      //恢复
      this.editorCtx.redo({
        success: function (res) {
          console.log("-------------------恢复------------------");
        }
      });
      //撤销
      this.editorCtx.undo({
        success: function (res) {
          console.log("-------------------撤销------------------");
        }
      });
    }
  })
```

编辑器效果如图 4.22 所示。

图 4.22　编辑器效果

（1）在 editor 富文本编辑器上定义 id 属性，然后在 onEditorReady()函数里初始化 editor 富文本编辑器，获取 EditorContext 编辑器上下文对象。操作 editor 富文本编辑器前需要先将 EditorContext 实例化，具体代码如下。

```
onEditorReady:function() {//初始化编辑器
  var that = this;
  wx.createSelectorQuery().select('#editor').context(function (res) {
   that.editorCtx = res.context;
  }).exec()
}
```

（2）用 EditorContext.clear()清空编辑器内容。

```
this.editorCtx.clear();
```

（3）用 EditorContext.insertText()插入文本内容，覆盖当前选区内容，重新设置一段文本内容。

```
this.editorCtx.insertText({
      text: "插入内容"
})
```

（4）用 EditorContext.insertImage()插入图片，提供图片地址，仅支持 http（或 https）和 Base64 格式。

```
this.editorCtx.insertImage({
      src: "https://api.mofun365.com:8888/images/banner/1555848473813.jpg"
});
```

（5）用 EditorContext.getContents() 获取编辑器内容。

```
this.editorCtx.getContents({
      success:function(res) {
        console.log(res);
      }
});
```

（6）用 EditorContext.format()修改样式。

```
this.editorCtx.format("align", "center");
```

（7）用 EditorContext.removeFormat()清除当前选区的样式。

```
this.editorCtx.removeFormat({
        success: function (res) {
          console.log("-------------------清除当前选区的样式------------------");
        }
});
```

（8）用 EditorContext.insertDivider()插入分割线。

```
this.editorCtx.insertDivider({
        success: function (res) {
          console.log("-------------------插入分割线------------------");
        }
      });
```

（9）用 EditorContext.redo()恢复之前的操作。

```
this.editorCtx.redo({
        success: function (res) {
          console.log("-------------------恢复------------------");
        }
});
```

（10）用 EditorContext.undo()撤销之前的操作。

```
this.editorCtx.undo({
        success: function (res) {
          console.log("-------------------撤销------------------");
        }
      });
```

4.4 image 图片组件及图片 API 的应用

4.4.1 image 图片组件

慕课视频

image 图片组件及图片 API 的应用

image 图片组件的默认宽度为 300 px、高度为 225 px。在 image 图片组件中，二维码、小程序码图片不支持长按识别，仅在 wx.previewImage()中支持长按识别。它有两类展现模式：一类是缩放模式，总共有 5 种方式；另一类是裁剪模式，总共有 9 种方式。其属性如表 4.12 所示。

表 4.12 image 图片组件的属性

属性	类型	默认值	说明
src	string		图片资源地址
mode	string	scaleToFill	图片裁剪、缩放的模式
webp	boolean	false	默认不解析 WebP 格式，只支持网络资源
lazy-load	boolean	false	图片懒加载，在即将进入一定范围（上下三屏）时才开始加载
show-menu-by-longpress	boolean	false	开启长按图片显示识别小程序码或二维码的菜单
binderror	eventhandle		当错误发生时触发，event.detail = {errMsg}
bindload	eventhandle		当图片载入完毕时触发，event.detail = {height, width}

可以通过 mode 属性来设置 5 种缩放模式，如表 4.13 所示。

表 4.13　5 种缩放模式

模式	说明
scaleToFill	不保持纵横比缩放图片，使图片的宽、高完全拉伸至填满 image 元素
aspectFit	保持纵横比缩放图片，使图片的长边能完全显示出来，即可以完整地将图片显示出来
aspectFill	保持纵横比缩放图片，只保证图片的短边能完全显示出来，即图片通常只在水平方向或垂直方向是完整的，另一个方向将会发生截取
widthFix	宽度不变，高度自动变化保持原图宽高比不变
heightFix	高度不变，宽度自动变化保持原图宽高比不变

还可以通过 mode 属性来设置 9 种裁剪模式，如表 4.14 所示。

表 4.14　9 种裁剪模式

模式	说明
top	不缩放图片，只显示图片的顶部区域
bottom	不缩放图片，只显示图片的底部区域
center	不缩放图片，只显示图片的中间区域
left	不缩放图片，只显示图片的左边区域
right	不缩放图片，只显示图片的右边区域
top left	不缩放图片，只显示图片的左上角区域
top right	不缩放图片，只显示图片的右上角区域
bottom left	不缩放图片，只显示图片的左下角区域
bottom right	不缩放图片，只显示图片的右下角区域

示例代码如下。

```
<view class="page">
  <view class="page__hd">
    <text class="page__title">image</text>
    <text class="page__desc">图片</text>
  </view>
  <view class="page__bd">
    <view class="section section_gap" wx:for="{{array}}" wx:for-item="item">
      <view class="section__title">{{item.text}}</view>
      <view class="section__ctn">
        <image style="width: 200px; height: 200px; background-color: #eeeeee;"
mode="{{item.mode}}" src= "{{src}}"></image>
      </view>
    </view>
  </view>
</view>
```

```
Page({
  data: {
    array: [{
      mode: 'scaleToFill',
      text: 'scaleToFill:不保持纵横比缩放图片，使图片完全适应'
    }, {
      mode: 'aspectFit',
      text: 'aspectFit:保持纵横比缩放图片，使图片的长边能完全显示出来'
    }, {
      mode: 'aspectFill',
      text: 'aspectFill:保持纵横比缩放图片，只保证图片的短边能完全显示出来'
    } , {
      mode: 'widthFix',
      text: 'widthFix:宽度不变，高度自动变化，保持原图宽高比不变'
    }, {
```

```
      mode: 'heightFix',
      text: 'heightFix:高度不变，宽度自动变化，保持原图宽高比不变'
    }, {
      mode: 'top',
      text: 'top:不缩放图片，只显示图片的顶部区域'
    }, {
      mode: 'bottom',
      text: 'bottom:不缩放图片，只显示图片的底部区域'
    }, {
      mode: 'center',
      text: 'center:不缩放图片，只显示图片的中间区域'
    }, {
      mode: 'left',
      text: 'left:不缩放图片，只显示图片的左边区域'
    }, {
      mode: 'right',
      text: 'right:不缩放图片，只显示图片的右边区域'
    }, {
      mode: 'top left',
      text: 'top left:不缩放图片，只显示图片的左上角区域'
    }, {
      mode: 'top right',
      text: 'top right:不缩放图片，只显示图片的右上角区域'
    }, {
      mode: 'bottom left',
      text: 'bottom left:不缩放图片，只显示图片的左下角区域'
    }, {
      mode: 'bottom right',
      text: 'bottom right:不缩放图片，只显示图片的右下角区域'
    }],
    src: '../images/icon/cat.jpg'
  },
  imageError: function(e) {
    console.log('image3 发生 error 事件，携带值为', e.detail.errMsg)
  }
})
```

各类模式下的图片效果如图 4.23～图 4.37 所示。

图 4.23　原图

图 4.24　scaleToFill 缩放模式

图 4.25　aspectFit 缩放模式

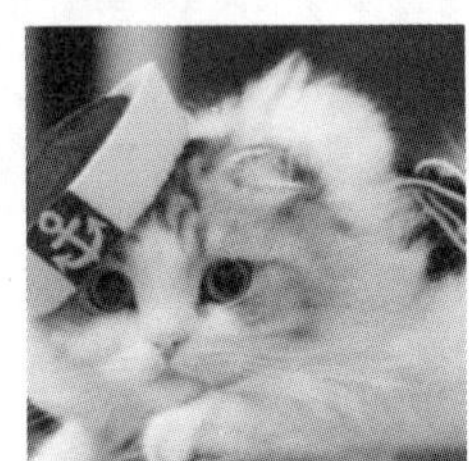

图 4.26　aspectFill 缩放模式

图 4-27　widthFix 缩放模式

图 4-28　heightFix 缩放模式

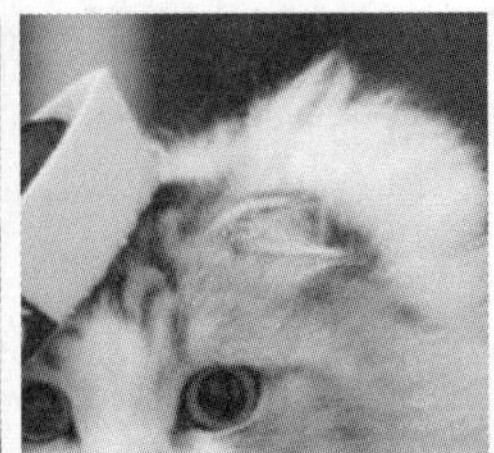

图 4.29　top 裁剪模式

图 4.30　bottom 裁剪模式

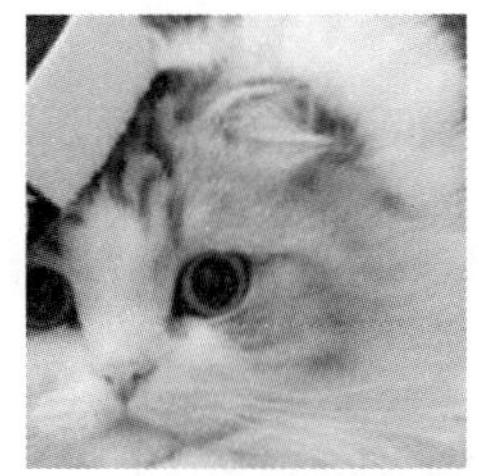
图 4.31 center 裁剪模式

图 4.32 left 裁剪模式

图 4.33 right 裁剪模式

图 4.34 top left 裁剪模式

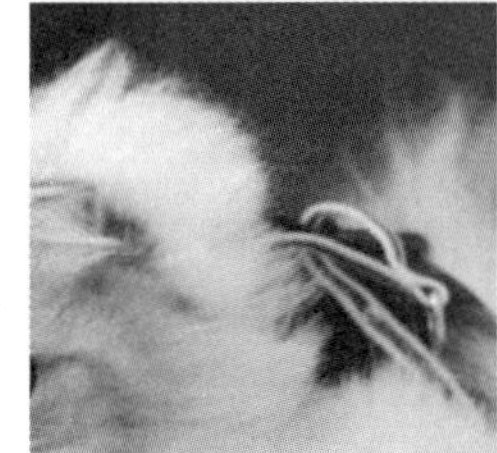
图 4.35 top right 裁剪模式

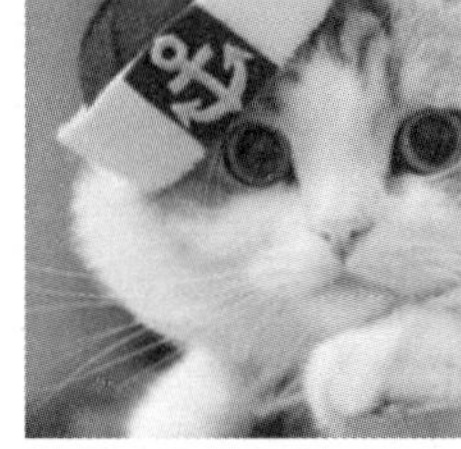
图 4.36 bottom left 裁剪模式

图 4.37 bottom right 裁剪模式

4.4.2 图片 API 的应用

应用程序编程接口是一种接口函数，可以让微信小程序访问应用程序，实现图片处理、文件操作、微信支付、分享等功能。

1. wx.chooseImage()选择图片 API

通过 wx.chooseImage()选择图片 API，可以从本地相册选择图片或使用相机拍照来选择图片，但此接口已停止维护，后续可使用 wx.chooseMedia()接口。wx.chooseImage()的参数说明如表 4.15 所示。

表 4.15 wx.chooseImage()的参数说明

参数	类型	是否必填	说明
count	number	否	最多可以选择的图片张数，默认为 9
sizeType	string/array	否	设置显示 original（原图）或 compressed（压缩图），默认二者都支持
sourceType	string/array	否	选择图片的来源，album 为从相册选图，camera 为使用相机拍照，默认二者都支持
success	function	否	接口调用成功的回调函数，成功时返回选定图片的本地文件路径列表 tempFilePaths
fail	function	否	接口调用失败的回调函数
complete	function	否	接口调用结束的回调函数（调用成功、失败都会执行）

示例代码如下。

```
Page({
 onLoad:function(){
  wx.chooseImage({
   count: 9, //默认 9
   sizeType: ['original', 'compressed'], //可以指定是原图还是压缩图，默认二者都支持
   sourceType: ['album', 'camera'], //可以指定来源是相册还是相机，默认二者都支持
   success: function (res) {
    //返回选定图片的本地文件路径列表，tempFilePaths 可以作为 img 标签的 src 属性显示图片
    var tempFilePaths = res.tempFilePaths
   }
  })
 }
})
```

2. wx.chooseMedia()选择图片或视频 API

wx.chooseMedia()用来拍摄或从手机相册中选择图片或视频，其参数说明如表 4.16 所示。

表 4.16 wx.chooseMedia()的参数说明

参数	类型	是否必填	说明
count	number	否	最多可以选择的图片张数，默认为 9
mediaType	Array.<string>	否	文件类型：image（图片）、video（视频）、mix（图片和视频）
sizeType	Array.<string>	否	所选图片或视频的尺寸，original 表示原图，compressed 表示压缩图，默认二者都支持
sourceType	Array.<string>	否	选择图片或视频的来源，album 表示从相册选图，camera 表示使用相机拍照，默认二者都支持
maxDuration	number	否	视频最长拍摄时间，单位为秒（s），取值范围为 3~60，不限制相册
success	function	否	接口调用成功的回调函数，成功时返回选定图片或视频的本地文件路径列表 tempFilePaths
fail	function	否	接口调用失败的回调函数
complete	function	否	接口调用结束的回调函数（调用成功、失败都会执行）

示例代码如下。

```
Page({
  onLoad: function () {
    wx.chooseMedia({
      count: 9, // 默认为 9
      sizeType: ['original', 'compressed'], // 可以指定是原图还是压缩图，默认二者都支持
      sourceType: ['album', 'camera'], // 可以指定来源是相册还是相机，默认二者都支持
      success: function (res) {
        //返回选定图片或视频的本地文件路径列表，tempFilePaths 可以作为 img 标签的 src 属性显示图片或视频
        var tempFilePaths = res.tempFilePaths;
        //输出文件路径
        console.log(tempFilePaths);
      }
    })
  }
})
```

3. wx.previewImage()预览图片 API

wx.previewImage()可以用来预览多张图片，并设置默认显示的图片，其参数说明如表 4.17 所示。

表 4.17 wx.previewImage()的参数说明

参数	类型	是否必填	说明
current	string	否	当前显示图片的超链接，不填则默认为 urls 的第一张图片
urls	string/array	是	需要预览的图片超链接列表
success	function	否	接口调用成功的回调函数
fail	function	否	接口调用失败的回调函数
complete	function	否	接口调用结束的回调函数（调用成功、失败都会执行）

示例代码如下。

```
Page({
  onLoad:function(){
   wx.previewImage({
     current: 'https://api.mofun365.com:8888/images/banner/20250616221700.png', //当前显示图片的超链接
     urls: [
       "https://api.mofun365.com:8888/images/banner/20250616221700.png",
```

```
        "https://api.mofun365.com:8888/images/banner/20250616221800.png"
      ] //需要预览的图片超链接列表
    })
  }
})
```

其效果如图 4.38 和图 4.39 所示。

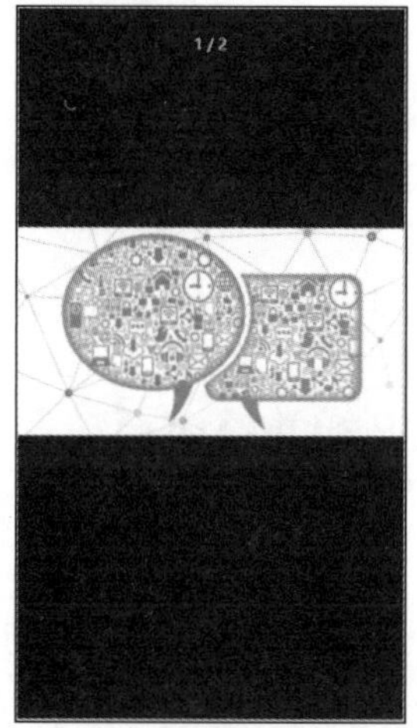

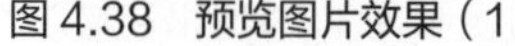

图 4.38　预览图片效果（1）

图 4.39　预览图片效果（2）

4. wx.getImageInfo()获得图片信息 API

wx.getImageInfo()用来获得图片信息，网络图片须先配置 download 域名才能生效，包括图片的宽度、图片的高度及图片返回的路径，其参数说明如表 4.18 所示。

表 4.18　wx.getImageInfo()的参数说明

参数	类型	是否必填	说明
src	string	是	图片的路径
success	function	否	接口调用成功的回调函数
fail	function	否	接口调用失败的回调函数
complete	function	否	接口调用结束的回调函数（调用成功、失败都会执行）

success 返回参数说明如表 4.19 所示。

表 4.19　success 返回参数说明

参数	类型	说明
width	number	图片宽度，单位为 px
height	number	图片高度，单位为 px
path	string	图片的本地路径
orientation	string	拍照时设备的方向
type	string	图片格式

示例代码如下。

```
Page({
 onLoad:function(){
  wx.getImageInfo({
   src: 'https://api.mofun365.com:8888/images/goods/1555851965264.jpg',
   success: function (res) {
     console.log("图片宽度="+res.width);
     console.log("图片高度="+res.height);
```

```
        console.log("图片返回路径="+res.path);
      }
    })
  }
})
```

输出信息如图 4.40 所示。

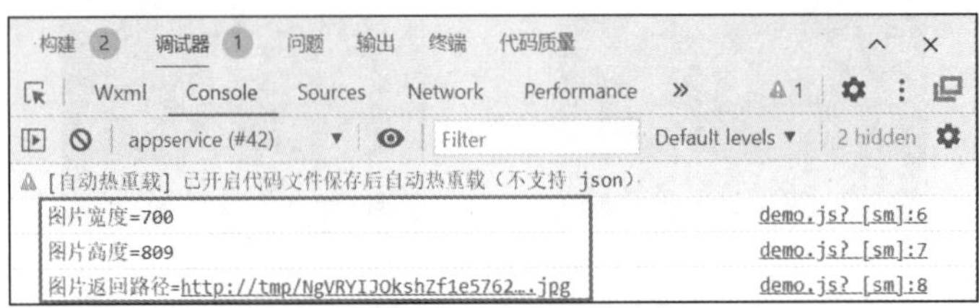

图 4.40　输出信息

5. wx.saveImageToPhotosAlbum()保存图片到相册 API

微信小程序支持将图片保存到系统相册，但需要用户授权。wx.saveImageToPhotosAlbum()的参数说明如表 4.20 所示。

表 4.20　wx.saveImageToPhotosAlbum()的参数说明

参数	类型	是否必填	说明
filePath	string/array	是	图片文件路径，可以是临时文件路径，也可以是永久文件路径
success	function	否	接口调用成功的回调函数
fail	function	否	接口调用失败的回调函数
complete	function	否	接口调用结束的回调函数（调用成功、失败都会执行）

wx.saveImageToPhotosAlbum()调用成功后会返回调用结果。

示例代码如下。

```
Page({
  data: {
    imgUrl: ''
  },
  onLoad: function () {
    var page = this;
    wx.downloadFile({
     url: "https://api.mofun365.com:8888/images/banner/20250616221700.png",
     type: 'image',
     : function (res) {
        console.log(res);
        var tempPath = res.tempFilePath;

        wx.saveImageToPhotosAlbum({
          filePath: tempPath,
          success:function(res){//调用成功后返回调用结果
            console.log(res);
          }
        })
      }
    })

  }
})
```

6. wx.compressImage()压缩图片 API

微信小程序支持对图片进行压缩，可以根据自己对图片压缩质量的需求对 quality 的属性进行设置。压缩质量的取值范围为 0～100，数值越小，表示压缩质量越低，压缩率越高（仅对 JPG 格式的文件有效）。wx.compressImage()的参数说明如表 4.21 所示。

表 4.21 wx.compressImage()的参数说明

参数	类型	是否必填	说明
src	string	是	图片的路径
quality	number	否	压缩质量，取值范围为 0～100，默认值为 80，数值越小，表示压缩质量越低，压缩率越高（仅对 JPG 格式的文件有效）
compressedWidth	number	否	压缩后图片的宽度，单位为 px，若不填写则默认以 compressedHeight 为准等比缩放
compressedHeight	number	否	压缩后图片的高度，单位为 px，若不填写则默认以 compressedWidth 为准等比缩放
success	function	否	接口调用成功的回调函数
fail	function	否	接口调用失败的回调函数
complete	function	否	接口调用结束的回调函数（调用成功、失败都会执行）

wx.compressImage()调用成功后会返回压缩成功的临时文件路径 tempFilePath，微信开发者工具暂时不支持 wx.compressImage()调试，需要使用真机进行开发调试。

示例代码如下。

```
Page({
  onLoad: function () {
    wx.compressImage({
      src: "https://api.mofun365.com:8888/images/banner/20250616221700.png",
//图片路径
      quality: 80,  //压缩质量
      complete: function (res) {
        console.log(res);
      }
    })
  }
})
```

7. wx.chooseMessageFile()从客户端会话选择文件 API

微信小程序可以从客户端会话来选择文件，可以选择视频、图片及其他文件。wx.chooseMessageFile()参数说明如表 4.22 所示。

表 4.22 wx.chooseMessageFile()的参数说明

参数	类型	是否必填	说明
count	number	是	最多可以选择的文件个数，取值范围为 0～100
type	string	否	所选的文件的类型，默认值为 all。 all：从所有文件中选择。 video：只能选择视频文件。 image：只能选择图片文件。 file：可以选择除了图片和视频外的其他文件
extension	Array.<string>	否	根据文件拓展名过滤，仅 type==file 时有效。每一项都不能是空字符串。默认不过滤
success	function	否	接口调用成功的回调函数
fail	function	否	接口调用失败的回调函数
complete	function	否	接口调用结束的回调函数（调用成功、失败都会执行）

wx.chooseMessageFile()从客户端会话选择文件调用成功后，会返回选择的文件的本地临时文件对象数组，对象数组包括 path（本地临时文件路径）、size（本地临时文件大小，单位为 B）、name（选择的文件名称）、type（选择的文件类型）、time（选择的文件的会话发送时间）。

其中，type 的合法值包括 video（选择了视频文件类型）、image（选择了图片文件类型）、file（选择了除图片和视频外的文件类型）。

示例代码如下。

```
Page({
  onLoad: function () {
    wx.chooseMessageFile({
      count: 10,
      type: 'image',
      success(res) {
        console.log(res);
      }
    })
  }
})
```

返回值输出信息如图 4.41 所示。

```
                                                                                         ys.js:7
▼{errMsg: "chooseMessageFile:ok", tempFiles: Array(1)}
   errMsg: "chooseMessageFile:ok"
 ▼tempFiles: Array(1)
   ▼0:
      name: "cat.jpg"
      path: "http://tmp/wxa7730e0596be9404.o6zAJs3-1nrAaRHGfLV8UW6ZnfD0.kW1C5DQ0JCuH4cb08bb4e9999bd42ff5942827dcd91e.jpg"
      size: 20639
      time: 1560653864
      type: "image"
    ▶__proto__: Object
    length: 1
    nv_length: (...)
  ▶__proto__: Array(0)
 ▶__proto__: Object
```

图 4.41　返回值输出信息

4.4.3　项目实战：任务 10（1）——实现图书列表显示功能静态布局

1．任务目标

实现莫凡商城图书列表显示功能的静态布局，综合应用视图容器组件、基础内容组件、图片组件等，同时要学会进行页面布局及样式渲染。

图书列表包括 3 个区域——热门技术区域、特惠时刻区域和畅销书籍区域，这 3 个区域的布局方式一样，都是最多显示 3 本图书，包括书籍图片、书籍名称、书籍价格，并提供查看更多入口，如图 4.42 和图 4.43 所示。

图 4.42　图书列表显示 1

图 4.43　图书列表显示 2

2. 任务实施

下面来实现图书列表显示功能的静态布局。

（1）在 index.wxml 文件里进行图书列表布局，具体代码如下。

```
<view class="content">
  <!--搜索区域-->
  <view class="search">
    <view class="searchInput" bindtap="searchInput">
      <image src="/pages/images/tubiao/fangdajing-1.jpg" style="width:15px;
height:19px;"></image>
      <text class="searchContent">搜索莫凡商品</text>
    </view>
  </view>

  <!--海报轮播区域-->
  <view class="haibao">
    <swiper indicator-dots="{{indicatorDots}}" autoplay="{{autoplay}}"
interval="{{interval}}" duration="{{duration}}">
      <block wx:for="{{imgUrls}}">
        <swiper-item>
          <image src="{{item}}" class="silde-image" mode="scaleToFill"></image>
        </swiper-item>
      </block>
    </swiper>
  </view>

  <!--图书列表区域-->
  <view class="hr"></view>
  <view class="list">
    <view class="tips">
      <view class="title">热门技术</view>
      <view class="more" bindtap='more' id="0">查看更多 ></view>
    </view>

    <view class="line"></view>
    <view class="items">
      <block wx:for="{{hotList}}">
        <view class="item" id="{{item.id}}" bindtap='seeDetail'>
          <view class="pic">
            <image src="{{item.listPic}}" mode="scaleToFill"></image>
          </view>
          <view class="name">{{item.goodsName}}</view>
          <view class="price">¥ {{item.goodsPrice}}</view>
        </view>
      </block>
    </view>
  </view>
  <view class="hr"></view>

  <view class="list">
    <view class="tips">
      <view class="title">特惠时刻</view>
      <view class="more" bindtap='more' id="1">查看更多 ></view>
    </view>

    <view class="line"></view>
    <view class="items">
      <block wx:for="{{spikeList}}">
        <view class="item" id="{{item.id}}" bindtap='seeDetail'>
          <view class="pic">
```

```
              <image src="{{item.listPic}}" mode="scaleToFill"></image>
            </view>
            <view class="name">{{item.goodsName}}</view>
            <view class="price">¥ {{item.goodsPrice}}</view>
          </view>
        </block>
      </view>
    </view>
    <view class="hr"></view>

    <view class="list">
      <view class="tips">
        <view class="title">畅销书籍</view>
        <view class="more" bindtap='more' id="2">查看更多 ></view>
      </view>
      <view class="line"></view>
      <view class="items">
        <block wx:for="{{bestSellerList}}">
          <view class="item" id="{{item.id}}" bindtap='seeDetail'>
            <view class="pic">
              <image src="{{item.listPic}}" mode="scaleToFill"></image>
            </view>
            <view class="name">{{item.goodsName}}</view>
            <view class="price">¥ {{item.goodsPrice}}</view>
          </view>
        </block>
      </view>
    </view>
    <view class="hr"></view>
</view>
```

（2）在 index.wxss 文件里进行图书列表样式渲染，具体代码如下。

```
.content{
  width: 100%;
  font-family: "Microsoft YaHei";
}
.search{
    width: 100%;
    background-color: #009966;
    height: 50px;
    line-height: 50px;
}
.searchInput{
    width: 95%;
    background-color: #ffffff;
    height: 30px;
    line-height: 30px;
    border-radius: 15px;
    display: flex;
    justify-content:center;
    align-items:center;
    margin: 0 auto;
}
.searchContent{
    font-size:12px;
    color: #777777;
}
.haibao{
    text-align: center;
    width: 100%;
}
```

```
.silde-image{
    width: 100%;
}
.list{
   height: 250px;
}
.line{
     height: 1px;
     width: 100%;
     background-color: #009966;
     opacity: 0.2;
}
.hr{
     height: 10px;
     width: 100%;
     background-color: #cccccc;
     opacity: 0.2;
}
.tips{
   display: flex;
   flex-direction: row;
}
.title{
   padding: 10px;
   font-size: 15px;
   color: #009966;
   font-weight: bold;
}
.more{
   position: absolute;
   right: 10px;
   margin-top: 12px;
   font-size: 12px;
   color: #999999;
}
.items{
   padding: 10px;
    display: flex;
    flex-wrap: wrap;
    justify-content: space-left;
}
.item{
   width: 30%;
   height: 190px;
   border: 1px solid #009966;
   border-radius: 5px;
   margin-top: 10px;
   margin-bottom: 10px;
   margin: 0 auto;
   text-align: center;
}
.pic{
   margin-top: 5px;
}
.pic image{
   width:100px;
   height:120px;
}
.name{
  font-size: 12px
```

```
}
.price{
    color:red;
    margin-top:2px;
    font-size: 16px;
}
```

（3）在 index.js 文件里初始化热门技术书籍 hotList 数据、特惠时刻书籍 spikeList 数据、畅销书籍 bestSellerList 数据，具体代码如下。

```
Page({
  data: {
    indicatorDots: true,
    autoplay: true,
    interval: 5000,
    duration: 1000,
    imgUrls: [
      "/pages/images/haibao/1.jpg",
      "/pages/images/haibao/2.jpg",
      "/pages/images/haibao/3.jpg"
    ],
    hotList: [
      { "id": 1,  "listPic": "https://api.mofun365.com:8888/images/goods/
1555850845474.jpg",  "goodsName": "微信小程序开发图解案例教程",  "goodsPrice": 62.8},
      { "id": 2,  "listPic": "https://api.mofun365.com:8888/images/goods/
1555851154057.jpg",  "goodsName": "微信小程序开发全案精讲",  "goodsPrice": 41.88 },
      { "id": 3,  "listPic": "https://api.mofun365.com:8888/images/goods/
1555851345937.jpg",  "goodsName": "第一行代码 Java",  "goodsPrice": 57.7 }
    ],
    spikeList: [
      { "id": 4,  "listPic": "https://api.mofun365.com:8888/images/goods/
1555851497575.jpg", "goodsName": "Android 原理解析与开发指南",  "goodsPrice": 35.99 },
      { "id": 5,  "listPic": "https://api.mofun365.com:8888/images/goods/
1555851661073.png",  "goodsName": "响应式 Web 开发项目教程",  "goodsPrice": 36.4},
      { "id": 6,  "listPic": "https://api.mofun365.com:8888/images/goods/
1555851817322.jpg",  "goodsName": "第一行代码 C 语言",  "goodsPrice": 41.99 }
    ],
    bestSellerList: [
      { "id": 7,  "listPic": "https://api.mofun365.com:8888/images/goods/
1555851965264.jpg",  "goodsName": "前端 HTML+CSS 修炼之道",  "goodsPrice": 57.7 },
      { "id": 8,  "listPic": "https://api.mofun365.com:8888/images/goods/
1555850845474.jpg",  "goodsName": "微信小程序开发图解案例教程",  "goodsPrice": 62.8 },
      { "id": 9,  "listPic": "https://api.mofun365.com:8888/images/goods/
1555851154057.jpg",  "goodsName": "微信小程序开发全案精讲",  "goodsPrice": 41.8 }
    ]
  }
})
```

这样就实现了图书列表显示功能的静态布局。在 index.js 文件里初始化了一些书籍数据，在后面学习网络请求的时候，就可以通过网络请求来动态地获取书籍数据。在进行热门技术、特惠时刻、畅销书籍区域布局的时候可以发现，其布局方式完全一致，因此可以先设计一个区域，将该区域完全设计好之后，直接复制该区域，在此基础上进行改动即可，这样可以减少很多工作量。

4.5 导航组件和导航 API 的应用

慕课视频

导航组件和导航 API 的应用

在页面中设置导航，可以使用 navigator 页面链接组件，也可以在 JS 文件里通过导航 API 进行页面跳转，还可以设置导航条标题和显示动画效果。

4.5.1 navigator 页面链接组件

navigator 页面链接组件是用于在 WXML 页面中跳转的导航组件，它有以下 3 种类型。

（1）保留当前页跳转，跳转后可以返回当前页，它与 wx.navigateTo()跳转效果一样。

（2）关闭当前页跳转，无法返回当前页，它与 wx.redirectTo()跳转效果一样。

（3）跳转到 tabBar 页面，它与 wx.switchTab()跳转效果一样。

navigator 页面链接组件的跳转效果都是通过 open-type 属性来控制的，navigator 页面链接组件的属性如表 4.23 所示。

表 4.23 navigator 页面链接组件的属性

属性	类型	默认值	说明
target	string	self	设置在哪个目标上发生跳转，默认为当前小程序。self 表示当前小程序，miniProgram 表示其他小程序
url	string		当前小程序内的跳转链接
open-type	string	navigate	跳转方式。 navigate 对应 wx.navigateTo()或 wx.navigateToMiniProgram()的功能； redirect 对应 wx.redirectTo()的功能； switchTab 对应 wx.switchTab()的功能； reLaunch 对应 wx.reLaunch()的功能； navigateBack 对应 wx.navigateBack()或 wx.navigateBackMiniProgram()的功能； exit 表示退出小程序，当 target="miniProgram"时生效
delta	number	1	当 open-type 为 navigateBack 时有效，表示回退的层数
app-id	string		当 target="miniProgram"时有效，表示要打开的小程序的 AppID
path	string		当 target="miniProgram"时有效，表示打开的页面路径，如果为空，则打开首页
extra-data	object		当 target="miniProgram"且 open-type="navigate/navigateBack"时有效，表示需要传递给目标小程序的数据。目标小程序可在 App.onLaunch()、App.onShow()中获取这份数据
version	string	release	当 target="miniProgram"时有效，表示要打开的小程序版本，包括 develop（开发版）、trial（体验版）、release（正式版。仅在当前小程序为开发版或体验版时此参数才有效；如果当前小程序是正式版，则打开的小程序必定是正式版）
hover-class	string	navigator-hover	指定点击时的样式类。当 hover-class="none"时，没有点击态效果
hover-stop-propagation	boolean	false	指定是否阻止当前节点的父节点出现点击态
hover-start-time	number	50	指定按住后多久出现点击态，单位为 ms
hover-stay-time	number	600	指定手指松开后点击态保留的时间，单位为 ms
bindsuccess	string		当 target="miniProgram"且 open-type="navigate/navigateBack"时有效，跳转小程序成功
bindfail	string		当 target="miniProgram"且 open-type="navigate/navigateBack"时有效，跳转小程序失败
bindcomplete	string		当 target="miniProgram"且 open-type="navigate/navigateBack"时有效，跳转小程序完成

下面来演示一下 open-type 不同导航类型的跳转效果。

（1）新建一个 navigator 项目，进入 app.json 文件，在 pages 属性里设置页面路径 pages/index/index、pages/navigator/navigator、pages/redirect/redirect，具体代码如下。

```
{
  "pages":[
    "pages/index/index",
    "pages/navigator/navigator",
```

```
    "pages/redirect/redirect"
  ],
  "window":{
    "backgroundTextStyle":"light",
    "navigationBarBackgroundColor": "#fff",
    "navigationBarTitleText": "导航",
    "navigationBarTextStyle":"black"
  },
}
```

（2）进入 pages/index/index.wxml 文件，设计导航的 3 种跳转方式——保留当前页跳转、关闭当前页跳转、跳转到 tabBar 页面，具体代码如下。

```
<view class="btn-area">
  <navigator url="../navigator/navigator?title=navigator" open-type=
"navigate" hover-class="navigator-hover"> wx.navigateTo()保留当前页跳转</navigator>
  <navigator  url="../redirect/redirect?title=redirect"  open-type="redirect"
hover-class="other-navigator-hover"> wx.redirectTo()关闭当前页跳转</navigator>
  <navigator url="../redirect/redirect" open-type="switchTab" hover-class=
"other-navigator-hover">wx.switchTab()跳转到 tabBar 页面</navigator>
</view>
```

（3）进入 pages/navigator/navigator.wxml 文件，进行界面布局，具体代码如下。

```
<view>保留当前页进行跳转，点击左上角可以返回到当前页</view>
```

（4）进入 pages/redirect/redirect.wxml 文件，进行界面布局，具体代码如下。

```
<view>关闭当前页进行跳转，跳转后无法返回到当前页 </view>
```

（5）wx.navigateTo()保留当前页跳转和 wx.redirectTo()关闭当前页跳转都可以正常跳转，但是 wx.switchTab()跳转到 tabBar 页面无法完成跳转，它需要在 app.json 文件的 tabBar 属性里设置底部标签导航，具体代码如下。

```
{
  "pages":[
    "pages/index/index",
    "pages/navigator/navigator",
    "pages/redirect/redirect"
  ],
  "window":{
    "backgroundTextStyle":"light",
    "navigationBarBackgroundColor": "#fff",
    "navigationBarTitleText": "导航",
    "navigationBarTextStyle":"black"
  },
  "tabBar": {
    "selectedColor": "red",
    "list": [{
        "pagePath": "pages/index/index",
        "text": "首页",
        "iconPath": "iconPath",
        "selectedIconPath": "selectedIconPath"
    }, {
        "pagePath": "pages/redirect/redirect",
        "text": "当前页打开导航",
        "iconPath": "iconPath",
        "selectedIconPath": "selectedIconPath"
    }]
  }
}
```

（6）设置完成后，wx.switchTab()跳转到 tabBar 页面就可以跳转到指定的底部标签导航页面里，但是此时 wx.navigateTo()保留当前页跳转和 wx.redirectTo()关闭当前页跳转这两种方式无法跳转，这是因为在 app.json 文件中配置的 tabBar 属性里设置了底部标签导航。

（7）如果 navigator 页面链接组件设置的跳转路径带参数，如 url="../navigator/navigator?title=navigator"，则 title 的值可以在跳转页面的 JS 文件的 onLoad()函数里获取，具体代码如下。

```
Page({
  data:{},
  onLoad:function(options){
    console.log("title="+options);
  }
})
```

4.5.2 wx.navigateTo()保留当前页跳转 API

wx.navigateTo()可以保留当前页并跳转到应用内的某个页面。使用 wx.navigateBack()可以返回原页面。其参数说明如表 4.24 所示。

表 4.24　wx.navigateTo()的参数说明

参数	类型	是否必填	说明
url	string	是	需要跳转到的应用内非 tabBar 的页面的路径，路径后可以带参数。参数与路径之间使用“?”分隔，参数键与参数值之间用“=”相连，不同参数之间用“&”分隔，如 path?key=value&key2=value2
events	object	否	页面间的通信接口，用于监听被打开页面发送到当前页的数据
success	function	否	接口调用成功的回调函数
fail	function	否	接口调用失败的回调函数
complete	function	否	接口调用结束的回调函数（调用成功、失败都会执行）

（1）进入 pages/index/index.wxml 文件，添加一个“跳转”按钮，保留当前页跳转，具体代码如下。

```
<view class="btn-area">
   <navigator url="../navigator/navigator?title=navigator11" open-type=
"navigate" hover-class="navigator-hover"> wx.navigateTo()保留当前页跳转</navigator>
   <navigator  url="../redirect/redirect?title=redirect"  open-type="redirect"
hover-class="other-navigator-hover"> wx.redirectTo()关闭当前页跳转</navigator>
   <navigator url="../redirect/redirect" open-type="switchTab" hover-class=
"other-navigator-hover">wx.switchTab()跳转到 tabBar 页面</navigator>
   <button type="primary" bindtap="navigateBtn">保留当前页跳转</button>
</view>
```

（2）进入 pages/index/index.js 文件，添加一个 navigateBtn()事件函数，保留当前页并跳转到 pages/navigator/navigator.wxml 页面文件，具体代码如下。

```
Page({
    navigateBtn:function(){
    wx.navigateTo({
      url: '../navigator/navigator',
      success: function(res){
        console.log(res);
      },
      fail: function() {
        //fail
      },
      complete: function() {
        //complete
      }
    })
  }
})
```

4.5.3 wx.redirectTo()关闭当前页跳转 API

wx.redirectTo()可以关闭当前页并跳转到应用内的某个页面，但是不允许跳转到 tabBar 页面。其参数说明如表 4.25 所示。

表 4.25 wx.redirectTo()的参数说明

参数	类型	是否必填	说明
url	string	是	需要跳转到的应用内非 tabBar 的页面的路径，路径后可以带参数。参数与路径之间使用“？”分隔，参数键与参数值之间用“=”相连，不同参数之间用“&”分隔，如 path?key=value&key2=value2
success	function	否	接口调用成功的回调函数
fail	function	否	接口调用失败的回调函数
complete	function	否	接口调用结束的回调函数（调用成功、失败都会执行）

（1）进入 pages/index/index.wxml 文件，添加一个“跳转”按钮，关闭当前页跳转，具体代码如下。

```
<view class="btn-area">
  <navigator url="../navigator/navigator?title=navigator11" open-type=
"navigate" hover-class="navigator-hover"> wx.navigateTo()保留当前页跳转</navigator>
  <navigator url="../redirect/redirect?title=redirect" open-type="redirect"
hover-class="other-navigator-hover"> wx.redirectTo()关闭当前页跳转</navigator>
  <navigator url="../redirect/redirect" open-type="switchTab" hover-class=
"other-navigator-hover">wx.switchTab()跳转到 tabBar 页面</navigator>
  <button type="primary" bindtap="navigateBtn">保留当前页跳转</button>
  <button type="primary" bindtap="redirectBtn">关闭当前页跳转</button>
</view>
```

（2）进入 pages/index/index.js 文件，添加一个 redirectBtn()事件函数，关闭当前页并跳转到 pages/redirect/redirect.wxml 页面，具体代码如下。

```
Page({
   navigateBtn:function(){
     wx.navigateTo({
       url: '../navigator/navigator',
       success: function(res){
         console.log(res);
       },
       fail: function() {
         //fail
       },
       complete: function() {
         //complete
       }
     })
  },
  redirectBtn:function(){
     wx.redirectTo({
       url: '../redirect/redirect ',
       success: function(res){
         console.log(res);
       },
       fail: function() {
         //fail
       },
       complete: function() {
         //complete
       }
     })
  }
})
```

4.5.4 wx.switchTab()跳转到 tabBar 页面 API

wx.switchTab()将跳转到 tabBar 页面，并关闭其他所有非 tabBar 页面。其参数说明如表 4.26 所示。

表 4.26 wx.switchTab()的参数说明

参数	类型	是否必填	说明
url	string	是	需要跳转到的 tabBar 页面的路径（需在 app.json 的 tabBar 字段定义的页面），路径后不能带参数
success	function	否	接口调用成功的回调函数
fail	function	否	接口调用失败的回调函数
complete	function	否	接口调用结束的回调函数（调用成功、失败都会执行）

（1）进入 pages/index/index.wxml 文件，添加一个“跳转”按钮，跳转到 tabBar 页面，具体代码如下。

```
<view class="btn-area">
  <navigator url="../navigator/navigator?title=navigator11" open-type=
"navigate" hover-class="navigator-hover"> wx.navigateTo()保留当前页跳转</navigator>
  <navigator url="../redirect/redirect?title=redirect" open-type="redirect" hover-
class="other-navigator-hover"> wx.redirectTo()关闭当前页跳转</navigator>
  <navigator url="../redirect/redirect" open-type="switchTab" hover-class=
"other-navigator-hover">wx.switchTab()跳转到 tabBar 页面</navigator>
  <button type="primary" bindtap="navigateBtn">保留当前页跳转</button>
  <button type="primary" bindtap="redirectBtn">关闭当前页跳转</button>
  <button type="primary" bindtap="switchBtn">跳转到 tabBar 页面</button>
</view>
```

（2）进入 pages/index/index.js 文件，添加一个 switchBtn()事件函数，跳转到 pages/redirect/redirect.wxml 页面，具体代码如下。

```
Page({
   navigateBtn:function(){
     wx.navigateTo({
       url: '../navigator/navigator',
       success: function(res){
         console.log(res);
       },
       fail: function() {
         //fail
       },
       complete: function() {
         //complete
       }
     })
  },
  redirectBtn:function(){
     wx.redirectTo({
       url: '../redirect/redirect,
       success: function(res){
         console.log(res);
       },
       fail: function() {
         //fail
       },
       complete: function() {
         //complete
       }
     })
  },
```

```
    switchBtn:function(){
      wx.switchTab({
        url: '../redirect/redirect',
        success: function(res){
          //success
        },
        fail: function() {
          //fail
        },
        complete: function() {
          //complete
        }
      })
    }
})
```

wx.navigateTo()和 wx.redirectTo()不允许跳转到 tabBar 页面，只能用 wx.switchTab()跳转到 tabBar 页面。

4.5.5 wx.navigateBack()返回上一页 API

wx.navigateBack()可以关闭当前页并返回上一页或多级页面。其参数说明如表 4.27 所示。可以通过 getCurrentPages()获取当前的页面栈，并按需要决定返回几层。

表 4.27 wx.navigateBack()的参数说明

参数	类型	是否必填	说明
delta	number	否	返回的页面数，默认值为 1，如果 delta 大于现有页面数，则返回到首页

（1）进入 pages/navigator/navigator.wxml 文件，添加一个“返回”按钮，点击“返回”按钮可以返回到上一级页面，具体代码如下。

```
<view>保留当前页进行跳转，点击左上角可以返回到当前页</view>
<button type="primary" bindtap="backBtn">返回上一页</button>
```

（2）进入 pages/navigator/navigator.js 文件，添加 backBtn()事件返回函数，具体代码如下。

```
Page({
  data:{},
  onLoad:function(options){
    console.log("title="+options);
  },
  backBtn:function(){
    wx.navigateBack({
      delta: 1
    })
  }
})
```

（3）在 pages/index/index.wxml 文件里，点击“保留当前页跳转”按钮，可以进行页面跳转，在跳转的 navigator.wxml 页面里点击“返回上一页”按钮，可以返回到上一级页面，如图 4.44 和图 4.45 所示。

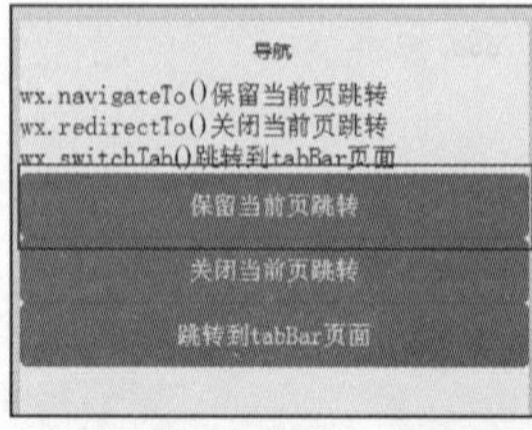

图 4.44 index.wxml 页面

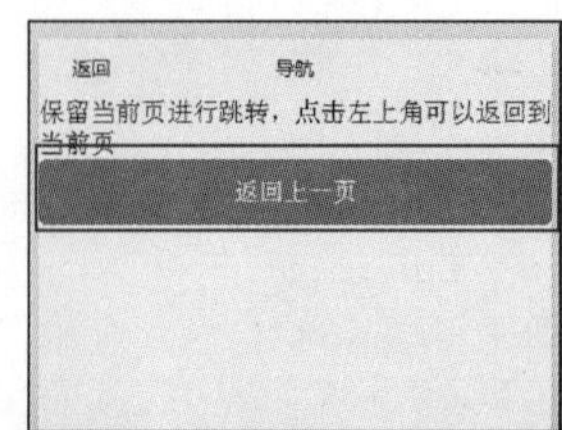

图 4.45 navigator.wxml 页面

4.5.6 wx.reLaunch()关闭所有页面并打开某个页面 API

wx.reLaunch()是关闭所有页面并打开应用内的某个页面的跳转方式。其参数说明如表 4.28 所示。

表 4.28 wx.reLaunch()的参数说明

参数	类型	是否必填	说明
url	string	是	需要跳转到的应用内的页面路径，路径后可以带参数。参数与路径之间使用“？”分隔，参数键与参数值之间用“=”相连，不同参数之间用“&”分隔，如 path?key=value&key2=value2
success	function	否	接口调用成功的回调函数
fail	function	否	接口调用失败的回调函数
complete	function	否	接口调用结束的回调函数（调用成功、失败都会执行）

示例代码如下。

```
wx.reLaunch({
  url: 'test?id=1'
})
```

4.5.7 导航条 API

导航条 API 常用的有 4 种：wx.showNavigationBarLoading()可以在当前页显示导航条加载动画，wx.hideNavigationBarLoading()可以在当前页隐藏导航条加载动画，wx.setNavigationBarTitle()可以动态设置当前页的标题，wx.setNavigationBarColor()可以设置页面导航条的颜色。

示例代码如下。

```
Page({
  onLoad: function (options) {
    //在当前页显示导航条加载动画
    wx.showNavigationBarLoading({
      success:function(){
        console.log("在当前页显示导航条加载动画");
      }
    });

    //在当前页隐藏导航条加载动画
    wx.hideNavigationBarLoading({
      success: function () {
        console.log("在当前页隐藏导航条加载动画");
      }
    });

    //动态设置当前页的标题
    wx.setNavigationBarTitle({
      title: '新页面',
      success:function(){
        console.log("动态设置当前页的标题");
      }
    });

    //设置页面导航条的颜色
    wx.setNavigationBarColor({
      frontColor: '#ffffff',  //前景颜色值，包括按钮、标题、状态栏的颜色，仅支持 #ffffff
和 #000000
      backgroundColor: '#ff0000', //背景颜色值，有效值为十六进制颜色
      animation: { //动画效果
```

```
        duration: 400,  //动画持续时间
        timingFunc: 'easeIn' //动画变化方式
      },
      success: function () {
        console.log("设置页面导航条的颜色");
      }
    });
  }
})
```

wx.showNavigationBarLoading()在当前页显示导航条加载动画、wx.hideNavigationBarLoading()在当前页隐藏导航条加载动画、wx.setNavigationBarTitle()动态设置当前页的标题，这 3 个 API 使用起来比较简单，按照示例代码使用即可。

wx.setNavigationBarColor()设置页面导航条的颜色的使用稍微复杂一些，其参数说明如表 4.29 所示。

表 4.29　wx.setNavigationBarColor()的参数说明

参数	类型	是否必填	说明
frontColor	string	是	前景颜色值，包括按钮、标题、状态栏的颜色，仅支持#ffffff 和#000000
backgroundColor	string	是	背景颜色值，有效值为十六进制颜色
animation	object	否	动画效果
success	function	否	接口调用成功的回调函数
fail	function	否	接口调用失败的回调函数
complete	function	否	接口调用结束的回调函数（调用成功、失败都会执行）

animation 动画效果对象包含两个属性：duration（动画变化时间，单位为 ms）；timingFunc（动画变化方式），提供了 linear（动画从头到尾的速度是相同的）、easeIn（动画以低速开始）、easeOut（动画以低速结束）、easeInOut（动画以低速开始和结束）4 种变化方式，示例代码如下。

```
wx.setNavigationBarColor({
      frontColor: '#ffffff',
      //前景颜色值，包括按钮、标题、状态栏的颜色，仅支持 #ffffff 和 #000000
      backgroundColor: '#ff0000', //背景颜色值，有效值为十六进制颜色
      animation: { //动画效果
        duration: 400,  //动画持续时间
        timingFunc: 'easeIn' //动画变化方式
      },
      success: function () {
        console.log("设置页面导航条的颜色");
      }
   })
```

4.5.8　tabBar 标签导航 API

为灵活处理 tabBar 标签导航，微信小程序提供了以下 8 个常用标签导航 API。

（1）wx.showTabBarRedDot()：显示 tabBar 某一项右上角的红点。

（2）wx.hideTabBarRedDot()：隐藏 tabBar 某一项右上角的红点。

（3）wx.showTabBar()：显示 tabBar 标签导航。

（4）wx.hideTabBar()：隐藏 tabBar 标签导航。

（5）wx.setTabBarStyle()：动态设置 tabBar 的整体样式。

（6）wx.setTabBarItem()：动态设置 tabBar 某一项的内容。

（7）wx.setTabBarBadge()：在 tabBar 某一项的右上角添加文本。

（8）wx.removeTabBarBadge()：移除 tabBar 某一项右上角的文本。

1. 在 tabBar 某一项的右上角显示或隐藏红点

wx.showTabBarRedDot()和 wx.hideTabBarRedDot()是比较常用的功能，可以在 tabBar 某一项的右上角显示或隐藏红点，当有新消息时可以通过这种方式进行提醒。它有一个 index 属性，从左边开始计数（从 0 开始），根据 index 值来设置在 tabBar 的哪一项的右上角显示或隐藏红点。

示例代码如下。

```
onLoad:function(){
  wx.showTabBarRedDot({
    index:0
  });
  wx.hideTabBarRedDot({
    index:1
  });
}
```

tabBar 某一项的右上角显示或隐藏红点的效果如图 4.46 所示。

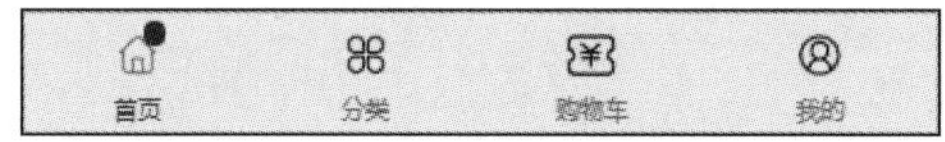

图 4.46　tabBar 某一项的右上角显示或隐藏红点的效果

2. 显示或隐藏 tabBar 标签导航

wx.showTabBar()和 wx.hideTabBar()可以动态地控制 tabBar 标签导航的显示或隐藏。

示例代码如下。

```
onLoad:function(){
  wx.showTabBar({
    animation:true //是否显示动画效果
  });
  wx. hideTabBar ({
    animation:true //是否隐藏动画效果
  });
}
```

3. 动态设置 tabBar 整体样式

wx.setTabBarStyle()可以动态地设置 tabBar 的样式，其属性如表 4.30 所示。

表 4.30　wx.setTabBarStyle()的属性

属性	类型	是否必填	说明
color	string	否	tabBar 上文字的默认颜色，HexColor
selectedColor	string	否	tabBar 上的文字选中时的颜色，HexColor
backgroundColor	string	否	tabBar 的背景色，HexColor
borderStyle	string	否	tabBar 上边框的颜色，仅支持 black/white
success	function	否	接口调用成功的回调函数
fail	function	否	接口调用失败的回调函数
complete	function	否	接口调用结束的回调函数（调用成功、失败都会执行）

示例代码如下。

```
 wx.setTabBarStyle({
  color: '#FF0000',
  selectedColor: '#00FF00',
  backgroundColor: '#0000FF',
  borderStyle: 'white'
})
```

4. 动态设置 tabBar 某一项的内容

wx.setTabBarItem()可以动态设置 tabBar 某一项的内容，其属性如表 4.31 所示。

表 4.31　wx.setTabBarItem()的属性

属性	类型	是否必填	说明
index	number	是	设置为 tabBar 的哪一项，从左边开始计数，从 0 开始
text	string	否	tabBar 上的按钮文字
iconPath	string	否	图片路径，icon 大小限制为 40kB，建议尺寸为 81px×81px，当 position 为 top 时，此参数无效
selectedIconPath	string	否	选中时的图片路径，icon 大小限制为 40kB，建议尺寸为 81px×81px，当 position 为 top 时，此参数无效
success	function	否	接口调用成功的回调函数
fail	function	否	接口调用失败的回调函数
complete	function	否	接口调用结束的回调函数（调用成功、失败都会执行）

示例代码如下。

```
wx.setTabBarItem({
  index: 0,
  text: 'text',
  iconPath: '/path/to/iconPath',
  selectedIconPath: '/path/to/selectedIconPath'
})
```

5. 在 tabBar 某一项的右上角添加或移除文本

wx.setTabBarBadge()和 wx.removeTabBarBadge()是比较常用的功能，可以在 tabBar 的右上角添加或移除文本。Object 对象有一个 index 属性，从左边开始计数（从 0 开始），根据 index 值来设置在 tabBar 的哪一项的右上角添加或移除文本，Object 对象的 text 属性用来显示设置的文本内容。

示例代码如下。

```
onLoad: function () {
  wx.setTabBarBadge({
   index: 0,
   text:'书'
  });
  wx.removeTabBarBadge({
   index: 1
  });
}
```

在 tabBar 的右上角添加或移除文本的效果如图 4.47 所示。

图 4.47　在 tabBar 的右上角添加或移除文本的效果

4.5.9　项目实战：任务 11——实现图书搜索功能静态布局

1. 任务目标

实现莫凡商城图书搜索功能，学会应用导航组件和导航 API，进一步综合应用视图容器组件、基础内容组件、图片组件等的页面布局及样式渲染。

图书搜索功能的使用方法很简单，即从首页点击进入图书搜索页面，图书搜索页面里包含搜索框和热门搜索记录，如图 4.48 所示。输入或直接选择搜索关键词，如图 4.49 所示，点击“搜索”按钮，得到搜索结果。

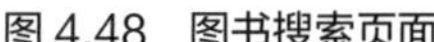

图 4.48　图书搜索页面

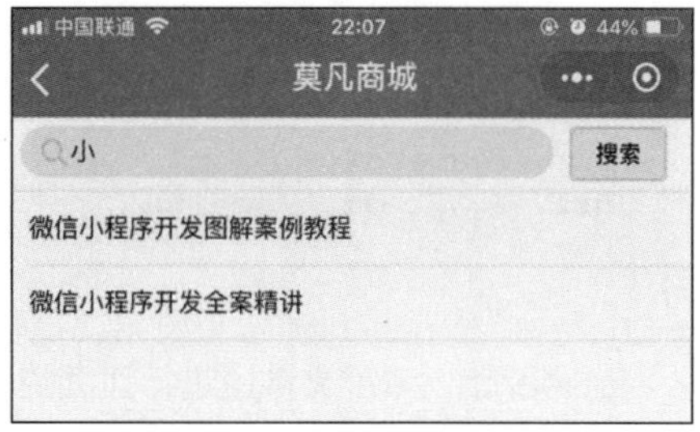

图 4.49　输入或直接选择搜索关键词

2. 任务实施

下面来实现图书搜索功能静态布局。

（1）在 app.json 文件里，添加 search 搜索页面，具体代码如下。

```
"pages": [
  "pages/index/index",
  "pages/category/category",
  "pages/shoppingcart/shoppingcart",
  "pages/me/me",
  "pages/search/search"
]
```

（2）在首页 index.js 文件里，添加 searchInput()函数来进行 search 搜索页面跳转，在这个函数里使用 wx.navigateTo()将页面跳转到 search 搜索页面，具体代码如下。

```
Page({
 data: {
   indicatorDots: true,
   autoplay: true,
   interval: 5000,
   duration: 1000,
   imgUrls: [
     "/pages/images/haibao/1.jpg",
     "/pages/images/haibao/2.jpg",
     "/pages/images/haibao/3.jpg"
   ],
   hotList: [
     { "id": 1,  "listPic": "https://api.mofun365.com:8888/images/goods/
1555850845474.jpg",  "goodsName": "微信小程序开发图解案例教程",  "goodsPrice": 62.8},
     { "id": 2,  "listPic": "https://api.mofun365.com:8888/images/goods/
1555851154057.jpg",  "goodsName": "微信小程序开发全案精讲",  "goodsPrice": 41.88 },
     { "id": 3,  "listPic": "https://api.mofun365.com:8888/images/goods/
1555851345937.jpg",  "goodsName": "第一行代码 Java",  "goodsPrice": 57.7 }
   ],
   spikeList: [
     { "id": 4,  "listPic": "https://api.mofun365.com:8888/images/goods/
1555851497575.jpg",  "goodsName": "Android 原理解析与开发指南",  "goodsPrice":
35.99 },
     { "id": 5,  "listPic": "https://api.mofun365.com:8888/images/goods/
1555851661073.png",  "goodsName": "响应式 Web 开发项目教程",  "goodsPrice": 36.4},
     { "id": 6,  "listPic": "https://api.mofun365.com:8888/images/goods/
1555851817322.jpg",  "goodsName": "第一行代码 C 语言",  "goodsPrice": 41.99 }
   ],
   bestSellerList: [
     { "id": 7,  "listPic": "https://api.mofun365.com:8888/images/goods/
1555851965264.jpg",  "goodsName": "前端 HTML+CSS 修炼之道",  "goodsPrice": 57.7 },
     { "id": 8,  "listPic": "https://api.mofun365.com:8888/images/goods/
1555850845474.jpg",  "goodsName": "微信小程序开发图解案例教程",  "goodsPrice": 62.8 },
     { "id": 9,  "listPic": "https://api.mofun365.com:8888/images/goods/
1555851154057.jpg",  "goodsName": "微信小程序开发全案精讲",  "goodsPrice": 41.8 }
```

```
      ]
    },
    searchInput: function (e) {
      wx.navigateTo({
        url: '../search/search',
      })
    }
  })
```

（3）在 search.wxml 文件里进行页面的布局设计，包括搜索框布局、热门搜索布局、搜索结果布局，具体代码如下。

```
<form bindsubmit="formSubmit" bindreset="formReset">
<view class="search">
  <view class="searchBg">
    <view>
      <image src="/pages/images/tubiao/search-1.jpg" style="width:20px;
height:21px;"></image>
    </view>
    <view>
      <input type="text" placeholder="搜索莫凡商品" placeholder-class="holder"
value="{{name}}" name="goodsName"/>
    </view>
  </view>
  <button class="btn" form-type="submit" bindtap="searchGoods">搜索</button>
</view>
<view class="hr"></view>
<block wx:if="{{result.length > 0}}">
  <block wx:for="{{result}}">
    <view class="item" id="{{item.id}}" bindtap='seeDetail'>
      <view class="name">{{item.goodsName}}</view>
      <view class="hr"></view>
    </view>
  </block>
</block>
<block wx:else>
  <view class="hotSearch">
    <view class="title">
      <view class="left">热门搜索</view>
      <view class="right" bindtap='refresh'>换一批</view>
    </view>
    <view class="tips">
    <block wx:for="{{goodsNames}}">
      <view class="tip">{{item.goodsName}}</view>
    </block>
    </view>
  </view>
</block>
</form>
```

（4）在 search.wxss 文件里对搜索框布局、热门搜索布局、搜索结果布局进行样式渲染，具体代码如下。

```
.search{
    display: flex;
    flex-direction: row;
    padding:5px;
}
.searchBg{
    background-color: #e8e8ed;
    width:80%;
    border-radius:15px;
    height: 30px;
```

```
        display: flex;
        flex-direction: row;
    }
    .searchBg image{
        margin-left: 10px;
        margin-top: 5px;
    }
    .search input{
        height: 30px;
        line-height: 30px;
        font-size: 15px;
    }
    .holder{
        font-size: 13px;
    }
    .btn{
        font-size: 14px;
        font-weight: bold;
        line-height: 30px;
        margin-left: 10px;
        border: 1px solid #cccccc;
        width: 60px;
        text-align: center;
        background-color: #e8e8ed;
        border-radius:3px;
    }
    .hr{
        border: 1px solid #cccccc;
        opacity: 0.2;
    }
    .title{
        display: flex;
        flex-direction: row;
        padding: 10px;
    }
    .left{
        width: 80%;
        font-size: 15px;
    }
    .right{
        width: 20%;
        font-size: 13px;
        color: #E4393C;
        text-align: right;
    }
    .tips{
        padding:10px;
        display: flex;
        flex-wrap: wrap;
        justify-content: space-left;
    }
    .tip{
        background-color: #e8e8ed;
        height:25px;
        line-height: 25px;
        border-radius: 3px;
        text-align: center;
        font-size: 13px;
        margin-right: 10px;
        margin-bottom: 10px;
        padding-left: 5px;
```

```
    padding-right: 5px;
}
.item{
    width: 100%;
    padding-left:10px;
    padding-right:10px;
    font-size: 15px;
    padding-top: 10px;
}
.name{
    margin-bottom: 10px;
}
```

（5）在 search.js 文件里为热门搜索提供初始化数据，并提供搜索框，可以输入图书名称进行搜索，具体代码如下。

```
Page({
  data: {
    result: [ ],
    name: '',
    goodsNames: [
      { "goodsName": "JavaScript"},
      { "goodsName": "Java"},
      { "goodsName": "Memcached"},
      { "goodsName": "Vue"},
      { "goodsName": "小程序"},
      { "goodsName": "Redis"},
      { "goodsName": "人工智能"},
      { "goodsName": "Oracle"},
      { "goodsName": "MongoDB"},
      { "goodsName": "大数据"}
    ]
  },
  formSubmit: function (e) {
    var that = this;
var goodsName = e.detail.value.goodsName;
//演示用数据
    var array = [
      { "id": 1,  "goodsName": "微信小程序开发图解案例教程" },
      { "id": 2,  "goodsName": "微信小程序开发全案精讲" }
    ];
    that.setData({ result: array });
  }
})
```

这样就完成了搜索框布局、热门搜索布局和搜索结果布局，搜索结果也放在 search 页面中，只是用 wx: if 进行了条件判断，如果搜索有结果，就显示结果记录页面，否则显示搜索框。

4.6 项目实战：任务12——实现更多图书列表显示功能静态布局

1. 任务目标

实现莫凡商城更多图书列表显示功能静态布局，综合应用 view 视图容器组件、swiper 滑块视图容器组件、text 文本组件、image 图片组件等，学会使用导航组件和导航 API 进行页面跳转，学会使用 swiper 滑块视图容器组件进行页签的切换显示，学会接收页面路径携带的参数。

项目实战：实现更多图书列表显示功能静态布局

在更多图书列表页面里，最上面是图书搜索区域，图书搜索区域下面有热门技术、特惠时刻、畅销书籍 3 个页签导航，页签导航下面是各个页签导航对应的内容，如图 4.50～图 4.52 所示。

图 4.50　热门技术列表

图 4.51　特惠时刻列表

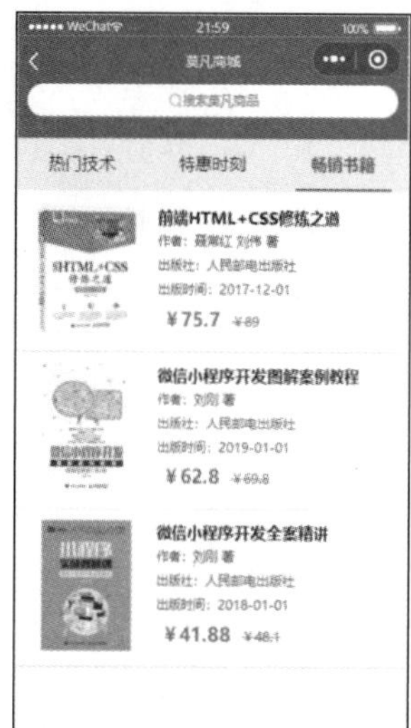

图 4.52　畅销书籍列表

2. 任务实施

下面来实现更多图书列表显示功能静态布局。

（1）在 app.json 文件里，添加更多图书列表页面，具体代码如下。

```
"pages": [
  "pages/index/index",
  "pages/category/category",
  "pages/shoppingcart/shoppingcart",
  "pages/me/me",
  "pages/search/search",
  "pages/goods/goods"
]
```

（2）在 index.js 文件里，为首页的“查看更多”超链接绑定 more()函数，在这个函数里使用 wx.navigateTo()将页面跳转到更多图书列表页面，它需要携带 id 参数，用来标识热门技术（id=0）、特惠时刻（id=1）、畅销书籍（id=2）分类，具体代码如下。

```
Page({
 data: {
  indicatorDots: true,
  autoplay: true,
  interval: 5000,
  duration: 1000,
  imgUrls: [
    "/pages/images/haibao/1.jpg",
    "/pages/images/haibao/2.jpg",
    "/pages/images/haibao/3.jpg"
  ],
  hotList: [
    { "id": 1,  "listPic": "https://api.mofun365.com:8888/images/goods/
1555850845474.jpg",  "goodsName": "微信小程序开发图解案例教程",  "goodsPrice": 62.8},
    { "id": 2,  "listPic": "https://api.mofun365.com:8888/images/goods/
1555851154057.jpg",  "goodsName": "微信小程序开发全案精讲",  "goodsPrice": 41.88 },
    { "id": 3,  "listPic": "https://api.mofun365.com:8888/images/goods/
1555851345937.jpg",  "goodsName": "第一行代码 Java",  "goodsPrice": 57.7 }
  ],
  spikeList: [
    { "id": 4, "listPic": "https://api.mofun365.com:8888/images/goods/
1555851497575.jpg", "goodsName": "Android 原理解析与开发指南",  "goodsPrice": 35.99 },
```

```
        { "id": 5,  "listPic": "https://api.mofun365.com:8888/images/goods/
1555851661073.png",  "goodsName": "响应式 Web 开发项目教程",  "goodsPrice": 36.4},
        { "id": 6,  "listPic": "https://api.mofun365.com:8888/images/goods/
1555851817322.jpg",  "goodsName": "第一行代码 C 语言",  "goodsPrice": 41.99 }
      ],
      bestSellerList: [
        { "id": 7,  "listPic": "https://api.mofun365.com:8888/images/goods/
1555851965264.jpg",  "goodsName": "前端 HTML+CSS 修炼之道",  "goodsPrice": 57.7 },
        { "id": 8,  "listPic": "https://api.mofun365.com:8888/images/goods/
1555850845474.jpg",  "goodsName": "微信小程序开发图解案例教程",  "goodsPrice": 62.8 },
        { "id": 9,  "listPic": "https://api.mofun365.com:8888/images/goods/
1555851154057.jpg",  "goodsName": "微信小程序开发全案精讲",  "goodsPrice": 41.8 }
      ]
    },
    searchInput: function (e) {
      wx.navigateTo({
        url: '../search/search',
      })
    },
    more: function (e) {
      var id = e.currentTarget.id;
      wx.navigateTo({
        url: '../goods/goods?id=' + id,
      })
    }
  })
```

（3）在 goods.wxml 文件里进行搜索区域、页签导航和页签对应内容的布局设计，具体代码如下。

```
  <view class="content">
    <view class="search">
      <view class="searchInput" bindtap="searchInput">
        <image src="/pages/images/tubiao/fangdajing-1.jpg" style="width:15px;
height:19px;"></image>
        <text class="searchContent">搜索莫凡商品</text>
      </view>
    </view>
    <view class="type">
      <view class="{{currentTab==0?'select':'default'}}" data-current="0"
bindtap="switchNav">热门技术</view>
      <view class="{{currentTab==1?'select':'default'}}" data-current="1"
bindtap="switchNav">特惠时刻</view>
      <view class="{{currentTab==2?'select':'default'}}" data-current="2"
bindtap="switchNav">畅销书籍</view>
    </view>
    <view class="hr"></view>
    <view>
      <swiper current="{{currentTab}}" style="height:1000px;">
        <swiper-item>
          <view class="list">
          <block wx:for="{{books}}">
            <view class="book" bindtap="seeDetail" id="{{item.id}}">
              <view class="pic">
                <image src="{{item.listPic}}" mode="aspectFit" style="width:
115px;height:120px;"></image>
              </view>
              <view class="movie-info">
                <view class="base-info">
                  <view class="name">{{item.goodsName}}</view>
                  <view class="desc">作者:{{item.author}} 著</view>
                  <view class="desc">出版社:{{item.bookConcern}}</view>
                  <view class="desc">出版时间:{{item.publishTime}}</view>
```

```
                <view class="people">
                  <text class="price">￥{{item.goodsPrice}}</text>
                  <text class="org">￥{{item.goodsCost}}</text>
                </view>
              </view>
            </view>
          </view>
          <view class="hr"></view>
        </block>

        </view>
      </swiper-item>
      <swiper-item>
        <view class="list">
        <block wx:for="{{books}}">
          <view class="book" bindtap="seeDetail" id="{{item.id}}">
            <view class="pic">
              <image src="{{item.listPic}}" mode="aspectFit" style="width:
115px;height:120px;"></image>
            </view>
            <view class="movie-info">
              <view class="base-info">
                <view class="name">{{item.goodsName}}</view>
                <view class="desc">作者:{{item.author}} 著</view>
                <view class="desc">出版社:{{item.bookConcern}}</view>
                <view class="desc">出版时间:{{item.publishTime}}</view>
                <view class="people">
                  <text class="price">￥{{item.goodsPrice}}</text>
                  <text class="org">￥{{item.goodsCost}}</text>
                </view>
              </view>
            </view>
          </view>
          <view class="hr"></view>
        </block>

        </view>
      </swiper-item>
      <swiper-item>
        <view class="list">
        <block wx:for="{{books}}">
          <view class="book" bindtap="seeDetail" id="{{item.id}}">
            <view class="pic">
              <image src="{{item.listPic}}" mode="aspectFit" style="width:
115px;height:120px;"></image>
            </view>
            <view class="movie-info">
              <view class="base-info">
                <view class="name">{{item.goodsName}}</view>
                <view class="desc">作者:{{item.author}} 著</view>
                <view class="desc">出版社:{{item.bookConcern}}</view>
                <view class="desc">出版时间:{{item.publishTime}}</view>
                <view class="people">
                  <text class="price">￥{{item.goodsPrice}}</text>
                  <text class="org">￥{{item.goodsCost}}</text>
                </view>
              </view>
            </view>
          </view>
          <view class="hr"></view>
```

```
            </block>
          </view>
        </swiper-item>
      </swiper>
    </view>
</view>
```

（4）在 goods.wxss 文件里对搜索区域、页签导航和页签对应内容进行样式渲染，具体代码如下。

```
.content{
   font-family: "Microsoft YaHei";
   width: 100%;
}
.search{
    width: 100%;
    background-color: #009966;
    height: 50px;
    line-height: 50px;
}
.searchInput{
    width: 95%;
    background-color: #ffffff;
    height: 30px;
    line-height: 30px;
    border-radius: 15px;
    display: flex;
    justify-content:center;
    align-items:center;
    margin: 0 auto;
}
.searchContent{
    font-size:12px;
    color: #777777;
}
.type{
    display: flex;
    flex-direction: row;
    width: 100%;
    margin: 0 auto;
    position: fixed;
    z-index: 999;
    background: #f2f2f2;
    top:50px;
}
.type view{
    margin: 0 auto;
}
.select{
    font-size:16px;
    font-weight: bold;
    width: 25%;
    text-align: center;
    height: 45px;
    line-height: 45px;
    border-bottom:5rpx solid #009966;
    color: #009966;
}
.default{
    width: 25%;
    font-size:16px;
    text-align: center;
    height: 45px;
```

```
        line-height: 45px;
    }
    .list{
        margin-top: 50px;
    }
    .book{
        display: flex;
        flex-direction: row;
        width: 100%;
    }
    .pic image{
        width:80px;
        height:100px;
        padding:10px;
    }
    .base-info{
        font-size: 12px;
        padding-top: 10px;
        line-height: 22px;
    }
    .name{
        font-size: 15px;
        font-weight: bold;
        color: #000000;
    }
    .people{
        color: #555555;
        margin-top: 5px;
        margin-bottom: 5px;
    }
    .price{
        font-size: 18px;
        font-weight: bold;
        color: #E53D30;
        margin-left:5px;
    }
    .org{
      text-decoration: line-through;
      margin-left: 10px;
      margin-right: 5px;
    }
    .desc{
        color: #333333;
    }
    .hr{
        height: 1px;
        width: 100%;
        background-color: #009966;
        opacity: 0.2;
    }
    .btn{
        position: absolute;
        right: 10px;
        margin-top:50px;
    }
    .btn button{
        width:52px;
        height: 25px;
        font-size:11px;
        color: red;
```

```
        border: 1px solid red;
        background-color: #ffffff;
    }
```

（5）当在 goods.js 文件里接收从首页携带过来的参数时，需要在 onLoad()生命周期函数里获取图书类别参数，根据图书类别参数来显示对应页签及对应内容，为页签绑定 switchNav()导航切换函数，即可在切换页签的同时切换内容，具体代码如下。

```
    Page({
      data: {
        currentTab: 0,  //当前页签对应的序号值
        books: [
          { "id": 1,  "listPic": "https://api.mofun365.com:8888/images/goods/
1555850845474.jpg",  "goodsName": "微信小程序开发图解案例教程",  "goodsPrice": 62.8 },
          { "id": 2,  "listPic": "https://api.mofun365.com:8888/images/goods/
1555851154057.jpg",  "goodsName": "微信小程序开发全案精讲",  "goodsPrice": 41.88 },
          { "id": 3,  "listPic": "https://api.mofun365.com:8888/images/goods/
1555851345937.jpg",  "goodsName": "第一行代码 Java",  "goodsPrice": 57.7 }
        ]
      },
      onLoad: function (e) {
        var type = e.id; //接收携带参数
        console.log(type);
        this.setData({ currentTab: type });//根据携带参数显示对应页签内容
      },
      switchNav: function (e) { //页签导航切换
        var page = this;
        var type = e.target.dataset.current;
        if (this.data.currentTab == type) {
           return false;
        } else {
           page.setData({ currentTab: type });
           this.getBookList(type);
        }
      }
    })
```

这样就完成了更多图书列表显示功能静态布局设计。

4.7 小结

本单元包含以下内容。

- 视图容器组件的使用方法，包括 view 视图容器组件、scroll-view 可滚动视图容器组件、swiper 滑块视图容器组件、movable-view 可移动视图容器组件。
- 基础内容组件的使用方法，包括 icon 图标组件、text 文本组件、progress 进度条组件、rich-text 富文本组件、editor 富文本编辑器及其 API。
- image 图片组件及图片 API 的使用方法，导航组件和导航 API 的使用方法。

单元5
莫凡商城首页动态绑定设计

情景引入

假设要开发一个天气预报小程序，可以使用函数来封装获取天气数据，使用网络请求从天气API中获取实时数据，使用定义模板渲染天气信息，使用引用功能获得其他小程序提供的组件和能力。通过这些功能的组合和运用，可以打造一个功能强大、交互流畅的天气预报小程序，为用户提供准确、及时的天气信息。

本单元讲解莫凡商城首页动态绑定设计，页面通过动态绑定设计可以实现动态交互效果。页面视图与逻辑层进行交互，要用微信小程序函数来实现。微信小程序提供了生命周期函数、页面事件函数、页面路由管理、自定义函数、setData()设值函数。逻辑层的数据渲染到页面视图需要动态绑定数据，在页面视图中借助双大括号（{{}}）来取值。微信小程序可以通过网络请求获取数据、文件、会话等完成动态交互。

学习目标

知识目标

1. 掌握微信小程序函数处理的使用方法。
2. 掌握微信小程序网络请求的使用方法。
3. 掌握微信小程序定义模板的使用方法。
4. 掌握微信小程序引用功能的使用方法。
5. 掌握WXS小程序脚本语言的使用方法。
6. 掌握实现微信小程序下拉刷新及窗口设置的方法。

能力目标

1. 能够熟练使用微信小程序的函数。
2. 能够熟练使用微信小程序发起网络请求。
3. 能够熟练使用模板、引用功能及WXS脚本语言。

素质目标

1. 培养良好的判断力和决策能力。
2. 提升组织和管理事务能力。

思维导图

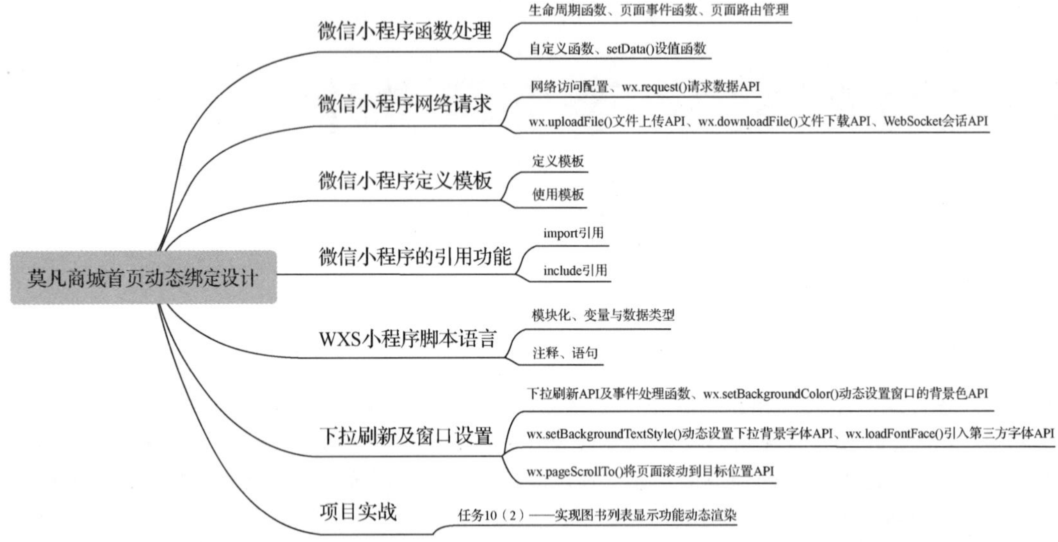

5.1 微信小程序函数处理

5.1.1 生命周期函数

慕课视频

微信小程序函数处理

在使用 Page()注册页面时，需要使用生命周期函数，包括 onLoad()页面加载时生命周期函数、onShow()页面显示生命周期函数、onReady()页面初次渲染完成生命周期函数、onHide()页面隐藏生命周期函数、onUnload()页面卸载生命周期函数和 onRouteDone()路由动画完成时生命周期函数。

（1）onLoad()页面加载时生命周期函数：一个页面只会调用一次，可以在 onLoad()的参数中获取打开当前页路径的参数，可以获取 wx.navigateTo()和 wx.redirectTo()及<navigator/>页面跳转时携带的参数。

（2）onShow()页面显示生命周期函数：每次打开页面都会调用一次，页面显示或切入前台时触发。

（3）onReady()页面初次渲染完成生命周期函数：页面初次渲染完成时触发，一个页面只会调用一次，代表页面已经准备妥当，可以和视图层进行交互。对界面的设置，如 wx.setNavigationBarTitle()，需在 onReady()之后进行。

（4）onHide()页面隐藏生命周期函数：页面隐藏或切入后台时触发，如页面之间跳转或通过底部标签切换到其他页面、小程序切入后台等。

（5）onUnload()页面卸载生命周期函数：页面卸载时触发，如页面跳转或者返回到之前的页面时。

（6）onRouteDone()路由动画完成时生命周期函数：路由动画完成时触发，如 wx.navigateTo()页面完全进入后或 wx.navigateBack()页面完全恢复时。

示例代码如下。

```
Page({
  onLoad: function (e) {
    console.log("onLoad()页面加载时生命周期函数");
  },
  onShow: function () {
    console.log("onShow()页面显示生命周期函数");
```

```
  },
  onReady: function () {
    console.log("onReady()页面初次渲染完成生命周期函数");
  },
  onHide: function () {
    console.log("onHide()页面隐藏生命周期函数");
  },
  onUnload: function () {
    console.log("onUnload()页面卸载生命周期函数");
  },
  onRouteDone : function () {
    console.log("onRouteDone()路由动画完成时生命周期函数");
  },
})
```

页面第一次加载完成时，输出日志如图 5.1 所示。

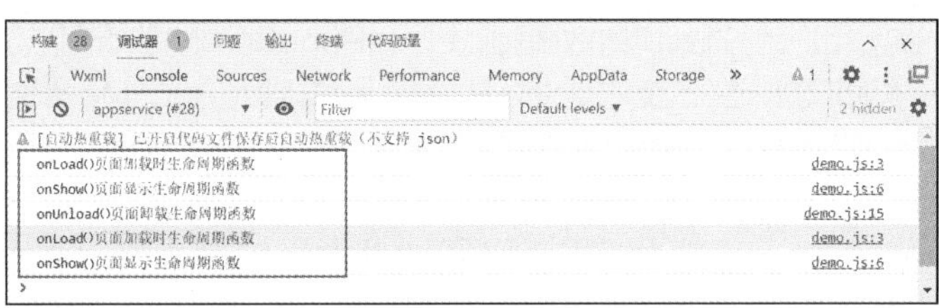

图 5.1　输出日志

生命周期函数的调用过程如图 5.2 所示。

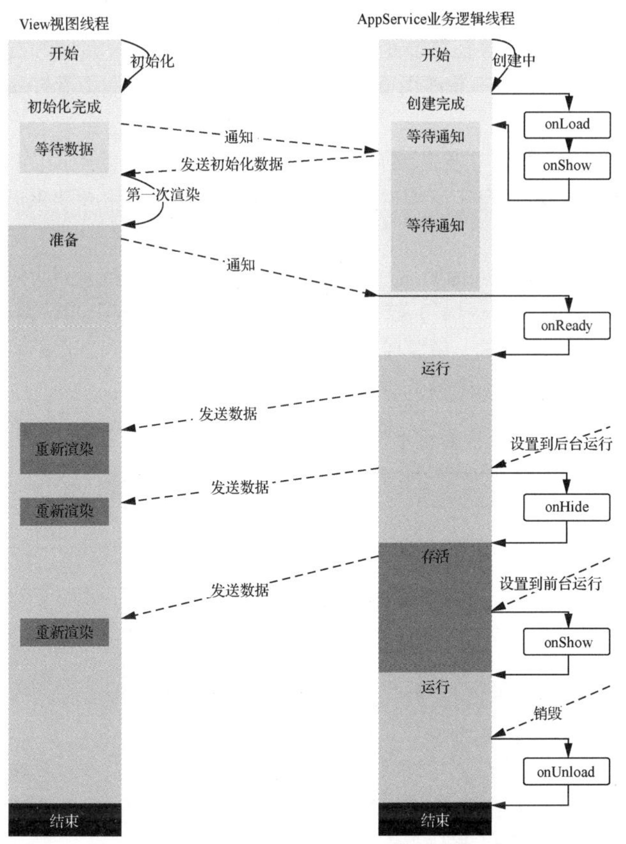

图 5.2　生命周期函数的调用过程

（1）View 视图线程代表视图层线程，AppService 业务逻辑线程代表业务逻辑层线程。

（2）业务逻辑层线程创建完成时会调用 onLoad()页面加载时生命周期函数、onShow()页面显示生命周期函数。

（3）视图层线程创建完成后，异步通知业务逻辑层线程来获取数据，业务逻辑层线程在给视图层线程发送数据来渲染页面时会调用 onReady()页面初次渲染完成生命周期函数。

（4）页面隐藏或切入后台时会调用 onHide()页面隐藏生命周期函数。

（5）页面显示或切入前台时会调用 onShow()页面显示生命周期函数。

（6）业务逻辑层线程在销毁时会调用 onUnload()页面卸载生命周期函数。

5.1.2 页面事件函数

微信小程序页面事件函数有以下几种：onPullDownRefresh()监听用户下拉刷新事件处理函数、onReachBottom()监听用户上拉触底事件处理函数、onPageScroll()监听用户滑动页面事件处理函数、onResize()监听页面尺寸发生改变的事件处理函数、onShareApp-Message()监听用户点击页面内转发处理函数、onShareTimeline()分享到朋友圈事件处理函数、onAddToFavorites()收藏事件处理函数、onTabItemTap()点击 tab 页事件处理函数。

（1）onPullDownRefresh()监听用户下拉刷新事件处理函数：需要在 app.json 文件的 window 选项中或页面配置中开启（enablePullDownRefresh()）。可以通过 wx.startPullDownRefresh() 触发下拉刷新，效果与用户手动下拉刷新一致。当处理完数据刷新后，wx.stopPullDown Refresh() 可以停止当前页的下拉刷新。

（2）onReachBottom()监听用户上拉触底事件处理函数：可以在 app.json 文件的 window 选项中或页面配置中设置触发距离。在触发距离内滑动期间，此事件只会被触发一次。

（3）onPageScroll()监听用户滑动页面事件处理函数：可以获取页面在垂直方向已滚动的距离（单位为 px）。

（4）onResize()监听页面尺寸发生改变的事件处理函数：可以使用页面的 onResize()来监听页面尺寸发生改变的事件。对于自定义组件，可以使用 resize()生命周期来进行监听。回调函数中将返回显示区域的尺寸信息。

（5）onShareAppMessage()监听用户点击页面内转发处理函数：监听用户点击页面内转发按钮（button 组件 open-type="share"）或右上角菜单中“转发”按钮的行为，并自定义转发内容，只有定义了此事件处理函数后，右上角菜单中才会显示“转发”按钮。此事件需要返回一个 Object 对象，用于自定义分享内容。返回内容的参数说明如表 5.1 所示。

表 5.1 返回内容的参数说明

参数	说明	默认值
title	分享标题	当前小程序名称
desc	分享描述	当前小程序名称
path	分享路径	当前页路径

示例代码如下。

```
Page({
  onShareAppMessage: function () {
    return {
      title: '自定义分享标题',
      desc: '自定义分享描述',
      path: '/page/user?id=123'
    }
```

```
  }
})
```

（6）onShareTimeline()分享到朋友圈事件处理函数：监听右上角菜单中“分享到朋友圈”按钮的行为，并且自定义分享内容。分享到朋友圈事件返回一个 Object，用于自定义分享内容，不支持自定义页面路径，返回内容的参数说明如下。

- title：自定义标题，即朋友圈列表页上显示的标题，当前小程序名称。
- query：自定义页面路径中携带的参数，如 path?a=1&b=2 的“?”后面的部分，默认为当前页路径携带的参数。
- imageUrl：自定义图片路径，可以是本地文件或者网络图片，支持 PNG 及 JPG 文件，显示图片的长宽比是 1：1。默认使用小程序的 Logo。

（7）onAddToFavorites()收藏事件处理函数：监听用户点击右上角菜单中“收藏”按钮的行为，并且自定义收藏内容。

示例代码如下。

```
Page({
  onAddToFavorites(res) {
    //webView 页面返回 webViewUrl
    console.log('webViewUrl: ', res.webViewUrl)
    return {
      title: '自定义标题',
      imageUrl: '图片地址',
      query: '参数',
    }
  }
})
```

其参数说明如下。

- res：通过 res.webViewUrl 获取页面返回的 webViewUrl 路径。
- title：自定义标题。
- imageUrl：自定义图片，显示图片长宽比为 1：1。
- query：自定义 query 字段，格式为 name=xxx&age=xxx。

（8）onTabItemTap()点击 tab 页事件处理函数：当前是 tab 页，用户点击 tab 时触发。点击 tab 页返回的 Object 参数的说明如表 5.2 所示。

表 5.2　点击 tab 页返回的 Object 参数的说明

参数	类型	说明
index	string	被点击的底部标签导航菜单的序号，从 0 开始
pagePath	string	被点击的底部标签导航菜单的页面路径
text	string	被点击的底部标签导航菜单的按钮文字

示例代码如下。

```
Page({
onTabItemTap(item) {
    console.log(item.index)
    console.log(item.pagePath)
    console.log(item.text)
  }
})
```

5.1.3　页面路由管理

微信小程序的页面路由都是由微信小程序框架来管理的，框架以栈的形式维护了所有页面。栈作为一种数据结构，是一种只能在一端进行插入和删除操作的特殊线性表，它按照后进先出的原则存储数据，先进入的数据被压入栈底，最后进入的数据在栈顶，需要读数据的时候从栈顶开始读出数据（最后进入的数据被第一个读出来）。

微信小程序页面交互也是通过栈来完成的。微信小程序初始化时，新页面入栈；打开新页面时，新页面入栈；页面重定向时，当前页出栈，新页面入栈；页面返回时，页面不断出栈，直到返回指定页面，新页面入栈；tab（导航标签）切换时，页面全部出栈，只留下新的 tabBar 页面；重加载时，页面全部出栈，只留下新的页面。

路由的触发方式及页面生命周期函数如表 5.3 所示。

表 5.3　路由的触发方式及页面生命周期函数

路由的触发方式	触发时机	路由后页面	路由前页面
初始化	打开小程序的第一个页面	onLoad()，onShow()	
打开新页面	调用 API wx.navigateTo()或使用组件 <navigator open-type="navigate"/>	onLoad()，onShow()	onHide()
页面重定向	调用 API wx.redirectTo()或使用组件 <navigator open-type="redirect"/>	onLoad()，onShow()	onUnload()
页面返回	调用 API wx.navigateBack()或用户点击左上角的“返回”按钮	onShow()	onUnload()（多层页面返回时每个页面都会按顺序触发 onUnload()）
tab 切换	调用 API wx.switchTab()或使用组件 <navigator open-type= "switchTab"/> 或用户点击 tab	onLoad()，onShow()	onUnload()
重加载	调用 API wx.reLaunch()或使用组件 <navigator open-type="reLaunch"/>	onLoad()，onShow()	onUnload()

注意　**wx.navigateTo()、wx.redirectTo()只能打开非 tabBar 页面；wx.switchTab()只能打开 tabBar 页面；wx.reLaunch()可以打开任意页面；页面底部的 tabBar 由页面决定，即只要是定义为 tabBar 的页面，底部就有 tabBar；调用页面路由的参数可以在目标页面的 onLoad()中获取。**

5.1.4　自定义函数

除了初始化数据和生命周期函数外，Page 中还可以定义一些特殊的事件处理函数。在渲染层，可以在组件中加入事件绑定，当达到触发条件时，就会执行 Page 中定义的事件处理函数。事件处理函数如表 5.4 所示。

表 5.4　事件处理函数

函数类型	触发条件
bindtap	当用户点击该组件的时候会在该页面对应的 Page 中找到相应的事件处理函数
touchstart	手指触摸动作开始
touchmove	手指触摸后移动
touchcancel	手指触摸动作被打断，如来电提醒、弹窗
touchend	手指触摸动作结束
tap	手指触摸后马上离开
longpress	手指触摸后，超过 350 ms 再离开，如果指定了事件回调函数并触发了这个事件，则 tap 事件将不被触发

续表

函数类型	触发条件
longtap	手指触摸后，超过 350 ms 再离开（推荐使用 longpress 事件代替）
transitionend	会在 WXSS transition 或 wx.createAnimation()结束后触发
animationstart	会在一个 WXSS animation 开始时触发
animationiteration	会在一个 WXSS animation 一次迭代结束时触发
animationend	会在一个 WXSS animation 完成时触发
touchforcechange	支持 3D Touch 的 iPhone 设备，重按时会触发

示例代码如下。

```
<view bindtap="clickMe" id="1" data-hi="WeChat">click me </view>
```

```
Page({
  clickMe:function(e){
      console.log(e);
      console.log("type 代表事件的类型:"+e.type);
      console.log("timeStamp 页面打开到触发事件所经过的毫秒数:" + e.timeStamp);
      console.log("事件源组件的 id:" + e.target.id);
      console.log("事件源组件上由 data-开头的自定义属性组成的集合:" + e.target.dataset.hi);
      console.log("当前组件的 id:" + e.currentTarget.id);
      console.log("当前组件上由 data-开头的自定义属性组成的集合:" + e.currentTarget.
dataset.hi);
  }
})
```

输出日志如图 5.3 所示。

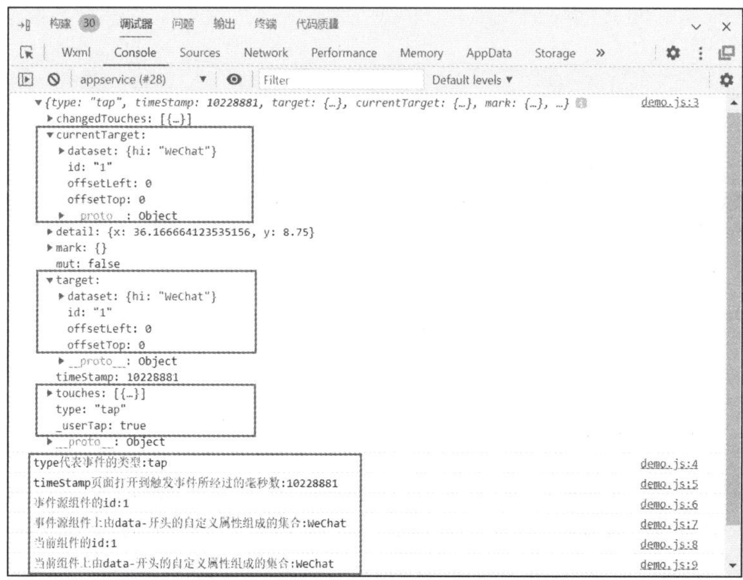

图 5.3　输出日志

5.1.5　setData()设值函数

Page.prototype.setData()为设值函数，用于将数据从逻辑层发送到视图层，同时改变对应的 this.data 的值。

setData()的参数格式：接收一个对象，以 key、value 的形式表示将 this.data 中的 key 对应的值修改为 value。

其中，key 可以数据路径的形式给出，如 array[2].message，并且不需要在 this.data 中预先定义。

示例代码如下。

```
<!--index.wxml-->
<view>{{text}}</view>
<button bindtap="changeText"> Change normal data </button>
<view>{{array[0].text}}</view>
<button bindtap="changeItemInArray"> Change Array data </button>
<view>{{object.text}}</view>
<button bindtap="changeItemInObject"> Change Object data </button>
<view>{{newField.text}}</view>
<button bindtap="addNewField"> Add new data </button>

//index.js
Page({
  data: {
   text: 'init data',
   array: [{text: 'init data'}],
   object: {
     text: 'init data'
   }
  },
  changeText: function() {
   this.setData({
     text: 'changed data'
   })
  },
  changeItemInArray: function() {
   this.setData({
     'array[0].text':'changed data'
   })
  },
  changeItemInObject: function(){
   this.setData({
     'object.text': 'changed data'
   })
  },
  addNewField: function() {
   this.setData({
     'newField.text': 'new data'
   })
  }
})
```

注意 **直接修改 this.data 是无效的，因为无法改变页面的状态，并且修改之后会造成数据不一致。单次设置的数据不能超过 1024kB，需尽量避免一次设置过多的数据。**

5.2 微信小程序网络请求

慕课视频

微信小程序网络请求

如果微信小程序想动态地渲染页面，就需要从后台服务器接口获取数据，不能直接把数据写在页面或者业务逻辑层里，这样的数据都是静态数据。动态数据需要调用接口发起网络请求来获取，如想通过 https://api.mofun365.com:8888/api/address/getAddressList?provinceId=8 这个接口来获取黑龙江省下辖地级市的数据，就可以通过网络请求 API 来向该接口地址发起请求，通过这个 API 返回数据，并渲染到页面视图上，以达到动态显示的效果。

5.2.1 网络访问配置

微信小程序在发起网络请求（如 https://api.mofun365.com:8888/api/address/getAddressList?provinceId=8）前，需要在微信公众平台上进行访问域名（如 https://api.mofun365.com:8888，只是域名，无内容）的配置。小程序只允许访问已配置的域名，包括普通 HTTPS 请求（wx.request()）、上传文件（wx.uploadFile()）、下载文件（wx.downloadFile()）和 WebSocket 通信（wx.connectSocket()）的域名。

注意 **从基础库 2.4.0 版本开始，网络请求允许与局域网 IP 地址通信，但不允许与本机 IP 地址通信。从基础库 2.7.0 版本开始，微信小程序提供了 UDP 通信（wx.createUDPSocket()），只允许与同个局域网内的非本机 IP 地址通信。**

1. 配置流程

在微信公众平台首页登录，在小程序后台的“开发”→“开发管理”→“开发设置”→“服务器域名”中进行配置（需要微信扫码确认身份），如图 5.4 和图 5.5 所示。

图 5.4 配置流程

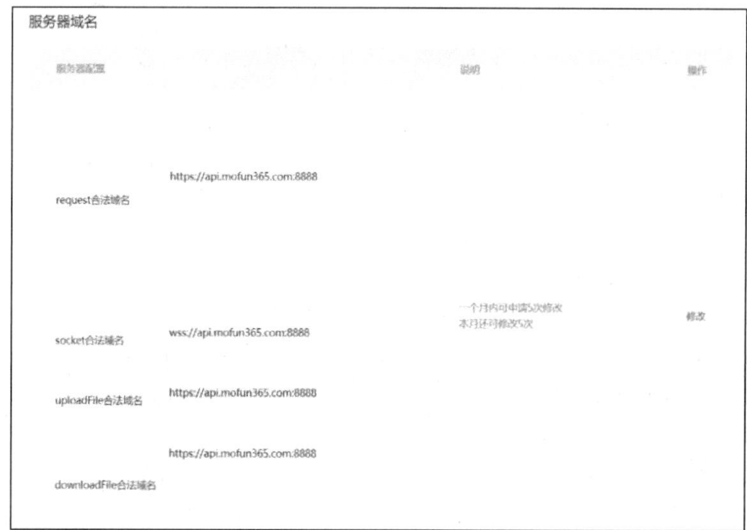

图 5.5 服务器域名配置

如果没有配置域名而直接访问，则系统会提示错误信息，如图 5.6 所示。

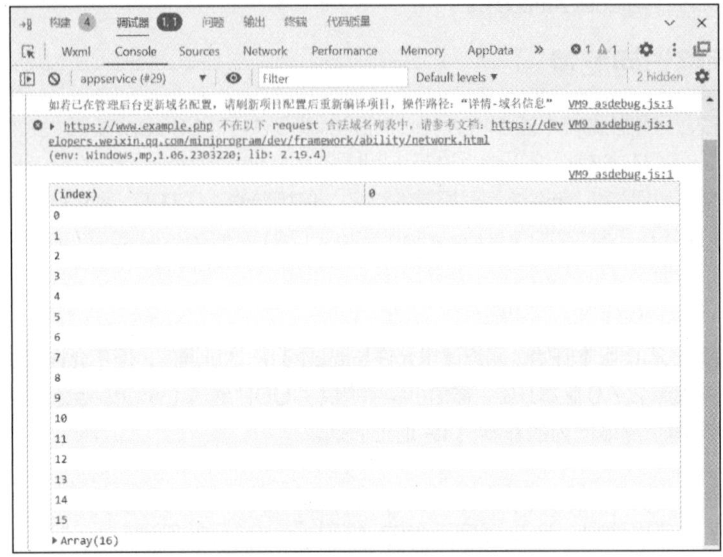

图 5.6　域名访问错误信息

出现这样的错误信息一般有两种可能：一种是没有配置域名；另一种是配置了域名但域名没有生效，需要刷新项目配置后重新编译项目。

在配置时，应注意以下几点（下面的网址只是示例，不是真实网址）。

（1）域名只支持 HTTPS（wx.request()、wx.uploadFile()、wx.downloadFile()）和 WSS（wx.connect Socket()）协议。

（2）域名不能使用 IP 地址（小程序的局域网 IP 地址除外）或 localhost。

（3）可以配置端口，如 https: //myserver.com: 8080，但是配置后只能向 https: //myserver.com:8080 发起请求，如果向 https://myserver.com、https://myserver.com:9091 等 URL 发送请求，则会失败。

（4）如果不配置端口，如 https://myserver.com，那么请求的 URL 中也不能包含端口（即使 https 使用了默认的 443 端口，也会失败）。

（5）域名必须经过 ICP 备案，不支持配置父域名、使用子域名。

（6）出于安全考虑，api.weixin.qq.com 不能被配置为服务器域名，相关 API 也不能在小程序内调用。开发者应将 AppSecret 保存到后台服务器中，通过服务器使用 getAccessToken 接口获取 access_token，并调用相关 API。

（7）网络请求默认超时时间和最大超时时间都是 60s，超时时间可以在 app.json 文件或 game.json 文件中通过 networktimeout 配置。

2. 使用限制

网络访问也有使用限制，包括网络请求设置、并发限制设置、超时设置、编码设置等。

（1）网络请求的请求来源 referer header 不可设置。其格式固定为 https://servicewechat.com/{appid}/{version}/page-frame.html，其中，{appid}为小程序的 AppID，{version}为小程序的版本号，版本号为 0 表示为开发版本、体验版本及审核版本，版本号为 devtools 表示为微信开发者工具，其余为正式版本号。

（2）wx.request()、wx.uploadFile()和 wx.downloadFile()的最大并发限制是 10 个。

（3）wx.connectSockt()的最大并发限制是 5 个。

（4）小程序进入后台运行后，如果 5s 内网络请求没有结束，则会回调错误信息 fail interrupted；在回到前台之前，网络请求接口都会无法调用。

（5）建议服务器返回值使用 UTF-8 编码。对于非 UTF-8 编码，小程序会尝试进行转换，但会有转换失败的可能。

（6）小程序会自动对 BOM 头进行过滤（只过滤一个 BOM 头）。

（7）只要成功接收到服务器的返回值，无论返回状态码（statusCode）是多少，都会进入成功（success）回调。请开发者根据业务逻辑对返回值进行判断。

下面详细讲解小程序的网络请求 API 及其用法。

5.2.2 wx.request()请求数据 API

wx.request()是用来请求服务器数据的 API，它发起的是 HTTPS 请求，可获取后台服务器接口的数据。wx.request()的参数说明如表 5.5 所示。

表 5.5 wx.request()的参数说明

参数	类型	是否必填	说明
url	string	是	开发者服务器接口地址
data	string/object/ArrayBuffer	否	请求的参数
header	object	否	设置请求的 header。header 中不能设置 referer。content-type 默认为 application/json
timeout	number	否	超时时间，单位为 ms。默认值为 60000
method	string	否	默认为 GET。有效值为 OPTIONS、GET、HEAD、POST、PUT、DELETE、TRACE、CONNECT
dataType	string	否	默认为 JSON。如果设置 dataType 为 JSON，则会尝试对返回的内容做一次 JSON.parse；如果将其设置为其他值，则不对返回的内容进行 JSON.parse
responseType	string	否	响应的数据类型，text 表示响应的数据为文本，arraybuffer 表示响应的数据为 ArrayBuffer
success	function	否	接口调用成功返回的回调函数
fail	function	否	接口调用失败的回调函数
complete	function	否	接口调用结束的回调函数（调用成功、失败都会执行）

发起 wx.request()请求时，系统也创建了 requestTask 对象，这个对象提供了以下几种方法。

（1）requestTask.abort()：中断请求任务。

（2）requestTask.onHeadersReceived()：监听 HTTP Response Header 事件。

（3）requestTask.offHeadersReceived()：取消监听 HTTP Response Header 事件。

（4）requestTask.onChunkReceived、requestTask.offChunkReceived：在客户端接收到部分（chunk）HTTP 响应时触发，通常用于处理大型 HTTP 响应，以便在下载或接收过程中处理响应，不需要等待整个响应下载或接收完毕，可以应用到流式传输文件功能中。

下面演示 wx.request()的使用方法。

在 JS 文件的 onLoad()函数里，使用 wx.request()请求服务器数据，具体代码如下。

```
Page({
  onLoad:function(){
    var requestTask = wx.request({
      url:'https://api.mofun365.com:8888/api/address/getAddressList',
      data:{
        provinceId:'8'
```

```
      },
      method:'GET',
      success:function (res) {
        console.log(res);
      },
      fail:function(){
        //fail
      },
      complete:function(){
        //complete
      }
    });
    //监听HTTP Response Header事件
    requestTask.onHeadersReceived(function(res){
      console.log("-----------监听HTTP Response Header事件-------------");
      console.log(res);
    });
    //取消监听HTTP Response Header事件
    requestTask.offHeadersReceived(function(){
      console.log("-----------取消监听HTTP Response Header事件--------------");
    });
    //中断请求任务
    //requestTask.abort();

  }
})
```

其中，data 说明最终发送给服务器的数据类型是 string，如果传入的 data 不是 string 类型的，则其会被转换成 string 类型，转换规则如下。

（1）对于 header['content-type']为'Application/json'的数据，会对数据进行 JSON 序列化。

（2）对于 header['content-type']为'Application/x-www-form-urlencoded'的数据，会将数据转换成 query string(encodeURIComponent(k)=encodeURIComponent(v)&encodeURIComponent(k)=encodeURIComponent(v)...)。

服务器返回数据如图 5.7 所示。

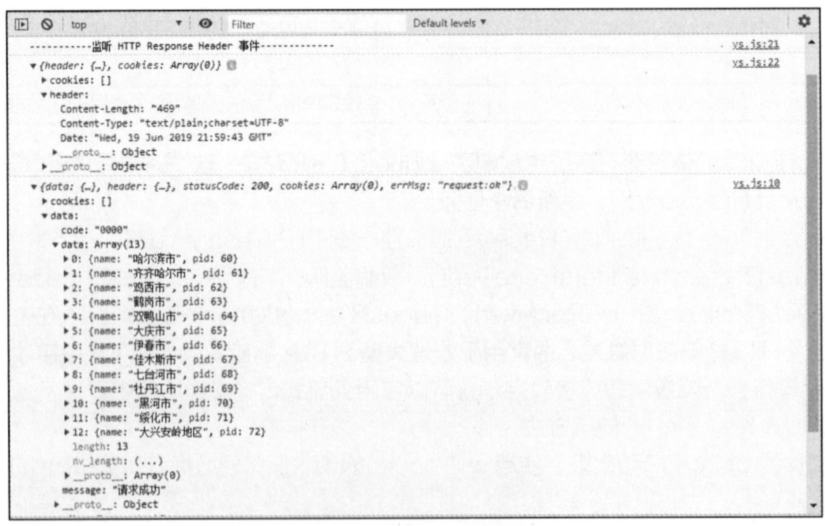

图 5.7　服务器返回数据

requestTask 是 wx.request()创建的一个对象，它可以使用 requestTask.abort()中断请求任务，停止发起网络请求；可以使用 requestTask.onHeadersReceived()监听 HTTP Response Header 事

件，查看这个事件是否比请求完成事件更早完成；使用 requestTask.offHeadersReceived()取消监听 HTTP Response Header 事件。

5.2.3 wx.uploadFile()文件上传 API

wx.uploadFile()可以将本地资源上传到服务器。当客户端发起一个 HTTPS POST 请求时，其中 content-type 为 multipart/form-data。wx.uploadFile()的参数说明如表 5.6 所示。

表 5.6 wx.uploadFile()的参数说明

参数	类型	是否必填	说明
url	string	是	开发者服务器地址
filePath	string	是	要上传文件资源的路径
name	string	是	文件对应的 key。开发者在服务端通过对应的 key 可以获取文件二进制内容
header	object	否	HTTP 请求 header。header 中不能设置 referer
formData	object	否	HTTP 请求中，其他额外的表单数据
timeout	number	否	超时时间，单位为 ms
success	function	否	接口调用成功的回调函数
fail	function	否	接口调用失败的回调函数
complete	function	否	接口调用结束的回调函数（调用成功、失败都会执行）

发起 wx.uploadFile()请求时，系统创建了 uploadTask 对象，这个对象提供了以下 5 种方法。

（1）uploadTask.abort()：中断请求任务。

（2）uploadTask.onHeadersReceived()：监听 HTTP Response Header 事件。

（3）uploadTask.offHeadersReceived()：取消监听 HTTP Response Header 事件。

（4）uploadTask.onProgressUpdate()：监听上传进度变化事件。

（5）uploadTask.offProgressUpdate()：取消监听上传进度变化事件。

下面演示 wx.uploadFile()上传文件的方法，将选择的图片上传到服务器里，具体代码如下。

```
Page({
  onLoad:function(){
    wx.chooseImage({
      count:9, //最多可以选择的图片张数，默认为 9
      sizeType:['original', 'compressed'], //original 表示原图，compressed 表示压缩图，默认二者都支持
      sourceType:['album', 'camera'], // album 表示从相册选图，camera 表示使用相机拍照，默认二者都支持
      success:function(res){
        var tempFilePaths=res.tempFilePaths;
        const uploadTask=wx.uploadFile({
          url: 'https://api.mofun365.com:8888/api/banner/wxUploadFile',
          filePath:tempFilePaths[0],
          name:'file',
          header:{
            'content-type':'Application/json'
          },
          formData:{
            imgName:'我是图片名称',
            imgSize:'122kb',
            position:'wx' //自定义文件存放的文件夹
          },
          success:function (res) {
            console.log(res);
          }
```

```
        });
        //监听 HTTP Response Header 事件
        uploadTask.onHeadersReceived(function (res) {
          console.log("-----------监听 HTTP Response Header 事件-------------");
          console.log(res);
        });
        //取消监听 HTTP Response Header 事件
        uploadTask.offHeadersReceived(function () {
          console.log("-----------取消监听 HTTP Response Header 事件--------------");
        });
        //监听上传进度变化事件
        uploadTask.onProgressUpdate(function (res) {
          console.log("-----------监听上传进度变化事件-------------");
          console.log(res);
        });
        //取消监听上传进度变化事件
        uploadTask. offProgressUpdate (function () {
          console.log("-----------取消监听上传进度变化事件--------------");
        });
        //中断请求任务
        //uploadTask.abort();

      }

    })
  }
})
```

输出日志如图 5.8 所示。

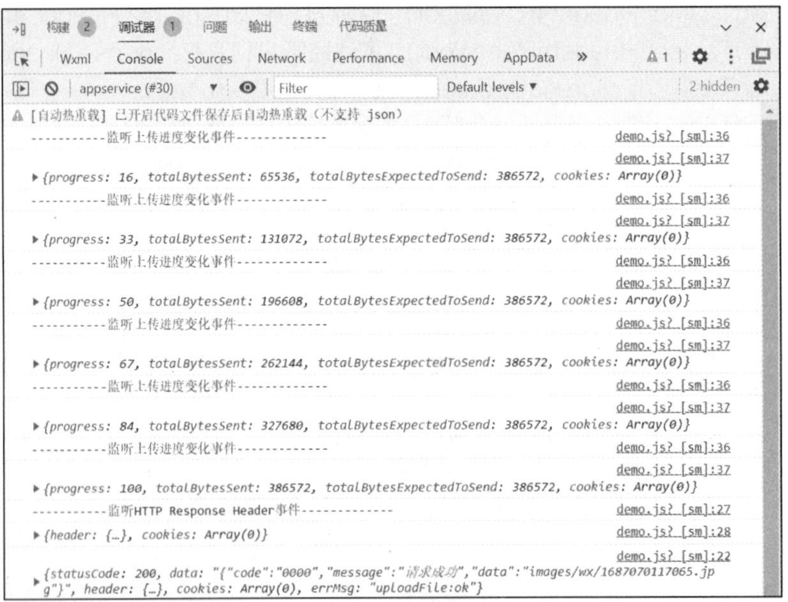

图 5.8 输出日志

uploadTask 是 wx.uploadFile()创建的一个对象，它可以使用 uploadTask.abort()中断请求任务，停止发起网络请求；使用 uploadTask.onHeadersReceived()监听 HTTP Response Header 事件，查看这个事件是否比请求完成事件更早完成；使用 uploadTask.offHeadersReceived()取消监听 HTTP Response Header 事件；使用 uploadTask.onProgressUpdate()监听上传进度变化事件；使用 uploadTask.offProgressUpdate()取消监听上传进度变化事件。

5.2.4 wx.downloadFile()文件下载 API

wx.uploadFile()是文件上传 API，wx.downloadFile()是文件下载 API，它们的作用正好相反。wx.downloadFile()是客户端直接发起一个 HTTPS GET 请求，从服务器获得数据，返回文件的本地临时路径，单次下载允许的最大文件大小为 50MB，并会下载到微信小程序客户端。其参数说明如表 5.7 所示。

表 5.7 wx.downloadFile()的参数说明

参数	类型	是否必填	说明
url	string	是	下载资源的地址
header	object	否	HTTP 请求 header。header 中不能设置 referer
timeout	number	否	超时时间，单位为 ms
filePath	string	否	指定文件下载后存储的路径（本地路径）
success	function	否	接口调用成功返回的回调函数
fail	function	否	接口调用失败的回调函数
complete	function	否	接口调用结束的回调函数（调用成功、失败都会执行）

downloadTask 对象是 wx.downloadFile()创建的一个对象，它可以监听下载进度变化事件，以及取消下载任务事件，downloadTask 对象提供了以下方法。

（1）downloadTask.abort()：中断下载任务。

（2）downloadTask.onProgressUpdate()：监听下载进度变化事件。

（3）downloadTask.offProgressUpdate()：取消监听下载进度变化事件。

（4）downloadTask.onHeadersReceived()：监听 HTTP Response Header 事件，会比请求完成事件更早执行。

（5）downloadTask.offHeadersReceived()：取消监听 HTTP Response Header 事件。

下面演示 wx.downloadFile()的使用方法，这里从服务器中获取一张图片，然后将其下载到微信小程序客户端并显示出来。

（1）在 WXML 文件里，添加 image 图片组件来显示服务器传递过来的图片，具体代码如下。

```
<image src="{{src}}" style="width:270px;height:126px;"></image>
```

（2）在 JS 文件里，下载服务器中的一张图片，将它的临时路径赋给 src，具体代码如下。

```
Page({
  data: {
    src: ''
  },
  onLoad:function() {
    var page=this;
    const downloadTask=wx.downloadFile({
      url: "https://api.mofun365.com:8888/images/banner/1555848473813.jpg",
      type:'image',  //下载资源的类型,用于客户端识别处理,有效值可为 image/audio/video
      success:function(res) {
        console.log(res);
        var tempPath=res.tempFilePaths;
        page.setData({
          src: tempPath
        })
      }
    });
    //监听 HTTP Response Header 事件
    downloadTask.onHeadersReceived(function(res) {
      console.log("-----------监听 HTTP Response Header 事件-------------");
```

```
      console.log(res);
    });
    //取消监听 HTTP Response Header 事件
    downloadTask.offHeadersReceived(function() {
      console.log("-----------取消监听 HTTP Response Header 事件--------------");
    });
    //监听下载进度变化事件
    downloadTask.onProgressUpdate(function(res) {
      console.log("-----------监听下载进度变化事件-------------");
      console.log(res);
    });
    //取消监听下载进度变化事件
    downloadTask.offProgressUpdate(function() {
      console.log("-----------取消监听下载进度变化事件--------------");
    });
    //中断请求任务
    //downloadTask.abort();
  }
})
```

输出日志如图 5.9 和图 5.10 所示。

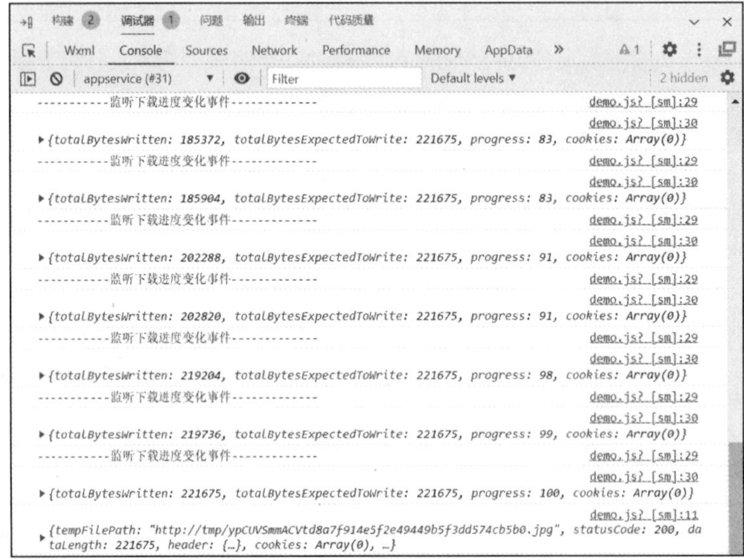

图 5.9　输出日志 1（监听变化）

```
                                                                                  VS.js:11
{tempFilePath: "http://tmp/wxa7730e0596be9404.o6zAJs3-lnrAaRHGfLV8…s3ya2D5Ikg70d8a7f914e5f2e49449b5f3dd574cb5b0.jpeg", statusCode
: 200, header: {…}, cookies: Array(0), errMsg: "downloadFile:ok"}
 ▸cookies: []
  errMsg: "downloadFile:ok"
 ▸header: {Last-Modified: "Wed, 19 Jun 2019 22:52:30 GMT", Accept-Ranges: "bytes", Content-Type: "image/jpeg", Content-Length: "…
  statusCode: 200
  tempFilePath: "http://tmp/wxa7730e0596be9404.o6zAJs3-lnrAaRHGfLV8UW6ZnfD0.s3ya2D5Ikg70d8a7f914e5f2e49449b5f3dd574cb5b0.jpeg"
 ▸__proto__: Object
```

图 5.10　输出日志 2（返回值）

从输出日志里可以看出，首先执行的是 downloadTask.onHeadersReceived()监听 HTTP Response Header 事件，它比请求完成事件更早执行；然后执行的是 downloadTask.onProgressUpdate()监听下载进度变化事件，直到下载完成；最后返回文件的临时路径，根据临时路径就可以将文件渲染到视图里或者下载到手机客户端。

5.2.5　WebSocket 会话 API

WebSocket 会话 API 用来创建一个会话连接，创建完会话连接后可以相互通信，像微信聊天和 QQ 聊天一样。它会用到以下 7 种方法。

（1）wx.connectSocket()：创建一个会话连接。

（2）wx.onSocketOpen()：监听 WebSocket 连接打开事件。

（3）wx.onSocketError()：监听 WebSocket 错误。

（4）wx.sendSocketMessage()：发送数据。

（5）wx.onSocketMessage()：监听 WebSocket 接收到服务器的消息事件。

（6）wx.closeSocket()：关闭 WebSocket 连接。

（7）wx.onSocketClose()：监听 WebSocket 关闭事件。

wx.connectSocket()的参数说明如表 5.8 所示。

表 5.8　wx.connectSocket()的参数说明

参数	类型	是否必填	说明
url	string	是	开发者服务器 WSS 接口地址
header	object	否	HTTP 请求 header，header 中不能设置 referer
protocols	Array.<string>	否	子协议数组
tcpNoDelay	boolean	否	建立 TCP 连接时的 TCP_NODELAY 设置
perMessageDeflate	boolean	否	是否开启压缩扩展
timeout	number	否	超时时间，单位为 ms
forceCellularNetwork	boolean	否	在 Wi-Fi 状态下使用移动网络发送请求
success	function	否	接口调用成功的回调函数
fail	function	否	接口调用失败的回调函数
complete	function	否	接口调用结束的回调函数（调用成功、失败都会执行）

一个微信小程序同一时刻只能有一个 WebSocket 连接，如果创建时已存在一个 WebSocket 连接，则会自动关闭该连接，并重新创建一个 WebSocket 连接。

wx.sendSocketMessage()的参数说明如表 5.9 所示。

表 5.9　wx.sendSocketMessage()的参数说明

参数	类型	是否必填	说明
data	string/ArrayBuffer	是	需要发送的内容
success	function	否	接口调用成功的回调函数
fail	function	否	接口调用失败的回调函数
complete	function	否	接口调用结束的回调函数（调用成功、失败都会执行）

下面通过 WebSocket 来实现聊天功能。

（1）在 WXML 文件里进行界面布局设计、默认微信聊天界面设计来实现聊天功能，具体代码如下。

```
<view>
  <block wx:for="{{resData}}" wx:for-item="item2">
    <view style="font-weight:bold;margin:10px;">
      <text>服务端</text>
      <text style="font-size:15px;color:green;border:1px solid #cccccc;border-
redis:5px;margin-left:10px;padding: 5px;">{{item2}}</text>
    </view>
  </block>
</view>

<view style="margin-top:20px;">
  <block wx:for="{{sendMsg}}" wx:for-item="item1">
    <view style="font-weight:bold;margin:10px;text-align:right;">
```

```
        <text style="font-size:15px;color:red;border:1px solid #cccccc;border-
redis:5px;margin-left:10px;padding: 5px;">{{item1}}</text>
        <text style="margin-left:10px;">客户端</text>
      </view>
    </block>
  </view>

  <view style="position:fixed;bottom:0px">
    <view style="display:flex;flex-direction:row;margin:10px;">
      <input type="text" name="msg" bindblur="getMsg" value="{{info}}" style=
"width:200px;border:1px solid #cccccc;" />
      <button type="primary" size="mini" bindtap="send" style="margin-
left:10px">发送</button>
      <button type="primary" size="mini" bindtap="closeConn" style="margin-left:
10px">关闭</button>
    </view>
  </view>
```

（2）在 JS 文件里，利用 WebSocket 创建一个会话连接，练习监听连接打开成功和失败、发送信息和接收信息、关闭连接等 API 的使用，具体代码如下。

```
Page({
  data:{
    msg:'', //输入框发送信息
    sendMsg:[], //客户端发送信息集合
    socketOpen:false, //开启 WebSocket
    resData:[], //服务端接收信息集合
    info:''//输入框默认信息
  },
  onLoad: function(){
    this.createConn();//页面加载时打开 WebSocket 连接
  },
  createConn: function(){//创建 WebSocket 连接
    var page = this;
    wx.connectSocket({
      url: 'wss://mofun365.com/api/socketServer',
      data: {
        x: '',
        y: ''
      },
      header:{
        'content-type': 'Application/json'
      },
      method:"GET"
    });
    wx.onSocketOpen(function(res) {//监听 WebSocket 连接是否打开
      console.log(res);
      page.setData({
        socketOpen: true
      });
      console.log('WebSocket 连接已打开！')
    });
    wx.onSocketError(function(res) {//监听 WebSocket 连接错误
      console.log('WebSocket 连接打开失败，请检查！')
    })
  },
  send: function(e) {//发送 WebSocket 会话信息
    if (this.data.socketOpen) {
      console.log(this.data.socketOpen);
      wx.sendSocketMessage({
        data: this.data.msg
      });
```

```
      var sendMsg = this.data.sendMsg;
      sendMsg.push(this.data.msg);
      this.setData({
        sendMsg:sendMsg
      });
      this.setData({info:''});
      var page = this;
      wx.onSocketMessage(function(res) {//监听 WebSocket 信息，接收服务器返回内容
        var resData = page.data.resData;
        resData.push(res.data);
        page.setData({
          resData:resData
        });
        console.log(resData)
        console.log('收到服务器内容:' + res.data)
      })
    } else {
      console.log('WebSocket 连接打开失败，请检查！')
    }
  },
  closeConn: function(e) {//关闭 WebSocket 连接
    wx.closeSocket();
    wx.onSocketClose(function(res) {
      console.log('WebSocket 已关闭！')
    });
  },
  getMsg: function(e) {//获取输入框信息
    var page = this;
    page.setData({
      msg:e.detail.value
    });
  }
})
```

（3）微信小程序客户端和服务端代码写完之后，开始加载页面创建 WebSocket 连接，此时可以发送信息给服务端以及接收服务端传递过来的信息。点击“发送”按钮可将信息发送出去，点击“关闭”按钮可关闭会话连接，如图 5.11 所示。

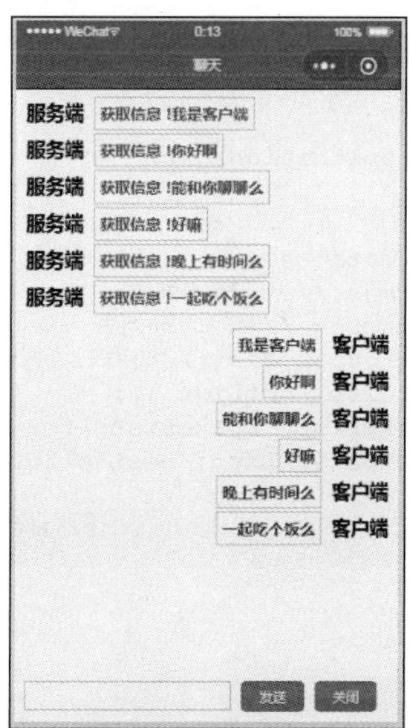

图 5.11　聊天界面

5.2.6 项目实战：任务10（2）——实现图书列表显示功能动态渲染

1. 任务目标

实现莫凡商城图书列表显示功能动态渲染，学会用微信小程序发起网络请求并将数据渲染到页面上，实现图书列表动态渲染的效果。

2. 任务实施

在4.4.3小节中，已完成图书列表显示功能的静态布局，下面来实现动态获取图书列表和动态渲染页面效果。

（1）在index.js文件里添加发起网络请求，编写获取图书列表的方法，具体代码如下。

```
var app = getApp();
var host = app.globalData.host;
Page({
  data: {
    indicatorDots:true,
    autoplay: true,
    interval: 5000,
    duration: 1000,
    imgUrls: [
      "/pages/images/haibao/1.jpg",
      "/pages/images/haibao/2.jpg",
      "/pages/images/haibao/3.jpg"
    ],
    hotList:[], //热门技术列表
    spikeList:[], //特惠时刻列表
    bestSellerList:[], //畅销书籍列表
    host: host
  },
  onLoad:function(options){
    var page = this;
    page.getBookList();
  },
  getBookList:function(){//获取图书列表方法
    var page = this;
    wx.request({
      url:host + '/api/goods/getHomeGoodsList',
      method:'GET',
      data:{},
      header:{
        'Content-Type': 'application/json'
      },
      success:function(res){
        var book=res.data.data;
        var hotList=book.rmjs;//热门技术列表
        var spikeList=book.mssk;//特惠时刻列表
        var bestSellerList =book.cxsj;//畅销书籍列表
        page.setData({ hotList: hotList });
        page.setData({ spikeList: spikeList });
        page.setData({ bestSellerList: bestSellerList });
      }
    })
  },
  more:function(e){
    var id = e.currentTarget.id;
    wx.navigateTo({
      url:'../goods/goods?id='+id,
    })
  },
```

```
    searchInput:function(e){
      wx.navigateTo({
        url:'../search/search',
      })
    }
})
```

（2）通过 getBookList 获取图书列表的方法可以先动态获取热门技术列表、特惠时刻列表、畅销书籍列表，再通过 getBookList 接口数据来进行页面动态渲染。

5.3 微信小程序定义模板

微信小程序在 WXML 页面上提供模板功能，是为了解决代码重复和布局设计的问题。把重复的代码抽取出来并放在模板里，当出现功能相同或需要布局页面的情况时，就可以达到复用的效果。例如，针对导航菜单、版权信息等各个页面都相同的功能，就可以将其放在模板里。

慕课视频

微信小程序定义模板

5.3.1 定义模板

使用<template/>标签来定义模板代码片段时，使用 template 的 name 属性作为模板的名称，页面在调用模板的时候，可以根据名称找到相应的模板，模板也可以接收传递过来的数据，如{{index}}、{{msg}}、{{time}}都是接收的数据，示例代码如下。

```
<template name="msgItem">
  <view>
    <text> {{index}}: {{msg}} </text>
    <text> Time: {{time}} </text>
  </view>
</template>
```

5.3.2 使用模板

在 WXML 页面文件里，使用 is 属性找到要引入的模板名称，如 msgItem 就是模板的名称，使用 data 属性来传递模板所需要的数据，示例代码如下。

```
<!-- wxml -->
 <template is="msgItem" data="{{item}}"/>
```

```
<!-- js -->
Page({
  data: {
    item: {
      index: 100,
      msg: '我是一个模板',
      time: '2023-09-15'
    }
  }
})
```

is 属性可以使用三元运算语法，从而动态决定具体需要渲染哪个模板。下面定义两套模板，当 item 为偶数时使用第一套模板，当 item 为奇数时使用第二套模板。

```
<template name="first">
  <view> 我是第一套模板 </view>
</template>
<template name="second">
  <view> 我是第二套模板 </view>
</template>
```

```
<block wx:for="{{[1, 2, 3, 4, 5]}}">
    <template is="{{item % 2 == 0 ? 'first' : 'second'}}"/>
</block>
```

5.4 微信小程序的引用功能

微信小程序的引用有两种方式：import 引用和 include 引用。import 是引用模板文件，在 WXML 页面文件定义模板后，就可以使用 import 将模板引入页面；include 是直接将 WXML 页面内容引入另一个页面里，但是它不能引用<template/>模板内容。

慕课视频

微信小程序的引用功能

5.4.1 import 引用

import 可以将<template/>模板引入到页面中使用。

假如在 temp.wxml 文件中定义了一个叫作 msg 的模板，引用的示例代码如下。

```
<!-- temp.wxml -->
<template name="msg">
  <text>我是模板内容</text>
<text>{{text}}</text>
</template>
```

在 index.wxml 文件中引用了 temp.wxml 文件之后，就可以使用该模板了，示例代码如下。

```
<import src="temp.wxml"/>
<template is="msg" data="{{text: '你好'}}"/>
```

注意 import 作用域的问题，假如 C import B，B import A，则在 C 中可以使用 B 定义的模板，在 B 中可以使用 A 定义的模板，但是 C 不能使用 A 定义的模板。

5.4.2 include 引用

include 可以将 WXML 页面文件的整个代码引入目标文件，但是不能引入<template/>模板文件，相当于将 WXML 文件复制到 include 位置，示例代码如下。

```
<!-- index.wxml -->
<include src="header.wxml"/>
<view> body </view>
<include src="footer.wxml"/>
```

```
<!-- header.wxml -->
<view> 我是头部信息 </view>
```

```
<!-- footer.wxml -->
<view> 我是版权信息 </view>
```

5.5 WXS 小程序脚本语言

WXS（WeiXin Script）是小程序的一套脚本语言，结合 WXML 页面文件，可以构建出页面的结构。WXS 把原来放在 JS 文件里进行处理的逻辑直接放在 WXML 页面文件里进行处理。它有两种使用方式：一种是将 WXS 脚本语言嵌入 WXML 页面文件，用来在 WXML 文件中的<wxs>标签内处理相关逻辑；另一种是作为以.wxs 为扩展名的文件独立存在，并引入 WXML 页面文件使用。

慕课视频

WXS 小程序脚本语言

1. 嵌入 WXML 页面文件

嵌入 WXML 页面文件的示例代码如下。

```
<!--wxml-->
<wxs module="m1">
var msg = "hello world";

module.exports.message = msg;
</wxs>

<view> {{m1.message}} </view>
```

2. 独立为 WXS 文件

在指定的项目目录里单击鼠标右键，在弹出的快捷菜单中选择“新建文件”选项即可创建 WXS 文件，示例代码如下。

```
// /pages/tools.wxs
var foo = "'hello world' from tools.wxs";
var bar = function(d) {
 return d;
}
module.exports = {
 FOO: foo,
 bar: bar,
};
module.exports.msg = "some msg";
```

```
<!-- page/index/index.wxml -->
<wxs src="./../tools.wxs" module="tools" />
<view> {{tools.msg}} </view>
<view> {{tools.bar(tools.FOO)}} </view>
```

5.5.1 模块化

WXS 代码无论是编写在 WXML 文件中的<wxs>标签内还是编写在以.wxs 为扩展名的文件内，都是以单独的模块形式存在的。在一个模块中定义的变量与函数，默认为私有，对其他模块不可见。1 个模块要想对外暴露其内部的私有变量与函数，只能通过 module.exports 来实现，示例代码如下。

```
// /pages/comm.wxs
var foo = "'hello world' from comm.wxs";
var bar = function(d) {
 return d;
}
module.exports = {
 foo: foo,
 bar: bar
};
```

在 WXS 文件模块中引用其他 WXS 文件模块时，可以使用 require()函数。在 WXS 文件里只能引用 WXS 文件模块，且必须使用相对路径。WXS 文件模块均为单例，多个页面、多个地方、多次引用，使用的都是同一个 WXS 文件模块，如果一个 WXS 文件模块在定义之后一直没有被引用，则该模块不会被解析与运行，示例代码如下。

```
// /pages/tools.wxs
var foo = "'hello world' from tools.wxs";
var bar = function (d) {
 return d;
}
module.exports = {
 FOO: foo,
 bar: bar,
```

```
};
module.exports.msg = "some msg";
```

```
// /pages/logic.wxs
var tools = require("./tools.wxs");
console.log(tools.FOO);
console.log(tools.bar("logic.wxs"));
console.log(tools.msg);
```

```
<!-- /page/index/index.wxml -->
<wxs src="./../logic.wxs" module="logic" />
```

5.5.2 变量与数据类型

1. 变量的使用

WXS 中的变量均为值的引用，如果只声明变量而不赋值，则默认值为 undefined，示例代码如下。

```
var foo = 1;
var bar = "hello world";
var i; // i === undefined
```

变量名的命名规则如下。

（1）首字符必须是字母（a~z，A~Z）或下画线（_）。

（2）剩余字符可以是字母（a~z，A~Z）、下画线（_）或数字（0~9）。

（3）保留标识符 delete、void、typeof、null、undefined、NaN、Infinity、var、if、else、true、false、require、this、function、arguments、return、for、while、do、break、continue、switch、case、default 不能作为变量名。

2. 数据类型

WXS 支持的数据类型为 number（数值类型）、string（字符串类型）、boolean（布尔值类型）、object（对象类型）、function（函数类型）、array（数组类型）、date（日期类型）、regexp（正则类型）。

（1）number 数值类型包括两种数值——整数和小数，其用法如下。

```
var a = 10;
var PI = 3.141592653589793;
```

（2）string 字符串类型有以下两种写法。

```
'hello world';
"hello world";
```

（3）boolean 布尔值类型只有两个特定的值：true 和 false。

（4）object 对象类型是一种无序的键值对，其方法如下。

```
var o = {} //生成一个新的空对象
//生成一个新的非空对象
o = {
  'string'  : 1,    //object 的 key 可以是字符串
  const_var : 2,    //object 的 key 也可以是符合变量定义规则的标识符
  func      : {},   //object 的 value 可以是任何类型
};
//对象属性的读操作
console.log(1 === o['string']);
console.log(2 === o.const_var);

//对象属性的写操作
o['string']++;
o['string'] += 10;
o.const_var++;
```

```
o.const_var += 10;

//对象属性的读操作
console.log(12 === o['string']);
console.log(13 === o.const_var);
```

（5）function 函数类型支持以下定义方法。

```
//方法 1
function a (x) {
  return x;
}

//方法 2
var b = function (x) {
  return x;
}
```

function 同时支持以下语法（匿名函数、闭包等）。

```
var a = function (x) {
  return function () { return x;}
}
```

（6）array 数组类型支持以下定义方法。

```
var a = [];      //生成一个新的空数组
a = [1, "2", {}, function(){}];  //生成一个新的非空数组，数组元素可以是任何类型
```

（7）date 日期类型生成 date 对象时需要使用 getDate()函数，并返回一个当前时间的对象，示例代码如下。

```
getDate()
getDate(milliseconds)
getDate(datestring)
getDate(year, month[, date[, hours[, minutes[, seconds[, milliseconds]]]]])
```

其参数说明如下。

- milliseconds：从 1970 年 1 月 1 日 00:00:00 UTC 开始计算的毫秒数。
- datestring：日期字符串，其格式为“month day,year hours:minutes:seconds”。

（8）regexp 正则类型生成 regexp 对象时需要使用 getRegExp()函数，示例代码如下。

```
getRegExp(pattern[, flags])
```

其参数说明如下。

- pattern：正则表达式的内容。
- flags：修饰符。该字段只能包含以下字符：g，即 global；i，即 ignoreCase；m，即 multiline。

5.5.3 注释

WXS 小程序脚本语言注释有 3 种方法：单行注释、多行注释、结尾注释，示例代码如下。

```
<wxs module="sample">
//方法一:单行注释
//var name = "小刚";

//方法二:多行注释
/*
var a = 1;
var b = 2;
*/

//方法三:结尾注释，即从 /* 开始往后的所有 wxs 代码均被注释
/*
var a = 1;
var b = 2;
```

```
var c = "fake";

</wxs>
```

5.5.4 语句

在 WXS 里，可以使用 if 条件语句、switch 条件语句、for 循环语句和 while 循环语句。

1. if 条件语句

在 WXS 中，可以使用以下格式的 if 条件语句：if...else if...else statement*N*。通过该句型，可以在 statement1～statement*N* 中选择一个代码块执行，示例语法如下。

```
if (表达式) {
   代码块;
} else if (表达式) {
   代码块;
} else if (表达式) {
   代码块;
} else {
   代码块;
}
```

示例代码如下。

```
var age = 10;
if(age < 18){
   console.log(“未成年”);
}else if(age < 28){
   console.log(“青年”);
}else{
   console.log(“其他”);
}
```

2. switch 条件语句

switch 条件语句将表达式的值与 case 变量值做比较，哪个 case 变量值与表达式的值相等就执行哪条 case 语句，default 分支可以省略不写，case 关键词后面只能使用变量、数字和字符串。如果不写 break 结束语句，则程序会向下继续执行其他满足条件的 case 语句，示例语法如下。

```
switch (表达式) {
  case 变量:
     语句;
  case 数字:
     语句;
     break;
  case 字符串:
     语句;
  default:
     语句;
}
```

示例代码如下。

```
var exp = 10;
switch ( exp ) {
case "10":
  console.log("string 10");
  break;
case 10:
  console.log("number 10");
  break;
case exp:
  console.log("var exp");
  break;
default:
```

```
    console.log("default");
  }
```

3. for 循环语句

for 循环语句用来遍历集合，支持使用 break、continue 关键词，示例语法如下。

```
for (语句; 语句; 语句) {
  代码块;
}
```

示例代码如下。

```
for (var i = 0; i < 3; ++i) {
  console.log(i);
  if( i >= 1) break;
}
```

4. while 循环语句

while 循环语句中的表达式为 true 时，执行循环语句或代码块，支持使用 break、continue 关键词，示例语法如下。

```
while (表达式){
  代码块;
}
```

示例代码如下。

```
do {
  代码块;
} while (表达式)
```

5.6 下拉刷新及窗口设置

页面下拉刷新是经常会用到的一个功能，有了这个功能，就可以通过刷新页面来获取更多的数据。微信小程序提供了开始下拉刷新、停止下拉刷新及动态设置背景色等功能。要实现下拉刷新效果，就需要在小程序公共设置 app.json 文件里或者在各个页面的 JSON 文件里配置 enablePullDownRefresh=true。微信小程序提供了两个事件处理函数——onPullDownRefresh()用户下拉刷新事件处理函数、onReachBottom()用户上拉触底事件处理函数，以及两个 API——wx.startPullDownRefresh()开始下拉刷新、wx.stopPullDownRefresh()停止当前页下拉刷新。

慕课视频

下拉刷新及窗口设置

5.6.1 下拉刷新 API 及事件处理函数

1. wx.startPullDownRefresh()开始下拉刷新 API

微信小程序使用 wx.startPullDownRefresh()来进行页面刷新，调用后触发下拉刷新动画，效果与用户手动下拉刷新一致。它有 3 个回调函数，即成功后回调函数、失败后回调函数、完成后回调函数，示例代码如下。

```
wx.startPullDownRefresh({
     success:function(res){
       //成功后回调函数
     },
     fail: function(res){
       //失败后回调函数
     },
     complete: function(res){
       //完成后回调函数
     }
})
```

2. wx.stopPullDownRefresh()停止当前页下拉刷新 API

微信小程序使用 wx.stopPullDownRefresh()来停止当前页的下拉刷新。它有 3 个回调函数，即成功后回调函数、失败后回调函数、完成后回调函数，示例代码如下。

```
Page({
  onPullDownRefresh() {
    wx.stopPullDownRefresh({
      success: function(res){
        //成功后回调函数
      },
      fail: function(res){
        //失败后回调函数
      },
      complete: function(res) {
        //完成后回调函数
      }
    })
  }
})
```

下面介绍下拉刷新的完整使用方法。

（1）在 demo.json 文件里配置下拉刷新属性，具体代码如下。

```
{
  "usingComponents": {},
  "backgroundTextStyle":"dark", //dark:显示刷新动画
  "enablePullDownRefresh":true, //允许下拉刷新
  "onReachBottomDistance":50//距离底部多少 px 时触发上拉加载事件
}
```

（2）在 demo.js 文件里配置下拉刷新属性，具体代码如下。

```
Page({
  onLoad: function (options) {
    wx.startPullDownRefresh()//开始下拉刷新
  },

  /**
   * 页面相关事件处理函数——监听用户下拉动作
   */
  onPullDownRefresh: function () {
    wx.stopPullDownRefresh()//得到结果后关闭刷新动画
  },

  /**
   * 页面上拉触底事件的处理函数
   */
  onReachBottom: function () {
    //触发上拉相关操作
  }

})
```

下拉刷新效果如图 5.12 所示。

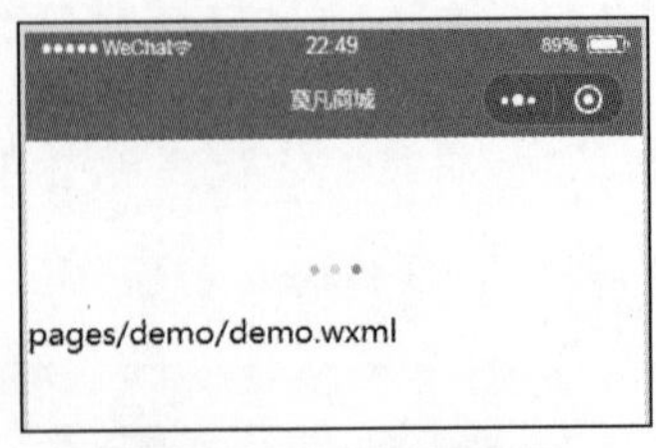

图 5.12　下拉刷新效果

5.6.2 wx.setBackgroundColor()动态设置窗口的背景色 API

微信小程序使用 wx.setBackgroundColor()来动态设置窗口背景色，可以整体设置窗口的背景色、设置顶部窗口的背景色或设置底部窗口的背景色。其参数说明如表 5.10 所示。

表 5.10 wx.setBackgroundColor()的参数说明

参数	类型	是否必填	说明
backgroundColor	string	否	窗口的背景色，必须为十六进制颜色值
backgroundColorTop	string	否	顶部窗口的背景色，必须为十六进制颜色值，仅 iOS 支持
backgroundColorBottom	string	否	底部窗口的背景色，必须为十六进制颜色值，仅 iOS 支持
success	function	否	接口调用成功的回调函数
fail	function	否	接口调用失败的回调函数
complete	function	否	接口调用结束的回调函数（调用成功、失败都会执行）

示例代码如下。

```
Page({
  onLoad: function (options) {
    wx.setBackgroundColor({
      backgroundColor: '#000000',  //窗口的背景色为深黑色
    })

    wx.setBackgroundColor({
      //backgroundColorTop: '#999999',  //顶部窗口的背景色为浅黑色
      //backgroundColorBottom: '#cccccc',  //底部窗口的背景色为灰色
    })

    wx.startPullDownRefresh();//开始下拉刷新
  },

  /**
   * 页面相关事件处理函数——监听用户下拉动作
   */
  onPullDownRefresh: function () {
    wx.stopPullDownRefresh()//得到结果后关闭刷新动画
  },

  /**
   * 页面上拉触底事件的处理函数
   */
  onReachBottom: function () {
    //触发上拉相关操作
  },

})
```

设置窗口背景色效果如图 5.13 所示。

图 5.13 设置窗口背景色效果

5.6.3 wx.setBackgroundTextStyle()动态设置下拉背景字体 API

微信小程序使用 wx.setBackgroundTextStyle()来动态设置下拉背景字体。其参数说明如表 5.11 所示。

表 5.11 wx.setBackgroundTextStyle()的参数说明

参数	类型	是否必填	说明
textStyle	string	是	下拉背景字体、loading 图的样式，可选值为 dark/light（暗色/亮色）
success	function	否	接口调用成功的回调函数
fail	function	否	接口调用失败的回调函数
complete	function	否	接口调用结束的回调函数（调用成功、失败都会执行）

示例代码如下。

```
Page({
  onLoad: function (options) {
    wx.setBackgroundColor({
      backgroundColor: '#000000',  //窗口的背景色为深黑色
    })

    wx.setBackgroundColor({
      //backgroundColorTop: '#999999',  //顶部窗口的背景色为浅黑色
      //backgroundColorBottom: '#cccccc',  //底部窗口的背景色为灰色
    })

    wx.setBackgroundTextStyle({
      textStyle: 'light' //下拉背景字体、loading 图的样式为 light
    })

    wx.startPullDownRefresh();//开始下拉刷新
  },

  /**
   * 页面相关事件处理函数——监听用户下拉动作
   */
  onPullDownRefresh: function () {
    wx.stopPullDownRefresh()//得到结果后关闭刷新动画
  },

  /**
   * 页面上拉触底事件的处理函数
   */
  onReachBottom: function () {
    //触发上拉相关操作
  },

})
```

设置下拉背景字体效果如图 5.14 所示。

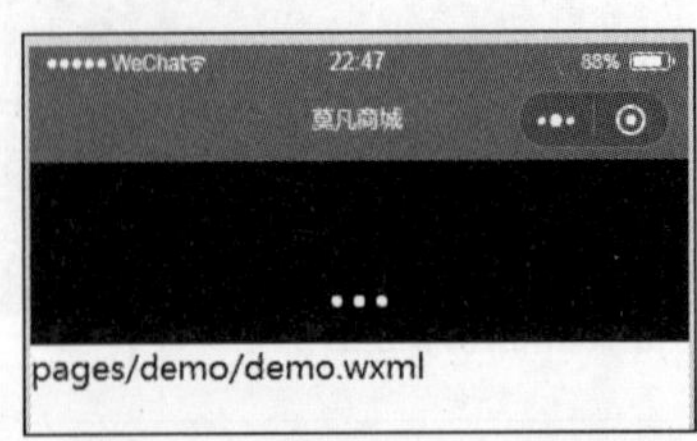

图 5.14 设置下拉背景字体效果

5.6.4 wx.loadFontFace()引入第三方字体 API

微信小程序提供引入第三方字体的 API——wx.loadFontFace()，可以动态加载网络字体。文件地址须为下载类型，iOS 仅支持 HTTPS 格式的文件地址。wx.loadFontFace()的参数说明如表 5.12 所示。

表 5.12 wx.loadFontFace()的参数说明

参数	类型	是否必填	说明
family	string	是	定义的字体名称
source	string	是	字体资源的地址
desc	object	否	可选的字体描述符
success	function	否	接口调用成功的回调函数
fail	function	否	接口调用失败的回调函数
complete	function	否	接口调用结束的回调函数（调用成功、失败都会执行）

（1）可以在 JS 文件里引入第三方字体，示例代码如下。

```
Page({
 onLoad: function (options) {
   wx.loadFontFace({
    family: 'Bitstream Vera Serif Bold',
    source: 'url("https://sungd.github.io/Pacifico.ttf")',
    success: function(res){
      console.log(res); // {status: "loaded", cbID: 1}
    }
   })
 }
})
```

（2）可以在 WXSS 文件里使用引入的字体，示例代码如下。

```
font-family: ' Bitstream Vera Serif Bold ';
```

（3）在引入第三方字体时，还可以新建字体文件 font.js，以便各个页面直接引用，示例代码如下。

```
//font.js
function loadFont(){
     wx.loadFontFace({
      family: 'Bitstream Vera Serif Bold',
      source: 'url("https://sungd.github.io/Pacifico.ttf")',
      success: function(res){
        console.log(res);
      }
    })
}
```

（4）在使用字体页面时，可以直接引入字体文件，示例代码如下。

```
const font = require('font.js')
Page({
 onLoad: function (options) {
   font.loadFont(); //加载字体
 }
})
```

注意 字体文件返回的内容类型 content-type 参考 font，格式不正确时会解析失败。字体的超链接必须是同源下的或开启了 CORS（Cross-Origin Resource Sharing，跨域资源共享）支持的，小程序的域名是 servicewechat.com。canvas 等原生组件不支持使用接口添加的字体。微信开发者工具里提示的 Faild to load font 可以忽略。

5.6.5 wx.pageScrollTo()将页面滚动到目标位置 API

wx.pageScrollTo()可以将页面滚动到目标位置，其提供两种滚动方式：通过选择器的方式滚动和通过指定距离的方式滚动。通过这个 API 就可以实现在长页面中的回到顶部、回到底部功能。wx.pageScrollTo()的参数说明如表 5.13 所示。

表 5.13 wx.pageScrollTo()的参数说明

参数	类型	是否必填	说明
scrollTop	number	否	滚动到页面的目标位置，单位为 px
duration	number	否	滚动动画的时长，单位为 ms
selector	string	否	选择器
success	function	否	接口调用成功的回调函数
fail	function	否	接口调用失败的回调函数
complete	function	否	接口调用结束的回调函数（调用成功、失败都会执行）

selector 选择器类似于 CSS 的选择器，但仅支持下列语法。

（1）ID 选择器：#the-id。

（2）class 选择器（可以连续指定多个）：.a-class.another-class。

（3）子元素选择器：.the-parent > .the-child。

（4）后代选择器：.the-ancestor .the-descendant。

（5）跨自定义组件的后代选择器：.the-ancestor >>> .the-descendant。

（6）多选择器的并集：#a-node，.some-other-nodes。

示例代码如下。

```
wx.pageScrollTo({
  scrollTop: 0,
  duration: 300
})
```

5.7 小结

本单元包含以下内容。

- 微信小程序函数的使用方法，包括生命周期函数、页面事件函数、页面路由管理、自定义函数、setData()设值函数。
- 微信小程序网络请求的使用方法，包括网络访问配置、wx.request()请求数据 API、wx.uploadFile()文件上传 API、wx.downloadFile()文件下载 API、WebSocket 会话 API。
- 微信小程序模板的定义和使用方法。
- 微信小程序的两种引用功能：import 引用和 include 引用。
- WXS 小程序脚本语言，包括模块化、变量与数据类型、注释、语句的相关知识。
- 微信小程序提供下拉刷新和窗口设置功能，使用 wx.setBackgroundColor()动态设置窗口的背景色，使用 wx.setBackgroundTextStyle()动态设置下拉背景字体，使用 wx.loadFontFace()引入第三方字体，使用 wx.pageScrollTo()将页面滚动到目标位置。

单元6 莫凡商城的注册、登录功能

06

情景引入

假设要开发一个社交平台的微信小程序，为了让用户能够注册和登录，可以设计一个表单来实现注册、登录功能。通过表单组件，用户可以输入用户名和密码进行注册和登录操作。为了提升用户体验，可以使用界面交互API来添加动画效果和提示信息，让用户更加轻松地进行操作。为了方便用户下次登录，可以使用数据缓存API将用户的登录状态保存在本地，实现自动登录的功能。这样，用户就能够方便快捷地使用社交平台小程序，并享受到丰富的社交功能。

注册、登录功能是非常通用的功能，几乎所有的网站、App、小程序等都会用到。莫凡商城的注册、登录等功能的设置会用到微信小程序的表单组件，涉及微信小程序界面交互API、数据缓存API及微信小程序登录相关接口。在了解了这些基础知识之后，就可以实现莫凡商城注册功能、登录功能、修改密码功能、意见反馈功能和清除缓存功能。

学习目标

知识目标

1. 掌握微信小程序表单组件的使用方法。
2. 掌握微信小程序界面交互API的使用方法。
3. 掌握微信小程序定时器API的使用方法。
4. 掌握微信小程序数据缓存API的使用方法。
5. 掌握微信小程序登录相关API的使用方法。

能力目标

1. 能够熟练使用微信小程序表单组件来绘制登录注册界面。
2. 能够熟练使用微信小程序界面交互API来提升用户体验。

素质目标

1. 提升独立学习能力，能够自主思考、自我决策。
2. 提升持续改进能力，能够不断学习和提高自己。

思维导图

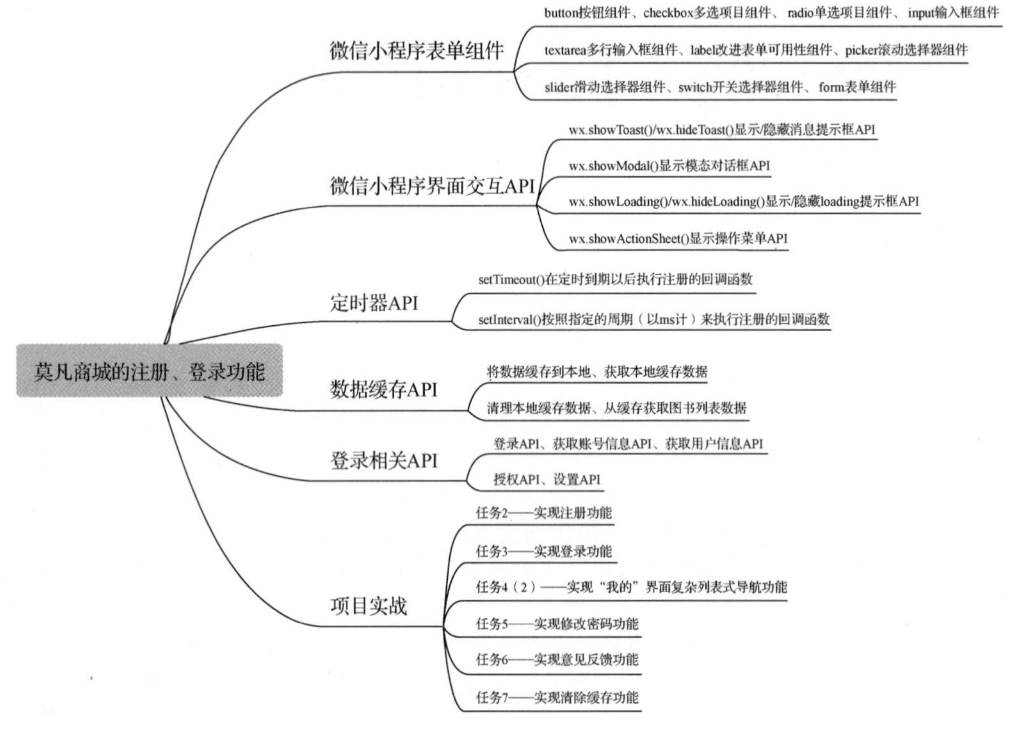

6.1 微信小程序表单组件

微信小程序提供了丰富的表单组件，包括 button 按钮组件、checkbox 多选项目组件、radio 单选项目组件、input 输入框组件、textarea 多行输入框组件、label 改进表单可用性组件、picker 滚动选择器组件、slider 滑动选择器组件、switch 开关选择器组件、form 表单组件。

6.1.1 button 按钮组件

button 按钮组件提供了 3 种类型的按钮——基本类型按钮、默认类型按钮及警告类型按钮，按钮的大小有默认和迷你两种，如图 6.1 所示。

图 6.1 按钮的类型和大小

button 按钮组件有很多属性，每个属性有不同的作用，如表 6.1 所示。

表 6.1　button 按钮组件的属性

属性	类型	默认值	说明
size	string	default	按钮的大小，有效值为 default、mini
type	string	default	按钮的样式类型，有效值为基本类型 primary、默认类型 default、警告类型 warn
plain	boolean	false	按钮是否镂空、背景色透明
disabled	boolean	false	是否禁用
loading	boolean	false	名称前是否带 loading 图标
form-type	string		用于 form 组件。有效值为 submit、reset、submitToGroup
open-type	string		微信开放能力，有效值如下所示： contact：打开客服会话，如果用户在会话中点击消息卡片后返回小程序，则可以从 bindcontact 回调中获得具体信息； share：触发用户转发事件； getPhoneNumber：获取用户手机号。可以从 bindgetphonenumber 回调中获取用户信息； getUserInfo：获取用户信息。可以从 bindgetuserinfo 回调中获取用户信息； launchApp：打开 App。可以通过 app-parameter 属性设定向 App 传递参数； openSetting：打开授权设置页； feedback：打开意见反馈页。用户可提交反馈内容并上传日志；开发者可以登录小程序管理后台，进入客服反馈页获取反馈内容
hover-class	string	button-hover	指定按钮按下去的样式类。当 hover-class="none"时，没有点击态效果
hover-stop-propagation	boolean	false	指定是否阻止此节点的父节点出现点击态
hover-start-time	number	20	设置按住后多久出现点击态，单位为 ms
hover-stay-time	number	70	手指松开后点击态保留的时间，单位为 ms
lang	string	en	指定返回用户信息的语言，zh_CN 为简体中文，zh_TW 为繁体中文，en 为英文
session-from	string		会话来源，open-type="contact"时有效
send-message-title	string	当前标题	会话内消息卡片标题，open-type="contact"时有效
send-message-path	string	当前分享路径	会话内消息卡片点击跳转小程序路径，open-type="contact"时有效
send-message-img	string		会话内消息卡片图片，open-type="contact"时有效
app-parameter	string		打开 App 时，向 App 传递的参数，open-type="launchApp"时有效
show-message-card	boolean	false	是否显示会话内消息卡片。设置此参数为 true 时，用户进入客服会话会在右下角显示"可能要发送的小程序"提示，用户点击后可以快速发送小程序消息。open-type="contact"时有效
bindgetuserinfo	eventhandle		用户点击该按钮时，会返回获得的用户信息。回调的 detail 数据与 wx.getUserInfo 返回的一致。open-type="getUserInfo"时有效
bindcontact	eventhandle		客服消息回调，open-type="contact"时有效
bindgetphonenumber	eventhandle		获取用户手机号回调，open-type="getPhoneNumber"时有效
binderror	eventhandle		当使用微信开放能力发生错误时的回调，open-type="launchApp"时有效
bindopensetting	eventhandle		在打开授权设置页后的回调，open-type="openSetting"时有效
bindlaunchapp	eventhandle		打开 App 成功的回调，open-type="launchApp"时有效
bindchooseavatar	eventhandle		获取用户头像回调，open-type="chooseAvatar"时有效

从按钮属性中可以看出，按钮可以设置不同大小、不同类型、是否镂空、是否禁用、按钮名称前是否带 loading 图标等。针对 form 表单组件，按钮组件提供了提交表单和重置表单两个功能，具体代码如下。

```
    <button type="default" size="{{defaultSize}}" loading="{{loading}}" plain=
"{{plain}}"
            disabled="{{disabled}}" bindtap="default" style="margin:10px"> default
</button>
    <button type="primary" size="{{primarySize}}" loading="{{loading}}" plain=
"{{plain}}"
            disabled="{{disabled}}" bindtap="primary" style="margin:10px"> primary
</button>
    <button type="warn" size="{{warnSize}}" loading="{{loading}}" plain=
"{{plain}}"
            disabled="{{disabled}}" bindtap="warn" style="margin:10px"> warn </button>
    <button bindtap="setDisabled" style="margin:10px">点击设置以上按钮 disabled 属性
</button>
    <button bindtap="setPlain" style="margin:10px">点击设置以上按钮 plain 属性</button>
    <button bindtap="setLoading" style="margin:10px">点击设置以上按钮 loading 属性
</button>
```

```
    var types = ['default',  'primary',  'warn']
    var pageObject = {
      data: {
        defaultSize: 'default',
        primarySize: 'default',
        warnSize: 'default',
        disabled: false,
        plain: false,
        loading: false
      },
      setDisabled: function(e) {
        this.setData({
          disabled: !this.data.disabled
        })
      },
      setPlain: function(e) {
        this.setData({
          plain: !this.data.plain
        })
      },
      setLoading: function(e) {
        this.setData({
          loading: !this.data.loading
        })
      }
    }

    for (var i = 0; i < types.length; ++i) {
      (function(type) {
        pageObject[type] = function(e) {
          var key = type + 'Size'
          var changedData = {}
          changedData[key] =
            this.data[key] === 'default' ? 'mini' : 'default'
          this.setData(changedData)
        }
      })(types[i])
    }

    Page(pageObject)
```

按钮效果如图 6.2 所示。

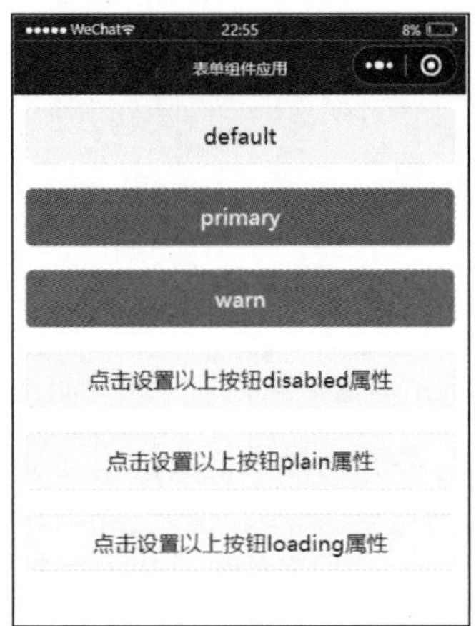

图 6.2　按钮效果

6.1.2　checkbox 多选项目组件

checkbox 多选项目组件也称多项选择器，也就是常说的复选框，常用来进行多项选择，其属性如表 6.2 所示。

表 6.2　checkbox 多选项目组件的属性

属性	类型	默认值	说明
value	string		checkbox 标识，选中时触发 checkbox-group 的 change 事件，并携带 checkbox 的 value
disabled	boolean	false	是否禁用
checked	boolean	false	当前是否选中，可用来设置默认选中
color	string	#09bb07	checkbox 的颜色，同 CSS 的 color

checkbox-group 是用来容纳多个 checkbox 的多项选择器容器，它有一个绑定事件 bindchange，checkbox-group 中的选中项发生变化时会触发 bindchange 事件，detail={value:[选中的 checkbox 的 value 的数组]}。

下面演示 checkbox 多选项目组件的使用，以及获取选中项的 value 值的方法。

（1）在 WXML 文件里使用 checkbox 进行界面布局，具体代码如下。

```
<view style="text-align:center;margin:10px;">
  <checkbox-group bindchange="checkboxChange">
    <checkbox value="篮球" />篮球
    <checkbox value="足球" checked="true" />足球
    <checkbox value="排球" />排球
    <checkbox value="橄榄球" disabled/>橄榄球
  </checkbox-group>
</view>
```

（2）在 JS 文件里，添加 checkboxChange()事件函数，获取多选项目选中的值，并将其输出，具体代码如下。

```
Page({
  checkboxChange:function(e){
     console.log(e.detail.value)
  }
})
```

界面效果及多选项目 value 值如图 6.3 所示。

图 6.3　界面效果及多选项目 value 值

从图 6.3 中可以看出，被禁用的多选项目是不能使用的。此时绑定 bindchange 事件，选项改变时会将多选项目的值以数组的形式保存在 detail 里，通过 e.detail.value 就可以获取到多选项目的值。

多选项目的样式是可以重新定义的，可以不使用默认的效果。下面演示自定义多选项目的样式，添加 WXSS 样式代码如下。

```
//checkbox 整体大小
checkbox {
  width: 200rpx;
  height: 80rpx;
}
//checkbox 选项框大小
checkbox .wx-checkbox-input {
  width: 50rpx;
  height: 50rpx;
}
//checkbox 选中后的样式
checkbox .wx-checkbox-input.wx-checkbox-input-checked {
  background: #f50410;
}
//checkbox 选中后图标的样式
checkbox .wx-checkbox-input.wx-checkbox-input-checked::before {
  width: 28rpx;
  height: 28rpx;
  line-height: 28rpx;
  text-align: center;
  font-size: 22rpx;
  color: #fff;
  background: transparent;
  transform: translate(-50%,  -50%) scale(1);
  -webkit-transform: translate(-50%,  -50%) scale(1);
}
```

修改多选项目样式的效果如图 6.4 所示。

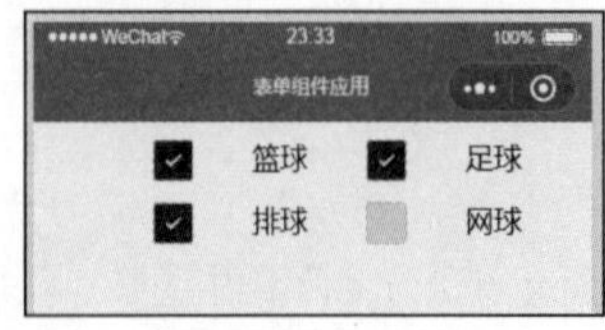

图 6.4　修改多选项目样式的效果

6.1.3　radio 单选项目组件

radio 单选项目组件也称单项选择器，每次只能选中一个选项，选项间是互斥关系，如选择性别时，“男”或“女”选项只能选其一，其属性如表 6.3 所示。

表 6.3　radio 单选项目组件的属性

属性	类型	默认值	说明
value	string		radio 标识。当该 radio 被选中时，radio-group 的 change 事件会携带 radio 的 value
disabled	boolean	false	是否禁用
checked	boolean	false	当前是否选中，可用来设置默认选中
color	string	#09bb07	radio 的颜色，同 CSS 的 color

radio-group 是用来容纳多个 radio 单选项目组件的单项选择器容器，它有一个绑定事件 bindchange，radio-group 中的选中项发生变化时会触发 bindchange 事件，event.detail={value:选中项 radio 的 value}。

下面演示 radio 单选项目组件的使用。

（1）在 WXML 文件里使用 radio 单选项目组件进行界面布局，具体代码如下。

```
<view style="text-align:center;margin:10px;">
  <radio-group class="radio-group" bindchange="radioChange">
    <radio value="男" />男
    <radio value="女" checked/>女
    <radio value="未知" disabled/>未知
  </radio-group>
</view>
```

（2）在 JS 文件里添加 radioChange()事件函数，获取单选项目选中的值，并将其输出，具体代码如下。

```
Page({
  radioChange: function(e) {
   console.log('radio 发生 change 事件，携带 value 值为:', e.detail.value)
  }
})
```

界面效果及单选项目 value 值如图 6.5 所示。

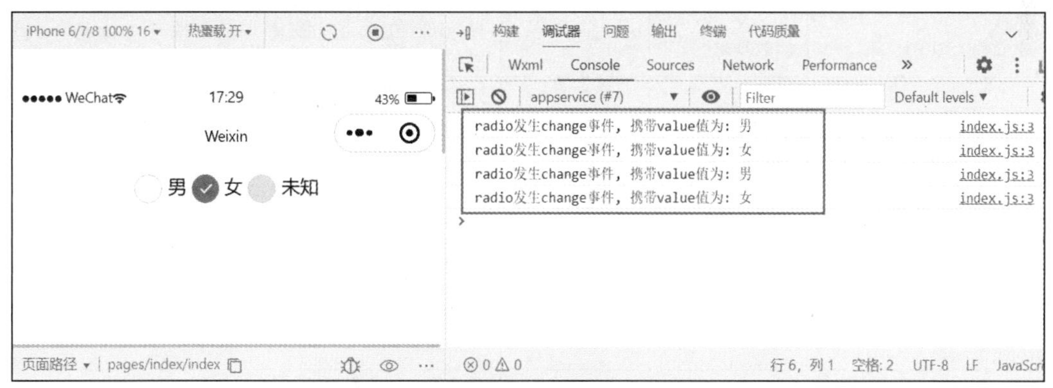

图 6.5　界面效果及单选项目 value 值

从图 6.5 中可以看出，被禁用的单选项目是不能使用的。在 radio-group 上绑定 bindchange 事件后，每次选中时，只能使一个选项呈现选中状态，同时会把相应的值保存在 detail 里。

6.1.4　input 输入框组件

input 输入框组件是用来输入单行文本内容的，其属性如表 6.4 所示。

表 6.4 input 输入框组件的属性

属性	类型	默认值	说明
value	string		input 输入框的初始内容
type	string	text	input 输入框的类型，有效值为 text（文本输入键盘）、number（数字输入键盘）、idcard（身份证输入键盘）、digit（带小数点的数字键盘）、safe-password（密码安全输入键盘）、nickname（昵称输入键盘）
password	boolean	false	是否为密码类型
placeholder	string		input 输入框为空时的占位符
placeholder-style	string		指定 placeholder 的样式
placeholder-class	string	input-placeholder	指定 placeholder 的样式类
disabled	boolean	false	是否禁用
maxlength	number	140	最大输入长度，设置为-1 的时候不限制最大长度
cursor-spacing	number	0	指定光标与键盘的距离。取 input 输入框距离底部的距离和 cursor-spacing 指定的距离的最小值作为光标与键盘的距离
auto-focus	boolean	false	自动聚焦，唤起键盘
focus	boolean	false	获取焦点
confirm-type	string	done	设置键盘右下角按钮的文字，仅在 type='text'时生效。send 表示右下角按钮为“发送”，search 表示右下角按钮为“搜索”，next 表示右下角按钮为“下一个”，go 表示右下角按钮为“前往”，done 表示右下角按钮为“完成”
always-embed	boolean	false	强制 input 输入框处于同层状态，默认聚焦时 input 输入框会切换到非同层状态（仅在 iOS 下生效）
confirm-hold	boolean	false	点击键盘右下角按钮时是否保持键盘不收起
cursor	number		指定聚焦时的光标位置
selection-start	number	-1	光标起始位置，自动聚集时有效，需与 selection-end 搭配使用
selection-end	number	-1	光标结束位置，自动聚集时有效，需与 selection-start 搭配使用
adjust-position	boolean	true	键盘弹起时，是否自动上推页面
hold-keyboard	boolean	false	聚焦时，点击页面的时候不收起键盘
safe-password-cert-path	string		安全键盘加密公钥的路径，只支持包内路径
safe-password-length	number		安全键盘输入密码的长度
safe-password-time-stamp	number		安全键盘加密时间戳
safe-password-nonce	string		安全键盘加密盐值
safe-password-salt	string		安全键盘计算 hash 盐值，若指定 custom-hash 则无效
safe-password-custom-hash	string		安全键盘计算 hash 的算法表达式，如 md5(sha1('foo'+sha256(sm3(password+'bar'))))
bindinput	eventhandle		用户使用键盘输入内容或内容更改时，触发 input 事件
bindfocus	eventhandle		input 输入框聚焦时触发
bindblur	eventhandle		input 输入框失去焦点时触发

续表

属性	类型	默认值	说明
bindconfirm	eventhandle		点击“完成”按钮时触发
bindkeyboardheight-change	eventhandle		键盘高度发生变化的时候触发
bindnicknamereview	eventhandle		用户昵称审核完毕后触发，仅在 type 为“nickname”时有效

从表 6.4 中可以看出以下几点。

（1）可以设置 input 输入框的类型，有 text（文本输入键盘）、number（数字输入键盘）、idcard（身份证输入键盘）、digit（带小数点的数字键盘）等，可根据不同的场景使用不同的输入类型。

（2）可以设置 input 输入框是否为密码类型，如果是密码类型，则会用点号代替具体值显示，这也是密码输入框的常用处理方式。

（3）通过 placeholder 来给 input 输入框添加提示信息，如“请输入手机号/用户名/邮箱”，用 placeholder-style 设置提示信息的样式，用 placeholder-class 设置提示信息的 class，并针对这个 class 添加样式。

（4）可以设置 input 输入框是否禁用、最大输入长度等。

（5）input 输入框有 3 个常用的事件：键盘输入时事件（bindinput）、输入框聚焦时事件（bindfocus）、失去焦点时事件（bindblur）。

示例代码如下。

（1）在 WXML 文件中利用 input 输入框组件进行布局，具体代码如下。

```
<view style="margin:10px">
  <view class="section">
    <input placeholder="这是一个可以自动聚焦的 input" auto-focus/>
  </view>
  <view class="section">
    <input placeholder="这个只有在点击按钮的时候才聚焦" focus="{{focus}}" />
    <view class="btn-area">
      <button bindtap="bindButtonTap">使得输入框获取焦点</button>
    </view>
  </view>
  <view class="section">
    <input maxlength="10" placeholder="最大输入长度 10" />
  </view>
  <view class="section">
    <view class="section__title">你输入的是:{{inputValue}}</view>
    <input bindinput="bindKeyInput" placeholder="输入同步到 view 中" />
  </view>
  <view class="section">
   <input bindinput="bindReplaceInput" placeholder="连续的两个 1 会变成 2" />
  </view>
  <view class="section">
   <input bindinput="bindHideKeyboard" placeholder="输入 123 自动收起键盘" />
  </view>
  <view class="section">
    <input password type="number" />
  </view>
  <view class="section">
   <input password type="text" />
   </view>
  <view class="section">
    <input type="digit" placeholder="带小数点的数字键盘" />
  </view>
  <view class="section">
```

```
    <input type="idcard" placeholder="身份证输入键盘" />
  </view>
  <view class="section">
    <input placeholder-style="color:red" placeholder="占位符字体是红色的" />
  </view>
</view>
```

（2）在 JS 文件中给 input 输入框添加相应的事件并提供数据，具体代码如下。

```
Page({
  data: {
    focus: false,
    inputValue: ' '
  },
  bindButtonTap: function() {
    this.setData({
      focus: true
    })
  },
  bindKeyInput: function(e) {
    this.setData({
      inputValue: e.detail.value
    })
  },
  bindReplaceInput: function(e) {
    var value = e.detail.value
    var pos = e.detail.cursor
    if(pos != -1){
      //光标在中间
      var left = e.detail.value.slice(0, pos)
      //计算光标的位置
      pos = left.replace(/11/g, '2').length
    }

    //直接返回对象，可以对输入进行过滤处理，还可以控制光标的位置
    return {
      value: value.replace(/11/g, '2'),
      cursor: pos
    }

    //或者直接返回字符串，光标在最后面
    //return value.replace(/11/g, '2'),
  },
  bindHideKeyboard: function(e) {
    if (e.detail.value === '123') {
      //收起键盘
      wx.hideKeyboard()
    }
  }
})
```

input 输入框界面效果如图 6.6 所示。

注意 input 输入框组件是一个原生组件，字体是系统字体，所以无法设置 font-family；在 input 输入框聚焦期间，应避免使用 CSS 动画；confirm-type 的最终表现与手机输入法本身的实现有关，可能不支持或不完全支持部分 Android 系统输入法和第三方输入法；针对将 input 输入框封装在自定义组件中，而 form 在自定义组件外的情况，form 将不能获得这个自定义组件中 input 输入框的值，此时需要使用自定义组件的内置 behaviors wx://form-field；若键盘高度发生变化，则 keyboardheightchange 事件可能会多次触发，开发者应该忽略掉相同的 height 值。

图 6.6　input 输入框界面效果

6.1.5　textarea 多行输入框组件

textarea 多行输入框组件是与 input 输入框组件对应的组件，可以用来输入多行文本内容，其属性如表 6.5 所示。

表 6.5　textarea 多行输入框组件的属性

属性	类型	默认值	说明
value	string		textarea 输入框的内容
placeholder	string		textarea 输入框为空时的占位符
placeholder-style	string		指定 placeholder 的样式。目前仅支持 color、font-size 和 font-weight
placeholder-class	string	textarea-placeholder	指定 placeholder 的样式类
disabled	boolean	false	是否禁用
maxlength	number	140	最大输入长度，设置为-1 的时候不限制最大长度
auto-focus	boolean	false	自动聚焦，唤起键盘
focus	boolean	false	获取焦点
auto-height	boolean	false	是否自动增高，设置 auto-height 时，style.height 不生效
fixed	boolean	false	如果 textarea 输入框在 position:fixed 的区域，则需要指定属性 fixed 为 true
cursor-spacing	number	0	指定光标与键盘的距离。取 textarea 输入框距离底部的距离和 cursor-spacing 指定的距离的最小值作为光标与键盘的距离
cursor	number	-1	指定聚焦时的光标位置
show-confirm-bar	boolean	true	是否显示键盘上方带有“完成”按钮的那一栏
selection-start	number	-1	光标起始位置，自动聚焦时有效，需与 selection-end 搭配使用
selection-end	number	-1	光标结束位置，自动聚焦时有效，需与 selection-start 搭配使用
adjust-position	boolean	true	键盘弹起时，是否自动上推页面

续表

属性	类型	默认值	说明
hold-keyboard	boolean	false	聚焦时，点击页面的时候不收起键盘
disable-default-padding	boolean	false	是否去掉 iOS 中的默认内边距
confirm-type	string	return	设置键盘右下角按钮的文字。send 表示右下角按钮为“发送”，search 表示右下角按钮为“搜索”，next 表示右下角按钮为“下一个”，go 表示右下角按钮为“前往”，done 表示右下角按钮为“完成”，return 表示右下角按钮为“换行”
confirm-hold	boolean	false	点击键盘右下角按钮时是否保持键盘不收起
adjust-keyboard-to	boolean	cursor	键盘对齐位置。cursor 表示对齐光标位置，bottom 表示对齐 textarea 输入框底部
bindkeyboardheight-change	eventhandle		键盘高度发生变化的时候触发
bindlinechange	eventhandle		textarea 输入框行数变化时调用
bindinput	eventhandle		用户使用键盘输入时触发。处理函数可以直接返回一个字符串，将替换输入框的内容
bindfocus	eventhandle		textarea 输入框聚焦时触发
bindblur	eventhandle		textarea 输入框失去焦点时触发
bindconfirm	eventhandle		点击“完成”按钮时触发

从表 6.5 中可以看出以下几点。

（1）可以通过 placeholder 来给 textarea 输入框添加提示信息，用 placeholder-style 设置提示信息的样式，用 placeholder-class 设置提示信息的 class，并针对这个 class 添加样式。

（2）可以设置 textarea 输入框是否禁用、最大输入长度，还可设置自动调整行高等。

（3）textarea 输入框有 4 个常用的事件：键盘输入事件（bindinput）、输入框聚焦事件（bindfocus）、输入框失去焦点事件（bindblur）、行数变化事件（bindlinechange）。

示例代码如下。

```
<view class="section">
  <textarea bindblur="bindTextAreaBlur" auto-height placeholder="自动变高" />
</view>
<view class="section">
  <textarea placeholder="placeholder 颜色是红色的" placeholder-style="color:red;" />
</view>
```

注意 **textarea 多行输入框的 blur 事件会晚于页面上的 tap 事件，如果需要通过 button 的点击事件获取 textarea 输入框的值，则可以使用 form 的 bindsubmit；不建议在多行文本上对用户的输入进行修改，因为 textarea 多行输入框的 bindinput 事件并不会将返回值反映到 textarea 多行输入框上；若键盘高度发生变化，则 keyboardheightchange 事件可能会多次触发，开发者应该忽略掉相同的 height 值。**

6.1.6 label 改进表单可用性组件

label 组件用来改进表单的可用性，包括<button/>、<checkbox/>、<radio/>和<switch/>组

件。label 组件只有一个属性 for，用来绑定控件的 ID。label 组件的使用方法分两种：一种没有定义 for 属性；另一种定义了 for 属性。

1. label 组件没有定义 for 属性

label 组件没有定义 for 属性时，包含<button/>、<checkbox/>、<radio/>、<switch/>这些组件，当点击 label 组件时，会触发 label 组件内的第一个组件的事件。假如<button/>是 label 组件内的第一个组件，就会触发 button 对应的事件；假如<radio/>是 label 组件内的第一个组件，就会触发 radio 对应的事件。

下面演示 label 组件的使用方法。

（1）在 WXML 文件里利用 label 组件布局，把第一个组件隐藏起来，具体代码如下。

```
<label>
    <button bindtap="clickBtn" hidden>我是 button 按钮</button>
    <view>我是 label 组件内的内容</view>
    <checkbox-group bindchange="checkboxChange">
      <checkbox value="中国" />中国
      <checkbox value="美国" />美国
    </checkbox-group>
    <radio-group bindchange="radioChange">
      <radio value="男"/>男
      <radio value="女"/>女
    </radio-group>
</label>
```

（2）在 JS 文件里添加 clickBtn()、checkboxChange()、radioChange()这 3 个事件，并分别输出不同的信息，具体代码如下。

```
Page({
 clickBtn:function(){
    console.log("点击了按钮组件");
 },
 checkboxChange:function(){
   console.log("点击了多项选择器组件");
 },
 radioChange:function(){
   console.log("点击了单项选择器组件");
 }
})
```

（3）在 WXML 界面里可以看到<button/>组件是隐藏起来的，但点击“我是 label 组件内的内容”后，可以看到输出信息是按钮事件函数的信息，如图 6.7 所示。

图 6.7　没有定义 for 属性的输出信息

从这里可以看出，当 label 组件内有多个组件时，会触发第一个组件的事件。

2. label 组件定义了 for 属性

label 组件定义了 for 属性后，会根据 for 属性的值找到和 label 组件 ID 值一样的组件，然后触发这个组件的相应事件。

下面演示 label 组件的使用方法。

（1）在 WXML 文件里利用 label 组件布局，把第一个组件隐藏起来，给 label 组件定义 for 等于 man，使其找到 ID 值等于 man 的组件，然后触发该组件的事件，具体代码如下。

```
<label for="man">
   <button id="btn" bindtap="clickBtn" hidden>我是 button 按钮</button>
   <view>我是 label 组件内的内容</view>
   <checkbox-group bindchange="checkboxChange" id="checkbox">
     <checkbox value="中国" />中国
     <checkbox value="美国" />美国
   </checkbox-group>
   <radio-group bindchange="radioChange" >
     <radio id="man" value="男"/>男
     <radio id="women" value="女"/>女
   </radio-group>
</label>
```

（2）在 JS 文件里添加 clickBtn()、checkboxChange()、radioChange()这 3 个事件，并分别输出不同的信息，具体代码如下。

```
Page({
  clickBtn:function(){
     console.log("点击了按钮组件");
  },
  checkboxChange:function(){
    console.log("点击了多项选择器组件");
  },
  radioChange:function(){
    console.log("点击了单项选择器组件");
  }
})
```

（3）在 WXML 页面里可以看到<button/>组件是隐藏起来的，但是单击“我是 label 组件内的内容”后，可以看到 ID 值等于 man 的单选项目组件呈现选中状态，并触发事件、输出信息，如图 6.8 所示。

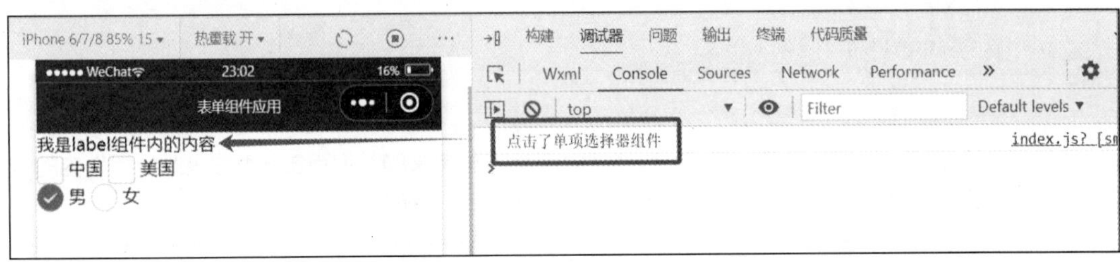

图 6.8　定义了 for 属性的输出信息

综上所述，如果 label 组件定义了 for 属性，则它会根据 for 属性的值找到和 label 组件 ID 值一样的组件，然后触发相应事件；如果 label 组件没有定义 for 属性，则它会找到 label 组件内的第一个组件，然后触发相应事件。

6.1.7　picker 滚动选择器组件

picker 滚动选择器组件主要支持 5 种滚动选择器：普通选择器、时间选择器、日期选择器、多列选择器和省市区选择器。其默认使用普通选择器。另外，其还提供了一种嵌入页面滚动选择器，支持将滚动选择器嵌入页面中。

常用的 5 种滚动选择器是通过 mode 来区分的，普通选择器 mode=selector、时间选择器 mode=time、日期选择器 mode=date、多列选择器 mode=multiSelector、省市区选择器 mode=

region，每种类型的选择器的属性不同。

1. 普通选择器：mode=selector

普通选择器的属性如表 6.6 所示。

表 6.6　普通选择器的属性

属性	类型	说明
range	array/objectArray	mode 为 selector 或 multiSelector 时，range 有效
range-key	string	当 range 是一个对象数组时，通过 range-key 来指定 Object 中 key 的值作为普通选择器的显示内容
value	number	表示选择了 range 中的第几项（下标从 0 开始）
bindchange	eventhandle	value 改变时触发 change 事件，event.detail = {value}

示例代码如下。

```
<view class="section">
  <view class="section__title">地区选择器</view>
  <picker bindchange="bindPickerChange" value="{{index}}" range="{{array}}">
    <view class="picker">
      当前选择：{{array[index]}}
    </view>
  </picker>
</view>
```

```
Page({
 data: {
   array: ['美国', '中国', '巴西', '日本'],
   objectArray: [
     {
       id: 0,
       name: '美国'
     },
     {
       id: 1,
       name: '中国'
     },
     {
       id: 2,
       name: '巴西'
     },
     {
       id: 3,
       name: '日本'
     }
   ],
   index: 0
 },
 bindPickerChange: function(e) {
   console.log('picker 发送选择改变，携带值为', e.detail.value)
   this.setData({
     index: e.detail.value
   })
 }
})
```

普通选择器界面效果如图 6.9 所示。

图 6.9　普通选择器界面效果

2. 时间选择器：mode=time

时间选择器的属性如表 6.7 所示。

表 6.7　时间选择器的属性

属性	类型	默认值	说明
value	string		表示选中的时间，格式为"hh:mm"
start	string		表示有效时间范围的开始，格式为"hh:mm"
end	string		表示有效时间范围的结束，格式为"hh:mm"
bindchange	eventhandle		value 改变时触发 change 事件，event.detail = {value: value}
disabled	boolean	false	是否禁用

示例代码如下。

```
<view class="section">
  <view class="section__title">时间选择器</view>
  <picker mode="time" value="{{time}}" start="09:01" end="21:01" bindchange=
"bindTimeChange">
    <view class="picker">
      当前选择：{{time}}
    </view>
  </picker>
</view>
```

```
Page({
  data: {
    time: '12:01'
  },
  bindTimeChange: function(e) {
    this.setData({
      time: e.detail.value
    })
  }
})
```

时间选择器界面效果如图 6.10 所示。

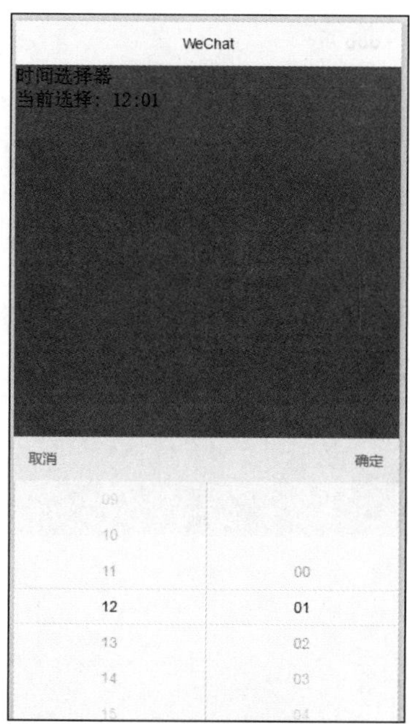

图 6.10　时间选择器界面效果

3. 日期选择器：mode=date

日期选择器的属性如表 6.8 所示。

表 6.8　日期选择器的属性

属性	类型	默认值	说明
value	string	当天	表示选中的日期，格式为“YYYY-MM-DD”
start	string		表示有效日期范围的开始，格式为“YYYY-MM-DD”
end	string		表示有效日期范围的结束，格式为“YYYY-MM-DD”
fields	string	day	有效值为 year、month、day，表示日期选择器的粒度
bindchange	eventhandle		value 改变时触发 change 事件，event.detail = {value: value}

示例代码如下。

```
<view class="section">
  <view class="section__title">日期选择器</view>
  <picker mode="date" value="{{date}}" start="2023-06-01" end="2023-09-01"
bindchange="bindDateChange">
    <view class="picker">
      当前选择：{{date}}
    </view>
  </picker>
</view>
```

```
Page({
 data: {
   date: '2023-07-01'
 },
 bindDateChange: function(e) {
   this.setData({
     date: e.detail.value
   })
 }
})
```

日期选择器界面效果如图 6.11 所示。

图 6.11　日期选择器界面效果

4．多列选择器：mode=multiSelector

多列选择器的属性如表 6.9 所示。

表 6.9　多列选择器的属性

属性	类型	说明
range	array/objectArray	mode 为 selector 或 multiSelector 时，range 有效
range-key	string	当 range 是一个对象数组时，通过 range-key 来指定 Object 中 key 的值作为多列选择器的显示内容
value	array	表示选择了 range 中的第几项（下标从 0 开始）
bindchange	eventhandle	value 改变时触发 change 事件，event.detail = {value}
bindcolumnchange	eventhandle	列发生改变时触发

示例代码如下。

```
<view class="section">
  <view class="section__title">多列选择器</view>
  <picker mode="multiSelector" bindchange="bindMultiPickerChange" bindcolumnchange=
"bindMultiPickerColumnChange" value="{{multiIndex}}" range="{{multiArray}}">
    <view class="picker">
      当前选择:{{multiArray[0][multiIndex[0]]}}, {{multiArray[1][multiIndex[1]]}},
{{multiArray[2][multiIndex[2]]}}
    </view>
  </picker>
</view>
```

```
  Page({
   data: {
     multiArray: [['无脊椎动物', '脊椎动物'], ['扁形动物', '线形动物', '环节动物',
'软体动物', '节肢动物'], ['猪肉绦虫', '血吸虫']],
     objectMultiArray: [
       [
         {
           id: 0,
           name: '无脊椎动物'
         },
         {
           id: 1,
           name: '脊椎动物'
         }
       ], [
         {
           id: 0,
           name: '扁形动物'
         },
         {
           id: 1,
           name: '线形动物'
         },
         {
           id: 2,
           name: '环节动物'
         },
         {
           id: 3,
           name: '软体动物'
         },
         {
           id: 3,
           name: '节肢动物'
         }
       ], [
         {
           id: 0,
           name: '猪肉绦虫'
         },
         {
           id: 1,
           name: '血吸虫'
         }
       ]
     ],
     multiIndex: [0, 0, 0]
   },
   bindMultiPickerChange: function (e) {
     console.log('picker发送选择改变，携带值为', e.detail.value)
     this.setData({
       multiIndex: e.detail.value
     })
   },
   bindMultiPickerColumnChange: function (e) {
     console.log('修改的列为', e.detail.column, '，值为', e.detail.value);
     var data = {
       multiArray: this.data.multiArray,
       multiIndex: this.data.multiIndex
     };
```

```
      data.multiIndex[e.detail.column] = e.detail.value;
      switch (e.detail.column) {
        case 0:
          switch (data.multiIndex[0]) {
            case 0:
              data.multiArray[1] = ['扁形动物', '线形动物', '环节动物', '软体动物',
'节肢动物'];
              data.multiArray[2] = ['猪肉绦虫', '血吸虫'];
              break;
            case 1:
              data.multiArray[1] = ['鱼', '两栖动物', '爬行动物'];
              data.multiArray[2] = ['鲫鱼', '带鱼'];
              break;
          }
          data.multiIndex[1] = 0;
          data.multiIndex[2] = 0;
          break;
        case 1:
          switch (data.multiIndex[0]) {
            case 0:
              switch (data.multiIndex[1]) {
                case 0:
                  data.multiArray[2] = ['猪肉绦虫', '血吸虫'];
                  break;
                case 1:
                  data.multiArray[2] = ['蛔虫'];
                  break;
                case 2:
                  data.multiArray[2] = ['蚂蚁', '蚂蟥'];
                  break;
                case 3:
                  data.multiArray[2] = ['河蚌', '蜗牛', '蛞蝓'];
                  break;
                case 4:
                  data.multiArray[2] = ['昆虫', '甲壳动物', '蛛形动物', '多足动物'];
                  break;
              }
              break;
            case 1:
              switch (data.multiIndex[1]) {
                case 0:
                  data.multiArray[2] = ['鲫鱼', '带鱼'];
                  break;
                case 1:
                  data.multiArray[2] = ['青蛙', '大鲵'];
                  break;
                case 2:
                  data.multiArray[2] = ['蜥蜴', '龟', '壁虎'];
                  break;
              }
              break;
          }
          data.multiIndex[2] = 0;
          break;
      }
      console.log(data.multiIndex);
      this.setData(data);
    }
  })
```

多列选择器界面效果如图 6.12 所示。

图 6.12　多列选择器界面效果

5. 省市区选择器：mode=region

省市区选择器的属性如表 6.10 所示。

表 6.10　省市区选择器的属性

属性	类型	说明
value	string	表示选中的省市区，默认选中每一列的第一个值
custom-item	string	可为每一列的顶部添加一个自定义的项
bindchange	eventhandle	value 改变时触发 change 事件，event.detail = {value, code, postcode}，其中字段 code 是统计用区划代码，postcode 是邮政编码

示例代码如下。

```
<view class="section">
  <view class="section__title">省市区选择器</view>
  <picker mode="region" bindchange="bindRegionChange" value="{{region}}" 
custom-item="{{customItem}}">
    <view class="picker">
      当前选择:{{region[0]}}, {{region[1]}}, {{region[2]}}
    </view>
  </picker>
</view>
```

```
Page({
 data: {
   region: ['广东省', '广州市', '海珠区'],
   customItem: '全部'
 },
 bindRegionChange: function (e) {
   console.log('picker 发送选择改变, 携带值为', e.detail.value)
   this.setData({
     region: e.detail.value
   })
 }
})
```

省市区选择器界面效果如图 6.13 所示。

6. 嵌入页面滚动选择器

除了以上 5 种常用的滚动选择器外，还有一种嵌入页面的滚动选择器，可以使用 picker-view 组件在页面里进行布局，其界面效果如图 6.14 所示。

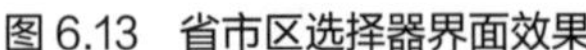
图 6.13　省市区选择器界面效果

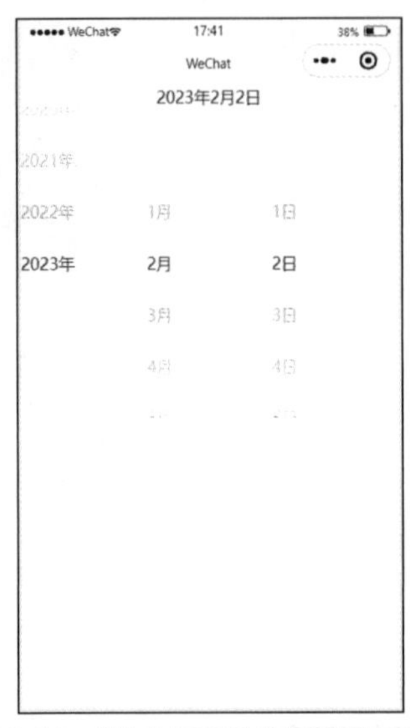

图 6.14　嵌入页面滚动选择器界面效果

嵌入页面滚动选择器中只能使用<picker-view-column/>组件，其属性如表 6.11 所示。

表 6.11　嵌入页面滚动选择器的属性

属性	类型	说明
value	Array.<number>	数组中的数字依次表示选择器内的 picker-view-column 选择的是第几项（下标从 0 开始），数字大于 picker-view-column 可选项数量时，选择最后一项
indicator-style	string	设置选择器中间选中框的样式
indicator-class	string	设置选择器中间选中框的类名
mask-style	string	设置蒙层的样式
mask-class	string	设置蒙层的类名
bindchange	eventhandle	滚动选择时触发 change 事件，event.detail = {value}；value 为数组，表示选择器内的 picker-view-column 当前选择的是第几项（下标从 0 开始）
bindpickstart	eventhandle	当滚动选择开始时触发事件
bindpickend	eventhandle	当滚动选择结束时触发事件

示例代码如下。

```
<view>
  <view style="text-align:center">{{year}}年{{month}}月{{day}}日</view>
  <picker-view indicator-style="height: 50px;" style="width: 100%; height: 300px;" value="{{value}}" bindchange= "bindChange">
    <picker-view-column>
      <view wx:for="{{years}}" style="line-height: 50px">{{item}}年</view>
    </picker-view-column>
    <picker-view-column>
      <view wx:for="{{months}}" style="line-height: 50px">{{item}}月</view>
    </picker-view-column>
    <picker-view-column>
      <view wx:for="{{days}}" style="line-height: 50px">{{item}}日</view>
    </picker-view-column>
  </picker-view>
</view>
```

```
const date = new Date()
```

```
const years = [ ]
const months = [ ]
const days = [ ]

for (let i = 1990; i <= date.getFullYear(); i++) {
  years.push(i)
}

for (let i = 1 ; i <= 12; i++) {
  months.push(i)
}

for (let i = 1 ; i <= 31; i++) {
  days.push(i)
}

Page({
 data: {
    years: years,
    year: date.getFullYear(),
    months: months,
    month: 2,
    days: days,
    day: 2,
    year: date.getFullYear(),
    value: [9999, 1, 1],
  },
  bindChange: function(e) {
    const val = e.detail.value
    this.setData({
      year: this.data.years[val[0]],
      month: this.data.months[val[1]],
      day: this.data.days[val[2]]
    })
  }
})
```

6.1.8 slider 滑动选择器组件

slider 滑动选择器组件常用于控制声音的大小、屏幕的亮度等场景，它可以设置滑动步长，显示当前值并设置最小值和最大值，如图 6.15 所示。

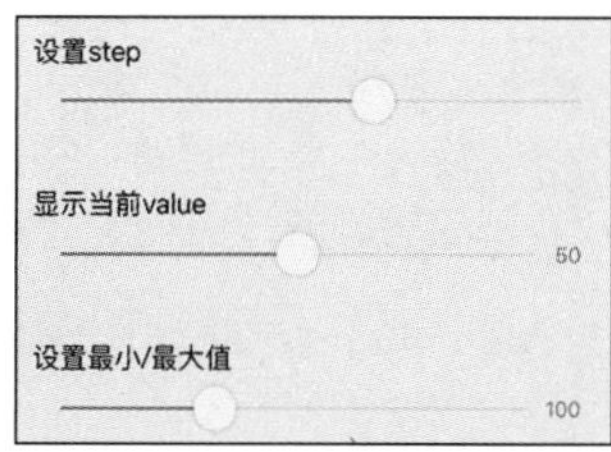

图 6.15 slider 滑动选择器

slider 滑动选择器组件的属性如表 6.12 所示。

表 6.12 slider 滑动选择器组件的属性

属性	类型	默认值	说明
min	number	0	最小值
max	number	100	最大值

续表

属性	类型	默认值	说明
step	number	1	步长，取值必须大于 0，并且可被（max-min）整除
disabled	boolean	false	是否禁用
value	number	0	当前取值
color	color	#e9e9e9	背景条的颜色（请使用 backgroundColor）
selected-color	color	#1aad19	已选择的颜色（请使用 activeColor）
activeColor	color	#1aad19	已选择的颜色
backgroundColor	color	#e9e9e9	背景条的颜色
block-size	number	28	滑块的大小，取值范围为 12～28
block-color	color	#ffffff	滑块的颜色
show-value	boolean	false	是否显示当前 value
bindchange	eventhandle		完成一次拖动后触发的事件，event.detail = {value: value}
bindchanging	eventhandle		拖动过程中触发的事件，event.detail = {value}

示例代码如下。

```
<view class="section section_gap">
  <text class="section__title">设置 step</text>
  <view class="body-view">
    <slider bindchange="sliderchange" step="5"/>
  </view>
</view>

<view class="section section_gap">
  <text class="section__title">显示当前 value</text>
  <view class="body-view">
    <slider bindchange="sliderchange" show-value/>
  </view>
</view>

<view class="section section_gap">
  <text class="section__title">设置最小/最大值</text>
  <view class="body-view">
    <slider bindchange="sliderchange" min="50" max="200" show-value/>
  </view>
</view>

<view class="section section_gap">
  <text class="section__title">设置颜色</text>
  <view class="body-view">
    <slider bindchange="sliderchange"  color="black" selected-color="red"/>
  </view>
</view>

<view class="section section_gap">
  <text class="section__title">禁用</text>
  <view class="body-view">
    <slider bindchange="sliderchange" disabled show-value/>
  </view>
</view>
```

slider 滑动选择器组件界面效果如图 6.16 所示。

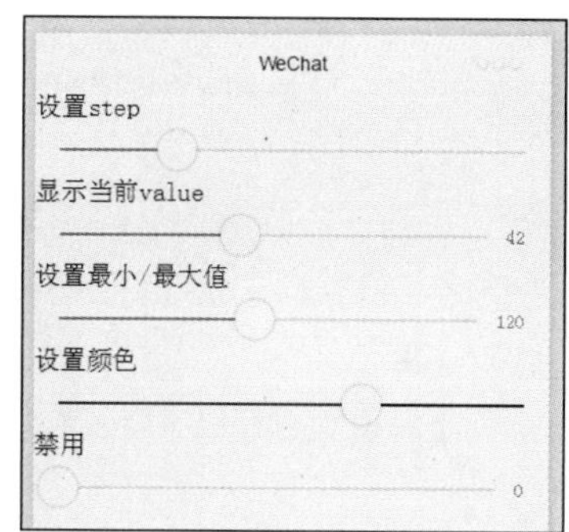

图 6.16　slider 滑动选择器组件界面效果

6.1.9　switch 开关选择器组件

switch 开关选择器组件有两个状态：开、关。很多场景中会用到这个组件，例如，微信设置里的新消息提醒界面就通过该组件来设置是否接收消息、是否显示消息、是否有声音等，如图 6.17 所示。

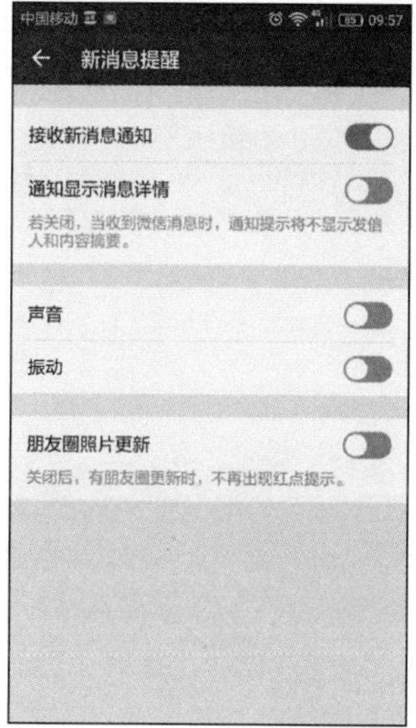

图 6.17　微信新消息提醒界面

switch 开关选择器组件的属性如表 6.13 所示。

表 6.13　switch 开关选择器组件的属性

属性	类型	默认值	说明
checked	boolean	false	是否选中
disabled	boolean	false	是否禁用
type	string	switch	样式，有效值为 switch 和 checkbox
bindchange	eventhandle		点击导致 checked 改变时会触发 change 事件，event.detail={value}
color	string	#04be02	switch 开关选择器组件的颜色，同 CSS 中的 color

示例代码如下。

```
<view style="background-color:#cccccc;height:600px;">
  <view style="padding-top:10px;"></view>
  <view style="display:flex;flex-direction:row;background-color:#ffffff;
```

```
height:50px;line-height:50px;">
        <view style="font-weight:bold;">接收新消息通知</view>
        <view style="position:absolute;right:10px;">
          <switch type="switch" checked/>
        </view>
      </view>
      <view style="height:1px;background-color:#f2f2f2;opacity:0.2"></view>
      <view style="display:flex;flex-direction:row;background-color:#ffffff;
height:50px;line-height:50px;">
        <view style="font-weight:bold;">通知显示消息详情</view>
        <view style="position:absolute;right:10px;">
          <switch type="switch"/>
        </view>
      </view>
      <view style="height:1px;background-color:#f2f2f2;opacity:0.2"></view>

      <view style="margin-top:20px;"></view>
      <view style="height:1px;background-color:#f2f2f2;opacity:0.2"></view>
      <view style="display:flex;flex-direction:row;background-color:#ffffff;
height:50px;line-height:50px;">
        <view style="font-weight:bold;">声音</view>
        <view style="position:absolute;right:10px;">
          <switch type="checkbox" checked/>
        </view>
      </view>
      <view style="height:1px;background-color:#f2f2f2;opacity:0.2"></view>
      <view style="height:1px;background-color:#f2f2f2;opacity:0.2"></view>
      <view style="display:flex;flex-direction:row;background-color:#ffffff;
height:50px;line-height:50px;">
        <view style="font-weight:bold;">振动</view>
        <view style="position:absolute;right:10px;">
          <switch type="checkbox"/>
        </view>
      </view>
      <view style="height:1px;background-color:#f2f2f2;opacity:0.2"></view>
    </view>
```

switch 开关选择器界面效果如图 6.18 所示。

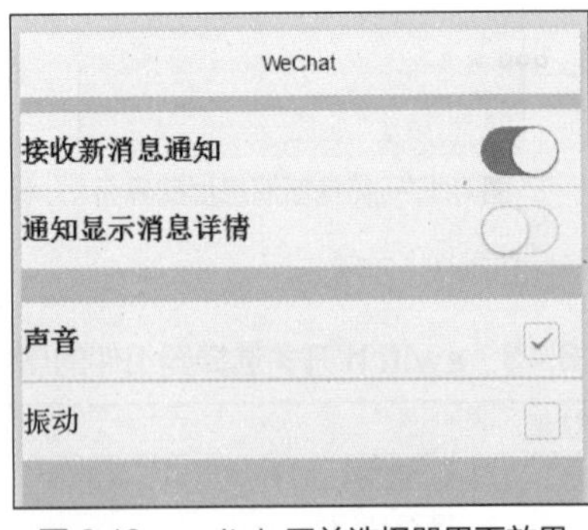

图 6.18　switch 开关选择器界面效果

6.1.10　form 表单组件

form 表单组件用来将表单中的值提交给 JS 文件进行处理，它可以提交<switch/>、<input/>、<checkbox/>、<slider/>、<radio/>、<picker/>这些组件的值。提交表单的时候，借助 form-type 值为 submit 的 button 组件，可以对表单组件中的 value 值进行提交（需要在表单组件中加上 name 来作为 key）。form 表单组件的属性如表 6.14 所示。

表 6.14　form 表单组件的属性

属性	类型	默认值	说明
report-submit	boolean	false	是否返回 formId 用于发送模板消息
report-submit-timeout	number	0	等待一段时间（单位为 ms）以确认 formId 是否生效。如果未指定这个参数，则 formId 有很小的概率是无效的（如遇到网络失败的情况）。指定这个参数可以检测 formId 是否有效，以指定参数的时间作为这项检测的超时时间。如果失败，则将返回 requestFormId:fail 开头的 formId
bindsubmit	eventhandle		携带 form 中的数据触发 submit 事件，event.detail = {value:{'name':'value'},formId:''}
bindreset	eventhandle		表单重置时会触发 reset 事件

示例代码如下。

```
<form bindsubmit="formSubmit" bindreset="formReset">
  <view style="margin:10px;">
    <view style="font-weight:bold;">switch 开关选择器</view>
    <switch name="switch"/>
  </view>
  <view style="margin:10px;">
    <view style="font-weight:bold;">slider 滑动选择器</view>
    <slider name="slider" show-value ></slider>
  </view>

  <view style="margin:10px;">
    <view style="font-weight:bold;">input 单行输入框</view>
    <input name="input" placeholder="please input here" />
  </view>
  <view style="margin:10px;">
    <view style="font-weight:bold;">radio 单项选择器</view>
    <radio-group name="radio-group">
      <label><radio value="radio1"/>radio1</label>
      <label><radio value="radio2"/>radio2</label>
    </radio-group>
  </view>
  <view style="margin:10px;">
    <view style="font-weight:bold;">checkbox 多项选择器</view>
    <checkbox-group name="checkbox">
      <label><checkbox value="checkbox1"/>checkbox1</label>
      <label><checkbox value="checkbox2"/>checkbox2</label>
    </checkbox-group>
  </view>
  <view class="btn-area">
    <button form-type="submit" type="primary">Submit</button>
    <button form-type="reset">Reset</button>
  </view>
</form>
```

```
Page({
  formSubmit: function(e) {
    console.log('form 发生了 submit 事件，携带数据为:', e.detail.value)
  },
  formReset: function() {
    console.log('form 发生了 reset 事件')
  }
})
```

未填写表单和填写表单后界面效果分别如图 6.19 和图 6.20 所示。

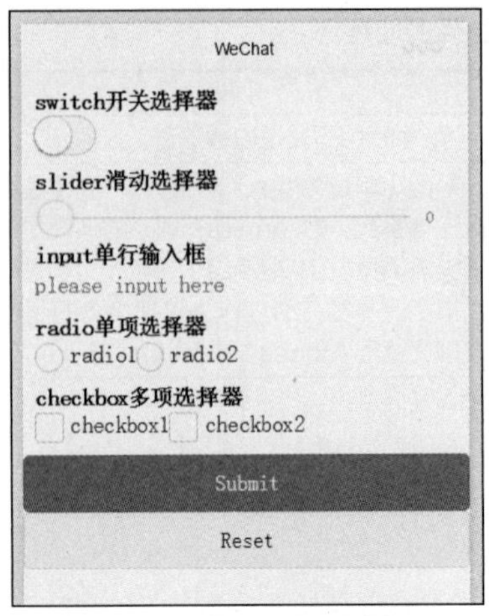

图 6.19 未填写表单界面效果

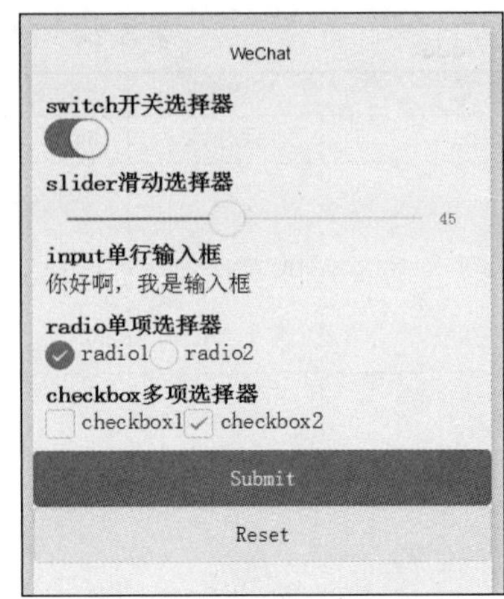

图 6.20 填写表单后界面效果

点击“Reset”按钮可以重置表单，点击“Submit”按钮可以把表单数据提交到 JS 文件里进行处理，图 6.20 中表单提交的数据如图 6.21 所示。

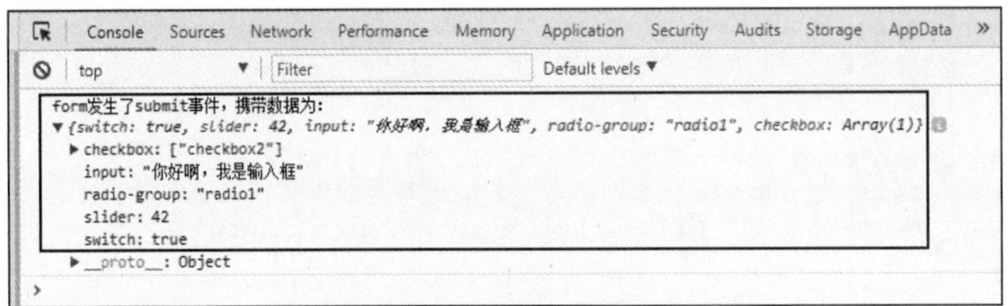

图 6.21 表单提交的数据

6.1.11 项目实战：任务 2——实现注册功能

1. 任务目标

综合应用容器组件和表单组件来实现莫凡商城注册功能。莫凡商城注册页面包含用户名、手机号、密码、确认密码、昵称 5 个字段，如图 6.22 所示。

图 6.22 注册页面

2. 任务实施

下面来实现莫凡商城注册功能。

（1）在 app.json 文件里添加注册页的路径"pages/register/register"。

（2）在 register.wxml 文件里进行表单布局设计，包括 5 个字段，具体代码如下。

```
<form bindsubmit="formSubmit" bindreset="formReset">
<view class="content">
    <view class="loginTitle">
      创建账号
    </view>
    <view class="hr"></view>
  <view class="accountType">
    <view class="account">
        <view class="ac">用户名</view>
        <view class="ipt"><input name="loginName" type="text" placeholder="请输
入用户名" class="placeholder- style"/></view>
    </view>
      <view class="hr"></view>
      <view class="account">
        <view class="ac">手机号</view>
        <view class="ipt"><input name="mobile" type="text" placeholder="请输入
手机号" class="placeholder- style"/> </view>
    </view>
      <view class="hr"></view>
      <view class="account">
        <view class="ac">密码</view>
        <view class="ipt"><input name="loginPassword" type="text" password
placeholder="请输入密码" class= "placeholder-style"/></view>
    </view>
    <view class="hr"></view>
    <view class="account">
        <view class="ac">确认密码</view>
        <view class="ipt"><input name="confirmPassword" type="text" password
placeholder="请确认密码" class= "placeholder-style"/></view>
    </view>
    <view class="hr"></view>
    <view class="account">
        <view class="ac">昵称</view>
        <view class="ipt"><input name="nickName" type="text" placeholder="请输
入昵称" class="placeholder- style"/></view>
    </view>
    <view class="hr"></view>
    <view class="login">
       <button form-type="submit">注册</button>
       <view class="tip">{{tip}}</view>
    </view>
  </view>
</view>
</form>
```

（3）在 register.wxss 页面文件里进行表单样式设计，具体代码如下。

```
.content{
  height: 600px;
}
.loginTitle{
     margin: 10px;
     text-align: center;
}
.select{
    font-size:12px;
```

```
    color: red;
    width: 50%;
    text-align: center;
    height: 45px;
    line-height: 45px;
    border-bottom:5rpx solid red;
}
.default{
    font-size:12px;
    margin: 0 auto;
    padding: 15px;
}
.hr{
    border: 1px solid #cccccc;
    opacity: 0.2;
}
.account{
    display: flex;
    flex-direction: row;
    align-items: center;
}
.ac{
    padding:15px;
    font-size:14px;
    font-weight: bold;
    color: #666666;
    width: 60px;
    text-align: center;
}
.ipt input{
    text-align: left;
    width: 200px;
    color: #000000;
}
.placeholder-style{
    font-size: 14px;
    color: #cccccc;
}
.login{
    margin: 0 auto;
    text-align: center;
    padding-top:10px;
}
.login button{
   width: 96%;
   color: #ffffff;
   background: #009966;
}
.tip{
   margin-top:10px;
   font-size: 12px;
   color: #d53e37;
}
```

（4）在register.js页面文件里添加表单字段验证函数和表单提交函数，并发起网络请求，将表单数据提交到后台服务器以实现注册功能，具体代码如下。

```
var app = getApp();
var host = app.globalData.host;
Page({
 data: {
   tip: ''//提示信息
```

```
    },
    formSubmit: function (e) {//提交表单
      var that = this;
      var loginName = e.detail.value.loginName;
      var mobile = e.detail.value.mobile;
      var loginPassword = e.detail.value.loginPassword;
      var confirmPassword = e.detail.value.confirmPassword;
      var nickName = e.detail.value.nickName;
      //验证表单输入
      var ret = that.checkUser(loginName, mobile, loginPassword, confirmPassword,
nickName);
      if(ret){
         wx.request({
           url: host + '/api/user/register',
           method: 'GET',
           data: { 'loginName': loginName,  'mobile': mobile,  'loginPassword':
loginPassword,  'confirmPassword': confirmPassword,  'nickName': nickName },
           header: {
             'Content-Type': 'application/json'
           },
           success: function (res) {
             var code = res.data.code;
             var msg = res.data.data;
             if (code == '0000') {
                wx.redirectTo({
                 url: '../login/login'
                })
             } else {
               that.setData({ tip: msg });
               return false
             }
           }
         })
       }
     },
     checkUser: function(loginName, mobile, loginPassword, confirmPassword,
nickName){//验证表单
        var that = this;
        if (loginName == "") {
           that.setData({ tip: '用户名不能为空！' });
           return false
        }

        if (mobile == '') {
           that.setData({ tip: '手机号不能为空！' });
           return false
        }

        var myreg = /^[1][3, 4, 5, 7, 8][0-9]{9}$/;
        if (!myreg.test(mobile)) {
           that.setData({ tip: '手机号不合法！' });
           return false;
        }

        if (loginPassword == ' ') {
           that.setData({ tip: '密码不能为空！' });
           return false
        }

        if (confirmPassword == ' ') {
```

```
            that.setData({ tip: '确认密码不能为空！' });
            return false
        }

        if (loginPassword != confirmPassword) {
            that.setData({ tip: '两次密码输入不一致！' });
            return false
        }

        if (nickName == '') {
            that.setData({ tip: '昵称不能为空！' });
            return false
        }
      that.setData({ tip: '' });
          return true
    }
})
```

莫凡商城注册功能效果如图 6.23 所示。

图 6.23　莫凡商城注册功能效果

综上所述，在应用 view 容器组件、form 表单组件、input 输入框组件及表单验证、表单提交、发起网络请求等内容之后，实现了莫凡商城注册功能。

6.2 微信小程序界面交互 API

慕课视频

微信小程序界面交互 API

微信小程序界面交互 API 包括 wx.showToast()显示消息提示框 API、wx.hideToast()隐藏消息提示框 API、wx.showModal()显示模态对话框 API、wx.showLoading()显示 loading 提示框 API、wx.hideLoading()隐藏 loading 提示框 API、wx.showActionSheet()显示操作菜单 API。使用这些界面交互 API，可以为用户创造良好的使用体验，并提供提示信息。

6.2.1 wx.showToast()/wx.hideToast()显示/隐藏消息提示框 API

wx.showToast()用来显示消息提示框，wx.hideToast()用来隐藏消息提示框。

wx.showToast()的参数说明如表 6.15 所示。

表 6.15 wx.showToast()的参数说明

参数	类型	默认值	说明
title	string		提示的内容
icon	string	success	图标，包括 success 显示成功图标，此时 title 文本最多显示 7 个汉字长度；error 显示失败图标，此时 title 文本最多显示 7 个汉字长度；loading 显示加载图标，此时 title 文本最多显示 7 个汉字长度；none 不显示图标，此时 title 文本最多可显示两行
image	string		自定义图标的本地路径，image 的优先级高于 icon
duration	number	1500	提示的延迟时间
mask	boolean	false	是否显示透明蒙层，防止触摸穿透
success	function		接口调用成功的回调函数
fail	function		接口调用失败的回调函数
complete	function		接口调用结束的回调函数（调用成功、失败都会执行）

wx.hideToast()的参数说明如表 6.16 所示。

表 6.16 wx.hideToast()的参数说明

参数	类型	默认值	说明
noConflict	boolean	false	目前 toast 和 loading 相关接口可以相互混用，此参数可用于取消混用特性
success	function		接口调用成功的回调函数
fail	function		接口调用失败的回调函数
complete	function		接口调用结束的回调函数（调用成功、失败都会执行）

示例代码如下。

```
Page({
 onLoad:function(){
   //显示成功提示信息
   wx.showToast({
    title: '成功',
    icon: 'success',
    duration: 2000
   })

   //显示加载中提示信息
   wx.showToast({
    title: '加载中',
    icon: 'loading',
    duration: 2000
   })

   //不显示图标提示信息
   wx.showToast({
    title: '不显示 icon',
    icon: 'none',
    duration: 2000
   })

   //显示图片图标提示信息
   wx.showToast({
    title: '图片图标',
    icon: 'none',
    image:'../images/icon/payyes.jpg',
    duration: 2000
   })
```

```
        //隐藏提示信息
        wx.hideToast()
      }
    })
```

界面效果如图6.24～图6.27所示。

图6.24　显示成功图标界面效果

图6.25　显示加载中图标界面效果

图6.26　不显示图标界面效果

图6.27　图片图标界面效果

6.2.2　wx.showModal()显示模态对话框API

wx.showModal()用来显示模态对话框。wx.showModal()的参数说明如表6.17所示。

表6.17　wx.showModal()的参数说明

参数	类型	默认值	说明
title	string	false	提示的标题
content	string		提示的内容
showCancel	boolean	true	是否显示“取消”按钮
cancelText	string	取消	“取消”按钮的文字，最多4个字符
cancelColor	string	#000000	“取消”按钮的文字颜色，必须是十六进制格式的颜色字符串
confirmText	string	确定	“确定”按钮的文字，最多4个字符
confirmColor	string	#576b95	“确定”按钮的文字颜色，必须是十六进制格式的颜色字符串
success	function		接口调用成功的回调函数
fail	function		接口调用失败的回调函数
complete	function		接口调用结束的回调函数（调用成功、失败都会执行）

示例代码如下。

```
Page({
 onLoad:function(){
   wx.showModal({
    title: '温馨提示',
    content: '这是一个模态对话框',
    success(res) {
     if (res.confirm) {
       console.log('用户点击确定')
     } else if (res.cancel) {
       console.log('用户点击取消')
     }
    }
   })
 }
})
```

模态对话框界面效果如图6.28所示。

图6.28　模态对话框界面效果

6.2.3 wx.showLoading()/wx.hideLoading()显示/隐藏 loading 提示框 API

wx.showLoading()用来显示 loading 提示框，wx.hideLoading()用来隐藏 loading 提示框。wx.showLoading()的参数说明如表 6.18 所示。

表 6.18 wx.showLoading()的参数说明

参数	类型	默认值	说明
title	string		提示的内容
mask	boolean	false	是否显示透明蒙层，防止触摸穿透
success	function		接口调用成功的回调函数
fail	function		接口调用失败的回调函数
complete	function		接口调用结束的回调函数（调用成功、失败都会执行）

wx.hideLoading()的参数说明如表 6.19 所示。

表 6.19 wx.hideLoading()的参数说明

参数	类型	默认值	说明
noConflict	boolean	false	目前 toast 和 loading 相关接口可以相互混用，此参数可用于取消混用特性
success	function		接口调用成功的回调函数
fail	function		接口调用失败的回调函数
complete	function		接口调用结束的回调函数（调用成功、失败都会执行）

示例代码如下。

```
Page({
 onLoad:function(){
   //显示 loading 提示框
   wx.showLoading({
    title: '加载中',
   })

   //隐藏 loading 提示框
   wx.hideLoading()
 }
})
```

loading 提示框界面效果如图 6.29 所示。

图 6.29 loading 提示框界面效果

6.2.4 wx.showActionSheet()显示操作菜单 API

wx.showActionSheet()用来显示操作菜单，最多显示 6 个。wx.showActionSheet()的参数说明如表 6.20 所示。

表 6.20 wx.showActionSheet()的参数说明

参数	类型	默认值	说明
itemList	Array.<string>		按钮的文字数组，数组长度最大为 6
itemColor	string	#000000	按钮的文字颜色

续表

参数	类型	默认值	说明
success	function		接口调用成功的回调函数
fail	function		接口调用失败的回调函数
complete	function		接口调用结束的回调函数（调用成功、失败都会执行）

示例代码如下。

```
Page({
 onLoad:function(){
   wx.showActionSheet({
     itemList: ['小学', '初中', '高中', '大学'],
     success(res) {
       console.log(res.tapIndex)
     },
     fail(res) {
       console.log(res.errMsg)
     }
   })
 }
})
```

操作菜单界面效果如图 6.30 所示。

图 6.30　操作菜单界面效果

6.3 定时器 API

微信小程序提供了定时器 API，可以用两种方式设置定时器：一种是 setTimeout()，在定时到期以后执行注册的回调函数；另一种是 setInterval()，按照指定的周期（以 ms 计）来执行注册的回调函数。这两种方式的区别在于：setTimeout()会在达到设定时间后执行一次，如定时 5 分钟，那么在 5 分钟后这个定时器就会执行一次；setInterval()按照设定的周期来执行，如设置每 5 分钟执行一次，那么每间隔 5 分钟定时器就会执行一次。下面是定时器用到的 API。

（1）number setTimeout（function callback, number delay, any rest）:

设定一个定时器，在定时到期以后执行注册的回调函数。

参数说明：function callback 为回调函数；number delay 为延迟的时间，函数的调用会在该延迟之后发生，单位为 ms；any rest 为附加参数，会作为参数传递给回调函数；返回值为 number，即定时器的编号，这个值可以传递给 clearTimeout()来取消该定时。

（2）clearTimeout（number timeoutID）：取消由 setTimeout()设置的定时器。

参数说明：number timeoutID 为要取消的定时器的 ID。

（3）number setInterval（function callback, number delay, any rest）：设定一个定时器，按照指定的周期（以 ms 计）来执行注册的回调函数。

参数说明：function callback 为回调函数；number delay 为执行两次回调函数的时间间隔，单位为 ms；any rest 为附加参数，会作为参数传递给回调函数；返回值为 number，即定时器的编号，这个值可以传递给 clearInterval()来取消该定时。

（4）clearInterval（number intervalID）：取消由 setInterval()设置的定时器。

参数说明：number intervalID 为要取消的定时器的 ID。

示例代码如下。

```
Page({
 onLoad:function(){
   var number1 = setTimeout(this.initTimeout, 1000,  { "name": "小刚" });
   //启动 setTimeout 定时器
   var number2 = setInterval(this.initInterval, 1000,  { "name": "小刚" });
   //启动 setInterval 定时器
   //clearTimeout(number1);//取消由 setTimeout 设置的定时器
   //clearInterval(number2);//取消由 setInterval 设置的定时器
 },
 initTimeout:function(res){
    console.log('setTimeout 定时器启动-----------------');
    console.log('setTimeout 定时器返回值如下:');
    console.log(res);


 },
 initInterval:function(res){
    console.log('setInterval 定时器启动----------------');
    console.log('setInterval 定时器返回值如下:');
    console.log(res);

 }
})
```

定时器的输出日志如图 6.31 所示。

```
setInterval定时器启动---------------        index.js:16
setInterval定时器返回值如下:                 index.js:17
▸ {name: "小刚"}                             index.js:18
setInterval定时器启动---------------        index.js:16
setInterval定时器返回值如下:                 index.js:17
▸ {name: "小刚"}                             index.js:18
setInterval定时器启动---------------        index.js:16
setInterval定时器返回值如下:                 index.js:17
▸ {name: "小刚"}                             index.js:18
setInterval定时器启动---------------        index.js:16
setInterval定时器返回值如下:                 index.js:17
▸ {name: "小刚"}                             index.js:18
```

图 6.31　定时器的输出日志

6.4 数据缓存 API

微信小程序提供数据本地缓存功能，如可以将用户信息缓存到本地，这样就不用每次调用服务器来获取这些信息了。数据缓存 API 用来将所需数据保存到本地，并可以获取本地缓存数据及清理缓存数据。

慕课视频

数据缓存 API

6.4.1 将数据缓存到本地

微信小程序为数据缓存到本地提供了两种方式：wx.setStorage()以异步方式将数据存储在本地缓存指定的 key 中；wx.setStorageSync()以同步方式将数据存储在本地缓存指定的 key 中。除非用户主动删除或由于存储空间原因被系统清理，否则缓存的数据一直可用。单个 key 允许存储的最大数据量为 1MB，所有数据的存储上限为 10MB。

1. wx.setStorage()

wx.setStorage()以异步方式将数据存储在本地缓存指定的 key 中，会覆盖原来该 key 对应的内容。其参数说明如表 6.21 所示。

表 6.21 wx.setStorage()的参数说明

参数	类型	是否必填	说明
key	string	是	本地缓存中指定的 key
data	any	是	需要存储的内容，只支持原生类型、Date 及能够通过 JSON.stringify 序列化的对象
success	function	否	接口调用成功的回调函数
fail	function	否	接口调用失败的回调函数
complete	function	否	接口调用结束的回调函数（调用成功、失败都会执行）

把用户信息缓存到本地的示例代码如下。

```
Page({
 onLoad: function () {
   var user = this.getUserInfo();
   console.log(user);
   wx.setStorage({
    key: 'user',
    data: user,
    success: function (res) {
      console.log(res);
    }
   })

 },
 getUserInfo: function () {
   var user = new Object();
   user.id='10000'
   user.name = 'xiaogang';
   user.userName = '小刚'
   return user;
 }
})
```

在 Storage 里可以查看本地缓存数据，如图 6.32 所示。

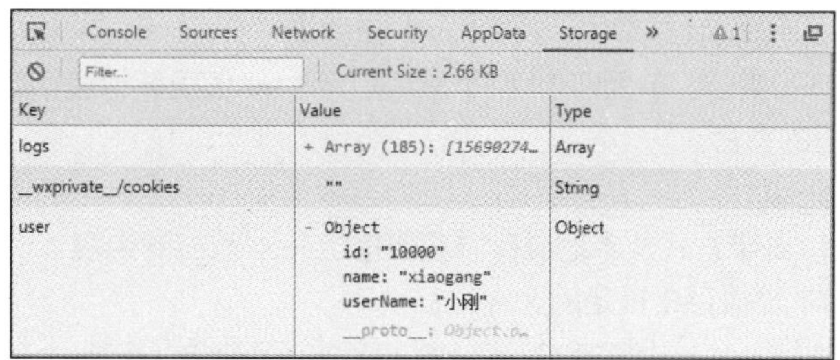

图 6.32　本地缓存数据（异步方式）

2. wx.setStorageSync()

wx.setStorageSync()以同步方式将数据存储到本地缓存指定的 key 中，会覆盖原来该 key 对应的内容，它比异步缓存数据更简捷。其参数说明如表 6.22 所示。

表 6.22　wx.setStorageSync()的参数说明

参数	类型	是否必填	说明
key	string	是	本地缓存中指定的 key
data	any	是	需要存储的内容，只支持原生类型、Date 及能够通过 JSON.stringify 序列化的对象

示例代码如下。

```
Page({
  onLoad: function () {
    var userSync = this.getUserInfo();
    console.log(userSync);
    //以同步方式将数据存储到本地
    wx.setStorageSync('userSync', userSync);
  },
  getUserInfo: function () {
    var user = new Object();
    user.id='10000'
    user.name = 'xiaogang';
    user.userName = '小刚'
    return user;
  }
})
```

在 Storage 里可以查看本地缓存数据，如图 6.33 所示。

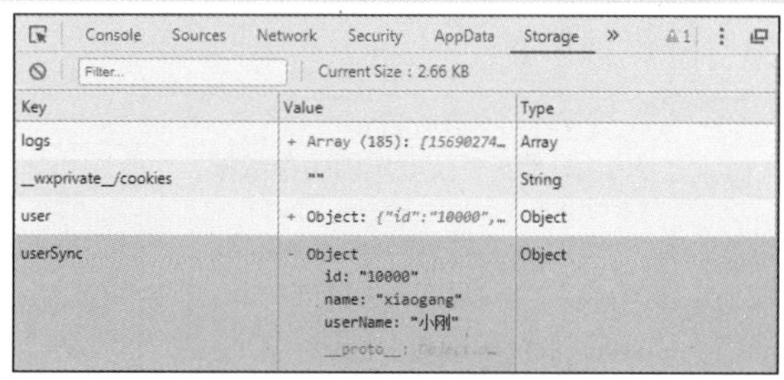

图 6.33　本地缓存数据（同步方式）

将数据缓存到本地后，无论是以同步方式还是以异步方式，都是通过 key/value 的形式存储数据的，只不过以同步方式缓存需要等本地缓存成功后，才可以继续执行下面的程序，而以异步方式缓存时不需要等待本地缓存成功即可直接继续执行程序。在数据缓存比较耗时的情况下，可以使用异步方式进行缓存，保证程序不用等待而继续执行。

6.4.2　获取本地缓存数据

小程序为获取本地缓存数据提供了 4 个 API: wx.getStorage()以异步方式从本地缓存中获取指定 key 对应的内容；wx.getStorageSync()以同步方式从本地缓存中获取指定 key 对应的内容；

wx.getStorageInfo()以异步方式获取本地所有 key 值的集合；wx.getStorageInfoSync()以同步方式获取本地所有 key 值的集合。前面两个 API 是从指定 key 值里获得缓存数据，而后面两个 API 是获取本地所有 key 值的集合。

1. wx.getStorage()

wx.getStorage()以异步方式从本地缓存中获取指定 key 对应的内容。

参数说明：key 为本地缓存中指定的 key。

在 6.4.1 小节中，使用了 wx.setStorage()将 user 以异步方式保存在本地，下面使用 wx.getStorage()来获取本地缓存数据，具体代码如下。

```
Page({
  onLoad:function(){
   //以异步方式获取本地缓存数据
   wx.getStorage({
    key: 'user',
    success: function(res){
      console.log(res);
    }
   })
  }
})
```

获取的本地缓存数据如图 6.34 所示。

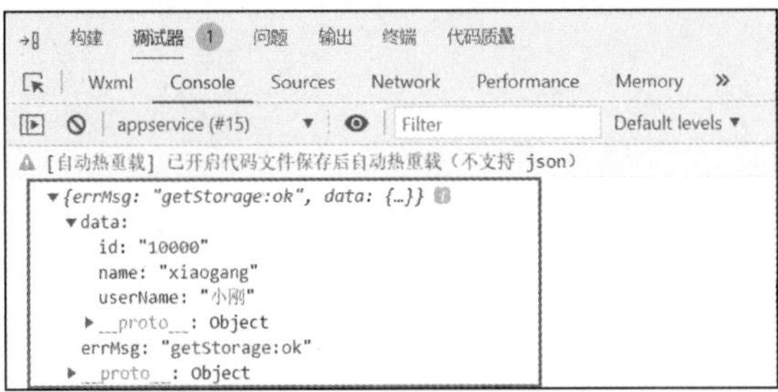

图 6.34　获取的本地缓存数据（异步方式）

2. wx.getStorageSync()

wx.getStorageSync()是一个同步接口，用来从本地缓存数据中同步获取指定 key 对应的内容。

参数说明：key 为本地缓存中指定的 key。

示例代码如下。

```
Page({
  onLoad:function(){
   //以同步方式获取本地缓存数据
   var userSync = wx.getStorageSync('userSync');
   console.log(userSync);
  }
})
```

获取的本地缓存数据如图 6.35 所示。

图 6.35　获取的本地缓存数据（同步方式）

3. wx.getStorageInfo()

wx.getStorage()和 wx.getStorageSync()这两个接口都是从本地的指定 key 值来获取数据的，而 wx.getStorageInfo()是以异步方式获取所有 key 值的集合，返回值的参数说明如表 6.23 所示。

表 6.23 返回值的参数说明

参数	类型	说明
keys	string/array	当前 Storage 中所有的 key
currentSize	number	当前占用的空间大小，单位为 kB
limitSize	number	限制的空间大小，单位为 kB

示例代码如下。

```
Page({
  onLoad:function(){
    wx.getStorageInfo({
      success: function(res){
        console.log(res);
      }
    })
  }
})
```

异步获取本地所有 key 值的集合如图 6.36 所示。

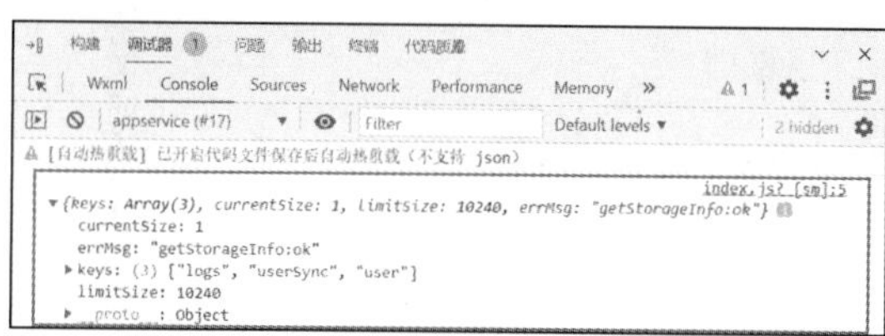

图 6.36 异步获取本地所有 key 值的集合

获取到本地所有的 key 值后，根据 key 值再调用 wx.getStorage()或 wx.getStorageSync()接口就可以获取本地数据了。

4. wx.getStorageInfoSync()

wx.getStorageInfoSync()以同步方法来获取本地所有 key 值的集合，示例代码如下。

```
Page({
  onLoad:function(){
   var storage = wx.getStorageInfoSync();
   console.log(storage);
  }
})
```

同步获取本地所有 key 值的集合如图 6.37 所示。

它和 wx.getStorageInfo()异步获取 Storage 返回的数据一样，都是所有的 key 值，可以根据 key 值查找完整的数据。

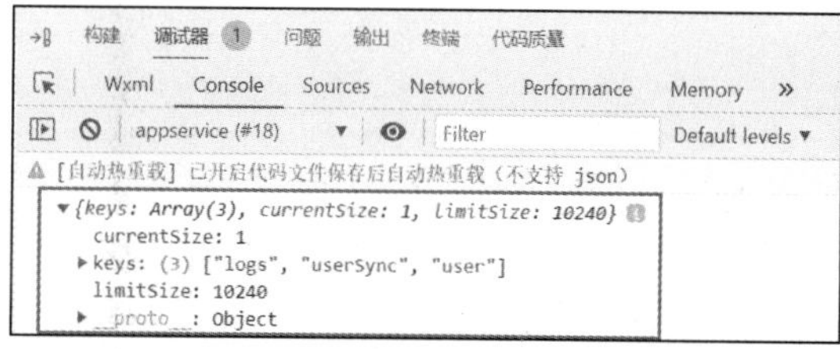

图 6.37 同步获取本地所有 key 值的集合

6.4.3 清理本地缓存数据

wx.removeStorage()、wx.removeStorageSync()用来从本地缓存中移除指定的 key；wx.clearStorage()、wx.clearStorageSync()用来清理本地所有缓存数据。

1. wx.removeStorage()

wx.removeStorage()用来异步从本地缓存中移除指定的 key。

在未移除前可以看到本地缓存中有 key=user 的数据，如图 6.38 所示。

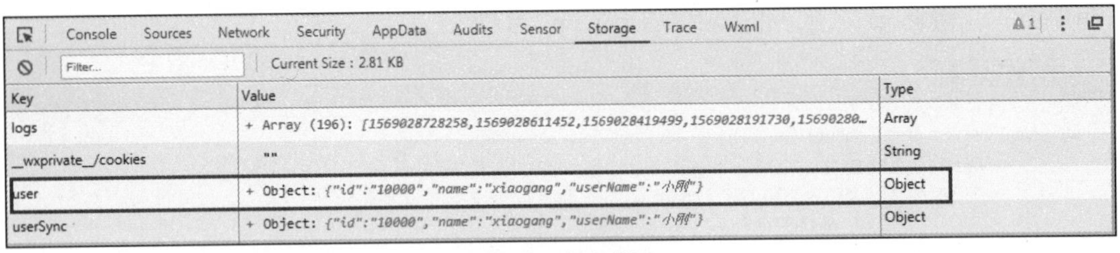

Console Sources Network Security AppData Audits Sensor Storage Trace Wxml

Filter... Current Size : 2.81 KB

Key	Value	Type
logs	+ Array (196): [1569028728258,1569028611452,1569028419499,1569028191730,15690280…	Array
wxprivate/cookies	""	String
user	+ Object: {"id":"10000","name":"xiaogang","userName":"小刚"}	Object
userSync	+ Object: {"id":"10000","name":"xiaogang","userName":"小刚"}	Object

图 6.38 缓存数据

下面从本地缓存中异步移除 key=user 的数据，具体代码如下。

```
Page({
  onLoad:function(){
   //异步移除 key=user 的数据
   wx.removeStorage({
     key: 'user',
     success: function(res){
       console.log(res);
     },
   })
  }
})
```

移除后，在本地缓存列表里就找不到 key=user 的缓存数据了。

2. wx.removeStorageSync()

wx.removeStorageSync()用来同步从本地缓存中移除指定的 key，它的效果和 wx.removeStorage()一样。

示例代码如下。

```
Page({
  onLoad:function(){
    //同步移除 key=userSync 的数据
    wx.removeStorageSync('userSync');
  }
})
```

3. wx.clearStorage()和 wx.clearStorageSync()

wx.clearStorage()和 wx.clearStorageSync()用来清理本地所有缓存数据，前者以异步方式操作，后者以同步方式操作。

示例代码如下。

```
wx.clearStorage()

try {
    wx.clearStorageSync()
} catch(e) {
}
```

6.4.4 从缓存获取图书列表数据

在莫凡商城的 index.js 文件里，getBookList()函数用来获取图书列表数据。下面使用缓存功能将数据缓存起来，并获取缓存的图书列表数据。

改写 index.js 文件中 getBookList()函数，具体代码如下。

```
getBookList: function () {//获取图书列表的方法
   var page = this;
   wx.request({
    url: host + '/api/goods/getHomeGoodsList',
    method: 'GET',
    data: {},
    header: {
      'Content-Type': 'application/json'
    },
    success: function (res) {
     var book = res.data.data;
     //将图书列表数据缓存到本地
     wx.setStorage({
      key: 'book',
      data: book,
     })
     //获取缓存到本地的图书列表数据
     book = wx.getStorageSync('book');
     console.log(book);
     var hotList = book.rmjs;//热门技术列表
     var spikeList = book.mssk;//特惠时刻书籍列表
     var bestSellerList = book.cxsj;//畅销书籍列表
     page.setData({ hotList: hotList });
     page.setData({ spikeList: spikeList });
     page.setData({ bestSellerList: bestSellerList });
    }
   })
 }
```

在 Storage 里可以查看图书列表本地缓存数据，如图 6.39 所示。

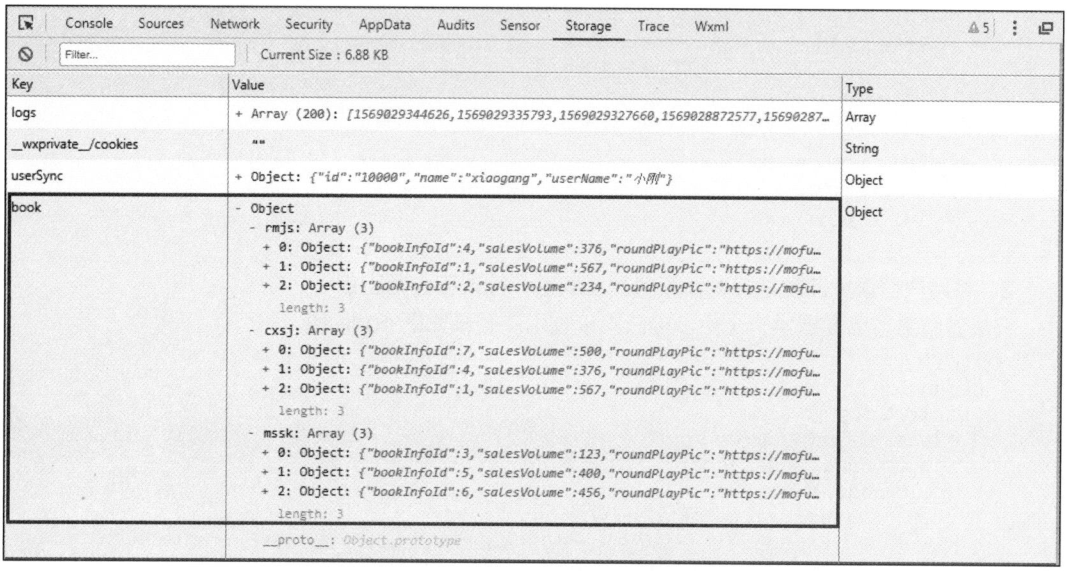

Key	Value	Type
logs	+ Array (200): [1569029344626,1569029335793,1569029327660,1569028872577,15690287…	Array
__wxprivate__/cookies	""	String
userSync	+ Object: {"id":"10000","name":"xiaogang","userName":"小刚"}	Object
book	- Object - rmjs: Array (3) + 0: Object: {"bookInfoId":4,"salesVolume":376,"roundPlayPic":"https://mofu… + 1: Object: {"bookInfoId":1,"salesVolume":567,"roundPlayPic":"https://mofu… + 2: Object: {"bookInfoId":2,"salesVolume":234,"roundPlayPic":"https://mofu… length: 3 - cxsj: Array (3) + 0: Object: {"bookInfoId":7,"salesVolume":500,"roundPlayPic":"https://mofu… + 1: Object: {"bookInfoId":4,"salesVolume":376,"roundPlayPic":"https://mofu… + 2: Object: {"bookInfoId":1,"salesVolume":567,"roundPlayPic":"https://mofu… length: 3 - mssk: Array (3) + 0: Object: {"bookInfoId":3,"salesVolume":123,"roundPlayPic":"https://mofu… + 1: Object: {"bookInfoId":5,"salesVolume":400,"roundPlayPic":"https://mofu… + 2: Object: {"bookInfoId":6,"salesVolume":456,"roundPlayPic":"https://mofu… length: 3 __proto__: Object.prototype	Object

图 6.39 图书列表本地缓存数据

6.5 登录相关 API

微信小程序登录需要使用登录 API、获取账号信息 API、获取用户信息 API、授权 API 及设置 API。

慕课视频

登录相关 API

6.5.1 登录API

登录功能是小程序必不可少的功能，微信小程序也提供了登录 API。微信小程序的登录可以分为以下几个步骤。

（1）在微信小程序里使用 wx.login()方法获取登录凭证 code 值。

（2）将 code 值和 AppId、secret（在微信公众平台中 AppID 的下面）、grant_type（授权类型）这 4 个参数发送到自己后台开发的服务器上，在后台服务器上请求路径 https://api.weixin.qq.com/sns/jscode2session（该链接是微信请求的接口地址，直接打开后不能使用，需要传递以上参数才能使用）。同时传递这 4 个参数，就能获取唯一标识（openid）和会话密钥（session_key）。

（3）取得唯一标识和会话密钥后，在自己后台开发的服务器上生成自己的 sessionId。

（4）微信小程序可以将服务器生成的 sessionId 信息保存到本地缓存（Storage）中。

（5）后续用户进入微信小程序时，先从本地缓存获得 sessionId，再将这个 sessionId 传输到服务器上进行查询以维护登录状态。

下面详细讲解这些步骤。

1. 用 wx.login()获取登录凭证 code 值

微信小程序使用 wx.login()接口来获取登录凭证 code 值，用户允许登录后，回调内容会带上 code 值（有效时间为 5 分钟），开发者需要将 code 值发送到开发者服务器后台，以获取 openid 和 session_key。

示例代码如下。

```
App({
  onLaunch: function() {
    wx.login({
     success:function(res){
       var code = res.code; //用户登录凭证
       if(code){
           console.log('获取用户登录凭证:'+code);
       }else{
           console.log('获取用户登录凭证失败');
       }
     }
    })
  }
})
```

2. 将用户登录凭证发往开发者服务器换取唯一标识和会话密钥

开发者服务器需要提供一个后台接口来接收用户登录凭证 code 值。

```
App({
  onLaunch: function() {
    wx.login({
     success:function(res){
       var code = res.code; //用户登录凭证
       if(code){
           console.log('获取用户登录凭证:'+code);
           wx.request({ //请求自己的后台服务器，传输用户登录凭证 code
            url: 'https://www.my-domain.com/wx/onlogin',
            data: { code: code }
           })
```

```
            }else{
                console.log('获取用户登录凭证失败');
            }
        }
      })
    }
  })
```

开发者服务器接收到用户登录凭证 code 值后，用其与 AppId、secret、grant_type 这几个参数去请求微信服务器接口 https://api.weixin.qq.com/sns/jscode2session，从而获取唯一标识（openid）和会话密钥（session_key）。其中，session_key 是对用户数据进行加密签名的密钥，为了自身的应用安全，session_key 不应该在网络上传输。

接口地址如下。

```
    https://api.weixin.qq.com/sns/jscode2session?appid=APPID&secret=SECRET&
js_code=JSCODE&grant_type=authorization_code
```

参数说明：AppId 为小程序唯一标识；微信小程序的 App secret 是调用 API 的唯一凭证；js_code 为登录时获取的 code 值；grant_type 填写为“authorization_code”，是固定值。

返回值说明：openid 为用户在微信里的唯一标识；session_key 为会话密钥。

后台服务器请求微信服务器代码的实现可以使用 Java、PHP、C++、Node.js 等多种语言。

3. 开发者服务器生成自己的 sessionId

开发者服务器获取到唯一标识（openid）和会话密钥（session_key）后，需要生成自己的 sessionId，规则由自己制定，可以拼接成字符串，也可以拼接成字符串后再用 MD5 加密等。生成的 sessionId 需要在开发者服务器中保存起来，小程序在校验登录或者遇到需要登录后才能执行的操作时，都需要到开发者服务器中来验证。sessionId 可以保存到 Memcached、Redis 或内存中。

4. 小程序客户端保存 sessionId

小程序客户端是没有类似于浏览器客户端的 cookie 或者 session 机制的，但是可以利用小程序的 Storage 缓存机制来保存 sessionId，在需要登录状态才能发起请求的时候传递这个参数，从而不用每次都重新登录。在之后调用那些需要登录才有权限访问的后台服务时，可以将保存在 Storage 中的 sessionId 取出并携带在请求中，传递到后台服务器，后台代码获取到该 sessionId 后，从缓存 Redis 或者内存中查找是否有该 sessionId 存在，存在即确认该 session 是有效的，继续执行后续的代码，否则进行错误处理。

5. wx.checkSession()检查登录态是否过期

微信小程序可以使用 wx.checkSession()来检查登录态是否过期，如果过期则重新登录。

通过 wx.login()接口获得的用户登录态具有一定的时效性。用户越久未使用小程序，其登录态就越有可能失效；反之，如果用户一直在使用小程序，则其登录态将一直保持有效。具体时效逻辑由微信维护，对开发者透明。开发者只需要调用 wx.checkSession()接口检测当前用户登录态是否有效即可。

登录态过期后，开发者可以再调用 wx.login()获取新的用户登录态。调用成功则说明当前 session_key 未过期；调用失败则说明当前 session_key 已过期。

示例代码如下。

```
wx.checkSession({
  success: function(){
    //登录态未过期
  },
  fail: function(){
    //登录态已过期
    wx.login()
  }
})
```

6.5.2 获取账号信息 API

微信小程序提供 wx.getAccountInfoSync()来获取账号信息。账号信息包括两方面内容：miniProgram 小程序账号信息和 plugin 插件账号信息（仅在插件中调用时包含这一项）。miniProgram 小程序账号信息里包括小程序 AppID；plugin 插件账号信息里包括插件 AppID 和插件版本号。

示例代码如下。

```
const accountInfo = wx.getAccountInfoSync();
console.log(accountInfo.miniProgram.appId) //小程序 AppID
console.log(accountInfo.plugin.appId) //插件 AppID
console.log(accountInfo.plugin.version) //插件版本号
```

6.5.3 获取用户信息 API

wx.getUserInfo()、wx.getUserProfile()两个用来获取用户信息的接口将被收回，后续用户头像昵称获取需要通过昵称填写来获取，自 2022 年 10 月 25 日 24 时起（以下统称“生效期”），用户头像昵称获取规则进行如下调整。

（1）自生效期起，小程序 wx.getUserProfile()接口将被收回：在生效期后发布的新版本小程序中，通过 wx.getUserProfile()接口获取的用户头像将统一返回默认灰色头像，昵称将统一返回“微信用户”。生效期前发布的小程序版本不受影响，但如果进行版本更新则需要进行适配。

（2）自生效期起，插件通过 wx.getUserInfo()接口获取的用户头像昵称将被收回：在生效期后发布的插件中，通过 wx.getUserInfo()接口获取的用户头像将统一返回默认灰色头像，昵称将统一返回“微信用户”。生效期前发布的插件版本不受影响，但如果进行版本更新则需要进行适配。通过 wx.login()与 wx.getUserInfo()接口获取 openId、unionId 的能力不受影响。

（3）“头像昵称填写能力”支持获取用户头像昵称：如业务需获取用户头像昵称，则可以使用“头像昵称填写能力”（基础库 2.21.2 版本开始支持，覆盖 iOS 与 Android 微信 8.0.16 以上版本）。

（4）wx.getUserProfile()与 wx.getUserInfo()接口兼容基础库 2.27.1 以下版本的头像昵称获取需求：对于来自低版本的基础库与微信客户端的访问，小程序通过 wx.getUserProfile()接口正常返回用户头像昵称，插件通过 wx.getUserInfo()接口正常返回用户头像昵称，开发者可继续使用以上能力做向下兼容。

wx.getUserProfile()接口、wx.getUserInfo()接口、“头像昵称填写能力”的基础库版本支持能力详细对比如表 6.24 所示。

表 6.24 基础库版本支持能力详细对比

基础库版本	wx.getUserProfile()接口	wx.getUserInfo()接口	头像昵称填写能力
基础库 2.27.1 及以上版本	不支持	不支持	支持
基础库 2.21.2～2.27.0 版本	支持	支持	支持
基础库 2.10.4～2.21.0 版本	支持	支持	不支持
基础库 2.9.5 及以下版本	不支持	支持	不支持

示例代码如下。

```
<!--WXML 页面-->
<button class="avatar" open-type="chooseAvatar" bind:chooseavatar=
"onChooseAvatar">
  <image src="{{avatarUrl}}"></image>
</button>
<input type="nickname" class="weui-input" placeholder="请输入昵称"/>
```

```
//WXSS
.avatar{
  width: 80px;
  height: 80px;
  padding:0;
  background: none;
}
.avatar image{
  width: 80px;
  height: 80px;
  border-radius: 100px;
}
.weui-input{
  width: 90%;
  height: 60px;
  margin:20px auto;
  background: #eee;
  border-radius: 5px;
  padding-left: 15px;
}

//JS 代码
const defaultAvatarUrl = 'https://api.mofun365.com:8888/images/icon/head.png'

Page({
 data: {
   avatarUrl: defaultAvatarUrl,
 },
 onChooseAvatar(e) {
   console.log(e)
   const { avatarUrl } = e.detail
   this.setData({
      avatarUrl,
   })
 }
})
```

6.5.4 授权 API

微信小程序部分 API 需要通过 wx.authorize()来向用户发起授权请求，之后会立刻弹窗询问用户是否同意授权小程序使用某项功能或获取用户的某些数据，但不会实际调用对应接口。如果用户之前已经同意授权，则不会出现弹窗，直接返回成功。开发者可以使用 wx.getSetting()获取用户当前的授权状态。

打开设置界面，用户可以在小程序设置界面中控制对该小程序的授权状态，如图 6.40 所示。开发者可以调用 wx.openSetting()打开设置界面，引导用户开启授权。

打开小程序设置界面有以下两种实现方式。

（1）使用 button 组件来使用此功能，示例代码如下。

```
<button open-type="openSetting" bindopensetting="callback">打开设置界面</button>
```

（2）由点击行为触发 wx.openSetting()接口的调用，示例代码如下。

```
<button bindtap="openSetting">打开设置界面</button>

Page({
 openSetting:function(){
   wx.openSetting()
 }
})
```

图 6.40　授权状态

wx.authorize()授权接口通过属性 scope 来设置授权，scope 授权列表如表 6.25 所示。

表 6.25　scope 授权列表

scope 名称	接口	说明
scope.userLocation	wx.getLocation()，wx.startLocationUpdate()	精确地理位置
scope.userFuzzyLocation	wx.getFuzzyLocation()	模糊地理位置
scope.userLocationBackground	wx.startLocationUpdateBackground()	后台定位
scope.werun	wx.getWeRunData()	微信运动步数
scope.record	live-pusher 组件，wx.startRecord()，wx.joinVoIPChat()，RecorderManager.start()	麦克风
scope.writePhotosAlbum	wx.saveImageToPhotosAlbum()，wx.saveVideoToPhotosAlbum()	保存到相册
scope.camera	camera 组件，live-pusher 组件，wx.createVKSession()	摄像头
scope.bluetooth	wx.openBluetoothAdapter()，wx.createBLEPeripheralServer()	蓝牙
scope.addPhoneContact	wx.addPhoneContact()	添加到联系人
scope.addPhoneCalendar	wx.addPhoneRepeatCalendar()，wx.addPhoneCalendar()	添加到日历
scope.address	wx.chooseAddress()	通信地址（已取消授权，可以直接调用对应接口）
scope.invoiceTitle	wx.chooseInvoiceTitle()	发票抬头（已取消授权，可以直接调用对应接口）
scope.invoice	wx.chooseInvoice()	获取发票（已取消授权，可以直接调用对应接口）
scope.userInfo	wx.getUserInfo()	用户信息（小程序已收回，小游戏可继续调用）

示例代码如下。

```
Page({
 onLoad: function () {
  // 可以通过 wx.getSetting()先查询用户是否授权了 "scope.record"
  wx.getSetting({
   success(res) {
```

```
        if (!res.authSetting['scope.record']) {
            wx.authorize({
             scope: 'scope.record',
             success() {
               //用户已经同意小程序使用录音功能，后续调用 wx.startRecord()接口时不会弹窗询问
               wx.startRecord()
             }
           })
         }
       }
     })
   }
 })
```

授权弹窗效果如图 6.41 所示。

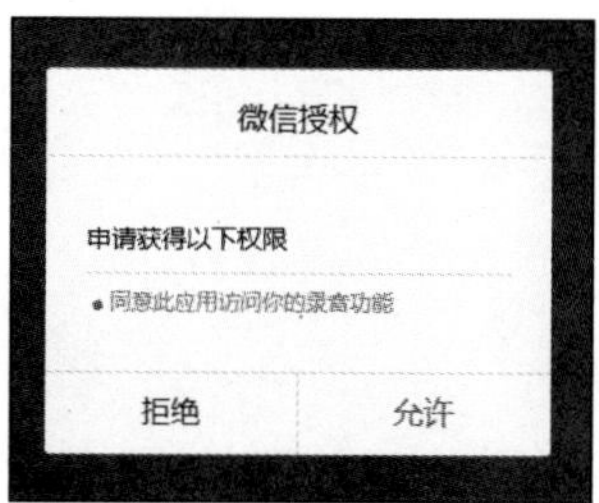

图 6.41　授权弹窗效果

6.5.5　设置 API

微信小程序提供的设置 API 如下。

（1）wx.openSetting()：打开客户端小程序设置界面，返回用户设置的操作结果，设置界面中只会出现小程序已经向用户请求过的权限。

（2）wx.getSetting()：获取用户的当前设置，返回值中只会出现小程序已经向用户请求过的权限。

返回授权结果 authSetting 对象的属性如下。

（1）boolean scope.userInfo：是否授权用户信息，对应接口 wx.getUserInfo()。

（2）boolean scope.userLocation：是否授权地理位置，对应接口 wx.getLocation()、wx.chooseLocation()。

（3）boolean scope.address：是否授权通信地址，对应接口 wx.chooseAddress()。

（4）boolean scope.invoiceTitle：是否授权发票抬头，对应接口 wx.chooseInvoiceTitle()。

（5）boolean scope.invoice：是否授权获取发票，对应接口 wx.chooseInvoice()。

（6）boolean scope.werun：是否授权微信运动步数，对应接口 wx.getWeRunData()。

（7）boolean scope.record：是否授权录音功能，对应接口 wx.startRecord()。

（8）boolean scope.writePhotosAlbum：是否授权保存到相册，对应接口 wx.saveImageToPhotosAlbum()、wx.saveVideoToPhotosAlbum()。

（9）boolean scope.camera：是否授权摄像头，对应 camera 组件。

从 2.3.0 版本开始，wx.openSetting()在用户发生点击行为后才可以打开设置界面，管理授权信息，示例代码如下。

```
<!--WXML 页面-->
<!--方法 1:使用 button 组件来使用此功能-->
<button open-type="openSetting" bindopensetting='handler'>点击授权并获取位置信息
</button>

<!--方法 2:由点击行为触发 wx.openSetting()接口的调用-->
```

```
<button bindtap="settingBtn">打开设置界面</button>
```

```
Page({
 handler: function (e) {
  var that = this;
  if (!e.detail.authSetting['scope.userLocation']) {
     //打开设置界面
  }
 },
 settingBtn:function(){
  wx.openSetting();
 }
})
```

wx.getSetting()示例代码如下。

```
Page({
 onLoad: function () {
  //可以通过 wx.getSetting()查询用户是否授权了 "scope.record" 这个 scope
  wx.getSetting({
   success(res) {
    if (!res.authSetting['scope.record']) {
        wx.authorize({
         scope: 'scope.record',
         success() {
           //用户已经同意小程序使用录音功能，后续调用 wx.startRecord()接口不会弹窗询问
           wx.startRecord()
         }
        })
      }
    }
   })
 }
})
```

6.6 项目实战：任务 3——实现登录功能

1. 任务目标

实现莫凡商城登录功能，学会登录功能要应用到的组件和 API 的使用方法，并能举一反三，实现其他类似的登录功能。

莫凡商城登录功能提供两种登录方式：账号密码登录和手机快捷登录。通过页签的切换，可以选择使用哪种方式进行登录，如图 6.42 和图 6.43 所示。

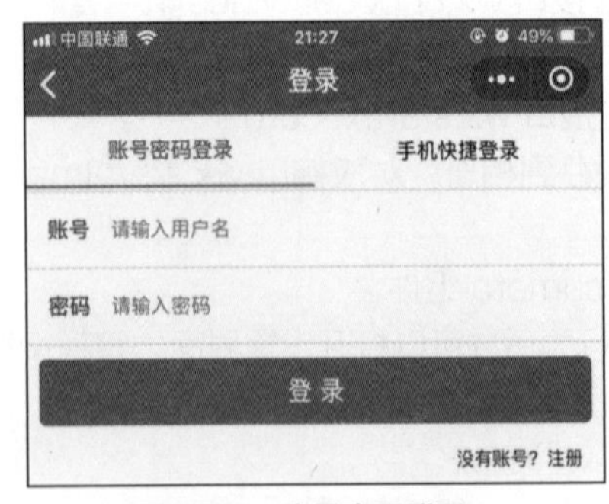

图 6.42　账号密码登录

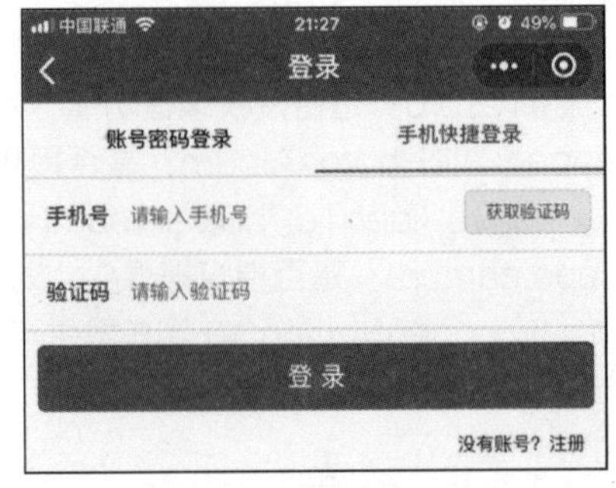

图 6.43　手机快捷登录

慕课视频

项目实战：实现登录功能

2. 任务实施

下面来实现莫凡商城登录功能。

（1）在 app.json 文件里添加注册页的路径“pages/login/login”。

（2）在 login.json 文件里配置导航标题，示例代码如下。

```
{
    "navigationBarTitleText": "登录"
}
```

（3）在 login.wxml 页面文件里进行登录表单布局，需要使用 view 容器组件、form 表单组件、swiper 滑块视图容器组件和 button 按钮组件，示例代码如下。

```
<form bindsubmit="formSubmit" bindreset="formReset">
<view class="content">
    <view class="loginTitle">
      <view class="{{currentTab==0?'select':'default'}}" data-current="0"
bindtap="switchNav">账号密码登录</view>
      <view class="{{currentTab==1?'select':'default'}}" data-current="1"
bindtap="switchNav">手机快捷登录</view>
    </view>
    <view class="hr"></view>
    <swiper current="{{currentTab}}"style="height:{{winHeight}}px">
      <swiper-item>
        <view class="accountType">
          <view class="account">
             <view class="ac">账号</view>
             <view class="ipt"><input name="loginName" focus="false"
placeholder="请输入用户名" class= "placeholder-style" value='{{form_info}}'/></view>
          </view>
          <view class="hr"></view>
          <view class="account">
             <view class="ac">密码</view>
             <view class="ipt"><input  name="loginPassword" type="password"
placeholder="请输入密码" class= "placeholder-style" value='{{form_info}}'/></view>
          </view>
          <view class="hr"></view>
          <view class="login">
            <button form-type="submit">登录</button>
            <view class="fp" bindtap='toRegister'>没有账号？注册</view>
            <view class="tip">{{tip}}</view>
          </view>
        </view>
      </swiper-item>
      <swiper-item>
        <view class="mobileType">
          <view class="account">
             <view class="ac">手机号</view>
             <view class="ipt"><input name="mobile" type="text" placeholder="
请输入手机号" class= "placeholder-style" value='{{form_info}}' bindinput='getMobile'/>
              <button class="btn" bindtap="getcode" wx:if="{{flag==true}}">
{{yzmvalue}}</button>
              <button class="btn" wx:else>{{timevalue}}s</button>
             </view>
          </view>
          <view class="hr"></view>
          <view class="account">
             <view class="ac">验证码</view>
             <view class="ipt"><input name="verifyCode" type="text"
placeholder="请输入验证码" class= "placeholder-style" value='{{verifyCode}}'/></view>
          </view>
          <view class="hr"></view>
          <view class="login">
            <button form-type="submit">登录</button>
            <view class="fp" bindtap='toRegister'>没有账号？注册</view>
```

```
                <view class="tip">{{tip}}</view>
              </view>
           </view>
        </swiper-item>
     </swiper>
</view>
</form>
```

（4）在 login.wxss 样式文件里对登录表单布局进行样式渲染，示例代码如下。

```
.loginTitle{
      display: flex;
      flex-direction: row;
      width: 100%;
      font-size: 15px;
}
.select{
     color: #009966;
     width: 50%;
     text-align: center;
     height: 48px;
     line-height: 48px;
     border-bottom:5rpx solid #009966;
     font-weight: bold;
}
.default{
     margin: 0 auto;
     padding: 15px;
}
.hr{
     height: 1px;
     width: 100%;
     background-color: #666666;
     opacity: 0.2;
}
.account{
     display: flex;
     flex-direction: row;
}
.ac{
     padding:15px;
     font-size:15px;
     font-weight: bold;
     color: #666666;
}
.ipt{
     padding-top:10px;
}
.ipt input{
      text-align: left;
      width: 200px;
      color: #000000;
}
.placeholder-style{
     font-size: 14px;
     color: #cccccc;
}
.login{
      margin: 0 auto;
      text-align: center;
      padding-top:10px;
}
```

```
.login button{
   width: 96%;
   color: #ffffff;
   background: #009966;
}
.fp{
     font-size: 13px;
     color: #3e13da;
     padding:5px;
     text-align: right;
     margin-right:10px;
     margin-top:10px;
}
.btn{
     position: absolute;
     right: 10px;
     top: 10px;
     width: 90px;
     font-size: 12px;
     color: #666666;
     background-color: #f2f2f2;
}
.tip{
   margin-top:10px;
   font-size: 12px;
   color: #D53E37;
}
```

（5）在 login.js 业务逻辑处理文件中进行登录表单切换、登录表单验证，并将登录表单提交到后台服务器中进行登录，示例代码如下。

```
var app = getApp();
var host = app.globalData.host;
var timer;
var timeSecond = false, sendBolen = false;
Page({
 data: {
   currentTab: 0,
   winWidth: 0,
   winHeight: 0,
   tip: '',
   form_info: '',
   yzmvalue: '获取验证码',
   mobile: '',
   timevalue: 60,
   flag: true,
   verifyCode: ''
 },
 onLoad: function (options) {
   var userId = wx.getStorageSync("userId");
   if (userId == "") {
      this.checklogin();
   } else {
     wx.reLaunch({
      url: '../index/index',
     })
   }

   var page = this;
   wx.getSystemInfo({
    success: function (res) {
      console.log(res);
```

```
          page.setData({ winWidth: res.windowWidth });
          page.setData({ winHeight: res.windowHeight });
        }
      })
    },
    switchNav: function (e) {
      var that = this;
      if (this.data.currentTab == e.target.dataset.current) {
          return false;
      } else {
        that.setData({ currentTab: e.target.dataset.current });
        that.setData({ tip: '' });
        that.setData({ form_info: '' });
      }
    },
    toRegister: function (e) {
      wx.navigateTo({
       url: '../register/register'
      })
    },
    formSubmit: function (e) {
      var that = this;
      var loginName = e.detail.value.loginName;
      var mobile = e.detail.value.mobile;
      var loginPassword = e.detail.value.loginPassword;
      var verifyCode = e.detail.value.verifyCode;
      var loginType = that.data.currentTab;
      var code = app.globalData.code;
      //验证表单输入
      var ret = that.checkLogin(loginName, mobile, loginPassword, verifyCode,
loginType);
      if (ret) {
          wx.request({
           url: host + '/api/user/swxLogin',
           method: 'GET',
           data: { 'loginName': loginName, 'mobile': mobile, 'loginPassword':
loginPassword, 'verifyCode': verifyCode, 'loginType': loginType, 'code': code },
           header: {
            'Content-Type': 'application/json'
           },
           success: function (res) {
             console.log(res);
             var code = res.data.code;
             var msg = res.data.data;
             if (code == '0000') {
                 app.globalData.userId = res.data.data.user.userId;
                 wx.setStorageSync('userId', res.data.data.user.id);
                 wx.setStorageSync('nickName', res.data.data.user.nickName)
                 wx.setStorageSync('swx_session', res.data.data.swx_session);
                 wx.setStorageSync('userMobile', res.data.data.user.mobile);
                 wx.setStorageSync('openId', res.data.data.openId);
                 wx.setStorageSync('token', res.data.data.token);
                 wx.reLaunch({
                  url: '../index/index'
                 })
                 console.log("2")
             } else {
                 that.setData({ tip: msg });
                 return false
             }
```

```
        }
      })
    }
  },
  checkLogin: function (loginName, mobile, loginPassword, verifyCode, loginType) {
   var that = this;
   if (loginType == 0) {
       if (loginName == "") {
           that.setData({ tip: '用户名不能为空！' });
           return false
       }
       if (loginPassword == '') {
           that.setData({ tip: '密码不能为空！' });
           return false
       }
    } else {
       if (mobile == '') {
           that.setData({ tip: '手机号不能为空！' });
           return false
       }

       var myreg = /^[1][3, 4, 5, 7, 8][0-9]{9}$/;
       if (!myreg.test(mobile)) {
           that.setData({ tip: '手机号不合法！' });
           return false;
       }

       if (verifyCode == '') {
           that.setData({ tip: '验证码不能为空！' });
           return false
       }
    }

    that.setData({ tip: '' });
    return true
  },
  checklogin: function () {//在登录页中获取新的 code
    wx.login({
     success: function (data) {
       console.log(data)
       app.globalData.code = data.code;
     }
    })
  },
  getcode: function (e) {
   var that = this;
   if (that.data.mobile == "") {
       that.setData({ tip: '请输入手机号' });
       return false;
   }
   var myreg = /^[1][3, 4, 5, 7, 8][0-9]{9}$/;
   if (!myreg.test(that.data.mobile)) {
       that.setData({ tip: '手机号不合法！' });
       return false;
   }
   that.setData({ tip: '' });//去除提示
   that.setData({ flag: false });//显示时间
   timer = setInterval(that.settime, 1000);//验证码倒计时
   wx.request({
    url: host + '/api/user/getVerifyCode',
    method: 'GET',
```

```
    data: {
      'mobile': this.data.mobile
    },
    header: {
      'Content-Type': 'application/json'
    },
    success: function (res) {
      console.log(res);
      var code = res.data.code;
      var msg = res.data.data;
      if (code == '0000') {
          clearInterval(timer);
          that.setData({ verifyCode: msg });
      } else {
          clearInterval(timer);
          that.setData({
            yzmvalue: '获取验证码',
            timevalue: 60,
            flag: true
          });
          that.setData({ tip: msg });
          return false
      }
    }
  })
},
getMobile: function (e) {
  this.setData({
    mobile: e.detail.value
  })
},
settime: function () {
  var timevalue = this.data.timevalue;

  if (timevalue == 0) {
      clearInterval(timer)
      this.setData({
         yzmvalue: '重新获取',
         timevalue: 60,
         flag: true
      })
      timeSecond = false;
      sendBolen = false;
      return;
  }
  timevalue--;
  timeSecond = true;
  sendBolen = true;
  this.setData({
    timevalue: timevalue,
    flag: false
  })
 },
})
```

登录功能是非常常用的功能，读者可以通过莫凡商城项目学会登录功能的设计及实现方法，综合应用 view 容器组件、form 表单组件、swiper 滑块视图容器组件、button 按钮组件进一步理解组件的使用。本节还应用了 wx.request()网络请求 API、setInterval()定时器 API 及缓存相关 API，这些都是常用的功能。

6.7 项目实战：任务4（2）——实现“我的”界面复杂列表式导航功能

1. 任务目标

实现莫凡商城“我的”界面复杂列表式导航功能，学会列表式导航设计的方法。很多 App 会采用列表式导航设计，本任务的实现对其他类似项目的设计有借鉴作用。

莫凡商城“我的”界面包括账号登录区域、我的订单区域、列表式导航区域，如图 6.44 所示。

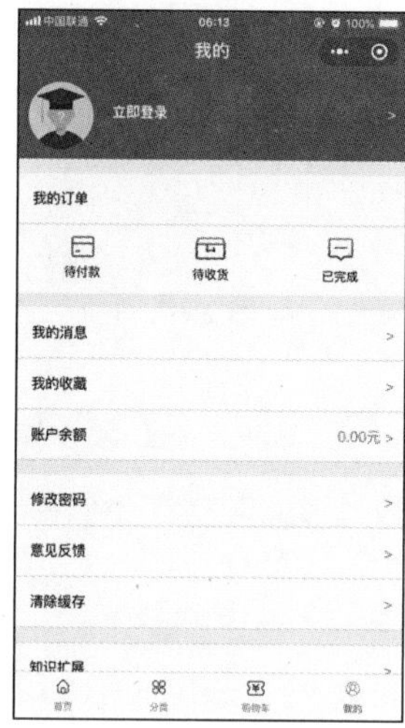

图 6.44 “我的”界面

慕课视频

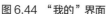

项目实战：实现“我的”界面复杂列表式导航功能

2. 任务实施

下面来实现莫凡商城“我的”界面复杂列表式导航功能。

（1）在 app.json 文件里添加“我的”界面的路径“pages/me/me”。

（2）在 me.wxml 页面文件里进行账号登录区域布局设计、我的订单区域布局设计、列表式导航布局设计，示例代码如下。

```
<view class="content">
  <view class="head">
   <view class="headIcon"><image src="/pages/images/icon/head.jpg" style="width:70px;height:70px;"></image></view>
   <view class="login"><navigator url="../login/login" hover-class="navigator-hover">{{nickName}}</navigator></view>
   <view class="detail"><text>></text></view>
  </view>
  <view class="hr"></view>
  <view style="display:flex;flex-direction:row;">
    <view class="order">我的订单</view>
    <view class="detail2"><text></text></view>
  </view>
  <view class="line"></view>
    <view class="nav">
     <view class="nav-item" bindtap="nav" id="0" data-status='1'>
       <view><image src="/pages/images/icon/dfk.png" style="width:28px;height:25px;"></image></view>
       <view>待付款</view>
     </view>
     <view class="nav-item" bindtap="nav" id="1" data-status='3'>
       <view><image src="/pages/images/icon/dsh.png" style="width:36px;height:27px;"></image></view>
```

```
          <view>待收货</view>
        </view>
        <view class="nav-item" bindtap="nav" id="2" data-status='4'>
          <view><image src="/pages/images/icon/dpj.png" style="width:31px;height:
28px;"></image></view>
          <view>已完成</view>
        </view>
      </view>
       <view class="hr"></view>

       <view class="item">
        <view class="order">我的消息</view>
        <view class="detail2"><text>></text></view>
      </view>
      <view class="line"></view>
      <view class="item">
        <view class="order">我的收藏</view>
        <view class="detail2"><text>></text></view>
      </view>
       <view class="line"></view>
      <view class="item">
        <view class="order">账户余额</view>
        <view class="detail2"><text>0.00 元 ></text></view>
      </view>
      <view class="line"></view>
     <view class="hr"></view>
     <view class="item" bindtap="updatePwd">
        <view class="order">修改密码</view>
        <view class="detail2"><text>></text></view>
      </view>
      <view class="line"></view>
      <view class="item" bindtap="opinion">
        <view class="order">意见反馈</view>
        <view class="detail2"><text>></text></view>
      </view>
       <view class="line"></view>
      <view class="item" bindtap='clearStore'>
        <view class="order" >清除缓存</view>
        <view class="detail2"><text>></text></view>
      </view>
      <view class="line"></view>
     <view class="hr"></view>
       <view class="line"></view>
      <view class="item">
        <view class="order">知识扩展</view>
        <view class="detail2"><text>></text></view>
      </view>
      <view class="hr"></view>
    </view>
```

（3）在 me.wxss 样式文件里进行账号登录区域样式渲染、我的订单区域样式渲染、列表式导航样式渲染，示例代码如下。

```
.head{
    width:100%;
    height: 90px;
    background-color: #009966;
    display: flex;
    flex-direction: row;
}
.headIcon{
    margin: 10px;
```

```
}
.headIcon image{
  border-radius:50%;
}
.login{
     color: #ffffff;
     font-size: 15px;
     font-weight: bold;
     position: absolute;
     left:100px;
     margin-top:30px;
}
.detail{
     color: #ffffff;
     font-size: 15px;
     position: absolute;
     right: 10px;
     margin-top: 30px;
}
.nav{
    display: flex;
    flex-direction: row;
    padding-top:10px;
    padding-bottom: 10px;
}
.nav-item{
    width: 25%;
    font-size: 13px;
    text-align: center;
    margin:0 auto;
}
.hr{
    width: 100%;
    height: 15px;
    background-color: #f5f5f5;
}
.order{
    padding-top:15px;
    padding-left: 15px;
    padding-bottom:15px;
    font-size:15px;
}
.detail2{
    font-size: 15px;
    position: absolute;
    right: 10px;
    margin-top:15px;
    color: #888888;
}
.line{
     height: 1px;
     width: 100%;
     background-color: #666666;
     opacity: 0.2;
}
.item{
   display:flex;
   flex-direction:row;
}
```

（4）在 me.js 业务逻辑处理文件里添加昵称“nickName”，默认值为“立即登录”，设置“我的”界面的标题，校验是否登录，如果没有登录，则跳转到登录界面，示例代码如下。

```
var app = getApp();
var host = app.globalData.host;
Page({
 data: {
  nickName: '立即登录'
 },
 onLoad: function(options) {
  this.checkLogin();//校验是否登录
  wx.setNavigationBarTitle({//设置标题
   title: '我的'
  })
 },
 checkLogin: function() {//校验是否登录
  var userId = wx.getStorageSync("userId");
  if (userId == null || userId == "") {
      wx.navigateTo({
       url: '../login/login',
      })
   } else {
     this.setData({
       nickName: wx.getStorageSync("nickName")
     });
   }
  }
})
```

实现“我的”界面复杂列表式导航功能时，要学会处理用户登录状态，在用户没有登录的时候，显示“立即登录”，登录后显示昵称，这是一种常规的处理方式；除此之外，还要学会对列表式导航进行布局，这也是“我的”界面中常用的一种设计方式。

6.8 项目实战：任务5——实现修改密码功能

1. 任务目标

实现莫凡商城修改密码功能，学会通过表单组件来完成修改密码界面的设计，以及进行表单校验，实现密码修改功能。

莫凡商城修改密码界面包括原密码、新密码、确认密码3个模块，如图6.45所示。

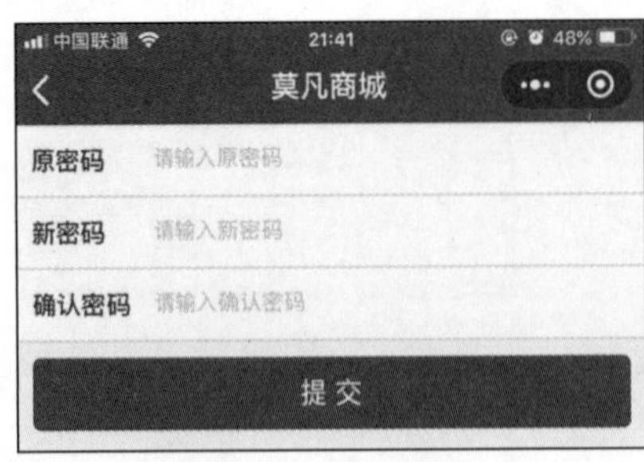

图6.45 修改密码界面

慕课视频

项目实战：实现修改密码功能

2. 任务实施

下面来实现莫凡商城修改密码的功能。

（1）在app.json文件里添加修改密码界面的路径“pages/updatePwd/updatePwd”。

（2）在“我的”界面列表式导航菜单中的“修改密码”处添加绑定事件，这样点击“修改密码”菜单项时，就会跳转到修改密码界面，示例代码如下。

```
var app = getApp();
var host = app.globalData.host;
Page({
 data: {
  nickName: '立即登录'
 },
 onLoad: function(options) {
  this.checkLogin();//校验是否登录
  wx.setNavigationBarTitle({//设置标题
   title: '我的'
  })
 },
 checkLogin: function() {//校验是否登录
  var userId = wx.getStorageSync("userId");
  if (userId == null || userId == "") {
     wx.navigateTo({
      url: '../login/login',
     })
  } else {
     this.setData({
        nickName: wx.getStorageSync("nickName")
     });
  }
 },
 nav: function(e) {//我的订单跳转
  var id = e.currentTarget.id;
  var status = e.currentTarget.dataset.status;
  wx.navigateTo({
   url: '../myOrder/myOrder?id=' + id + '&status=' + status
  })
 },
 updatePwd: function(e) {//修改密码
  wx.navigateTo({
   url: '../updatePwd/updatePwd'
  })
 }
})
```

（3）在 updatePwd.wxml 页面文件里进行修改密码界面的布局设计，示例代码如下。

```
<view class="content">
  <form bindsubmit="formSubmit" bindreset="formReset">
    <view class="items">
      <view class="item">
        <view class="title">原密码</view>
        <view class="input">
          <input name="oldPwd"  type="text" password placeholder="请输入原密码"
placeholder-class="holder" />
        </view>
      </view>
      <view class="line"></view>
      <view class="item">
        <view class="title">新密码</view>
        <view class="input">
          <input name="newPwd" type="text" password placeholder="请输入新密码"
placeholder-class="holder" />
        </view>
      </view>
      <view class="line"></view>
      <view class="item">
        <view class="title">确认密码</view>
        <view class="input">
```

```
            <input name="confirmPwd" type="text" password placeholder="请输入确认
密码" placeholder-class="holder" />
          </view>
        </view>
        <view class="line"></view>
      </view>

      <button class="btn" form-type="submit">提交</button>
    </form>
  </view>
```

（4）在 updatePwd.wxss 样式文件里对修改密码界面进行样式渲染，示例代码如下。

```
.content{
  background-color: #f9f9f8;
  height: 600px;
  font-family: "Microsoft YaHei";
}
.item{
     display: flex;
     flex-direction: row;
     background-color: #ffffff;
     padding: 10px;
     height: 25px;
     line-height: 25px;
}
.title{
      font-size:16px;
      font-weight: bold;
      color: #666666;
      width: 70px;
}
.input{
   margin-left: 10px;
}
.holder{
  font-size: 14px;
  color: #cccccc;
}
.line{
     height: 1px;
     width: 100%;
     background-color: #666666;
     opacity: 0.2;
}
.btn{
  background-color: #009966;
  margin: 10px;
  color:#ffffff;
}
```

（5）在 updatePwd.js 业务逻辑处理文件中进行表单校验和修改密码功能的实现，示例代码如下。

```
var app = getApp();
var host = app.globalData.host;
Page({
 data: {

 },
 onLoad: function (options) {

 },
 formSubmit: function (e) {//校验表单和提交表单
   var page = this;
```

```
    var oldPwd = e.detail.value.oldPwd;
    var newPwd = e.detail.value.newPwd;
    var confirmPwd = e.detail.value.confirmPwd;
    if (oldPwd == null || oldPwd == '') {
      page.showTip("原密码不能为空");
      return;
    }
    if (newPwd == null || newPwd == '') {
      page.showTip("新密码不能为空");
      return;
    }
    if (confirmPwd == null || confirmPwd == '') {
      page.showTip("确认密码不能为空");
      return;
    }
    if (confirmPwd != newPwd) {
      page.showTip("新密码与确认密码不一致");
      return;
    }

    var userId = wx.getStorageSync("userId");
    if (userId == null || userId == "") {
      wx.navigateTo({
       url: '../login/login',
      })
    } else {
     wx.request({
      url: host + '/api/user/updatePwd',
      method: 'GET',
      data: {
        userId: userId,
        oldPwd: oldPwd,
        newPwd: newPwd
      },
      header: {
       'Content-Type': 'application/json'
      },
      success: function (res) {
       var code = res.data.code;
       if (code == '0000') {
           wx.showToast({
            title: '修改成功',
            icon: 'success',
            duration: 1000,
            success: function (res) {
              wx.reLaunch({
               url: '../me/me'
              })
            }
          })

        }
      }
     })
    }
  },
  showTip:function(content){//表单校验弹窗提示
    wx.showModal({
     title: '提示',
     content: content,
```

```
        showCancel: false
      });
    }
  })
```

修改密码功能的实现主要在于表单布局设计和表单的校验，表单校验通过后会调用后台服务器接口来修改密码，并在修改成功后弹窗提示。

6.9 项目实战：任务 6——实现意见反馈功能

慕课视频

项目实战：实现意见反馈功能

1. 任务目标

实现莫凡商城意见反馈功能，学会设计意见反馈界面，通过用户提交的意见反馈来改善小程序或者 App。

莫凡商城意见反馈界面包括意见反馈输入框和“提交”按钮，如图 6.46 所示。

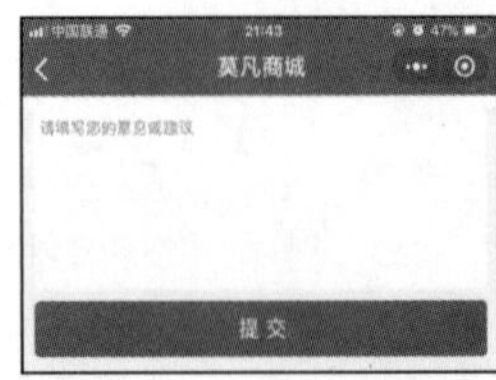

图 6.46 意见反馈界面

2. 任务实施

下面来实现莫凡商城意见反馈功能。

（1）在 app.json 文件里添加意见反馈界面的路径“pages/opinion/opinion”。

（2）在“我的”界面列表式导航菜单的“意见反馈”处添加绑定事件，这样点击“意见反馈”菜单项时，就会跳转到意见反馈界面，示例代码如下。

```
var app = getApp();
var host = app.globalData.host;
Page({
  data: {
    nickName: '立即登录'
  },
  onLoad: function(options) {
    this.checkLogin();//校验是否登录
    wx.setNavigationBarTitle({//设置标题
      title: '我的'
    })
  },
  checkLogin: function() {//校验是否登录
    var userId = wx.getStorageSync("userId");
    if (userId == null || userId == "") {
      wx.navigateTo({
        url: '../login/login',
      })
    } else {
      this.setData({
        nickName: wx.getStorageSync("nickName")
      });
    }
  },
  nav: function(e) {//我的订单跳转
    var id = e.currentTarget.id;
    var status = e.currentTarget.dataset.status;
    wx.navigateTo({
      url: '../myOrder/myOrder?id=' + id + '&status=' + status
    })
  },
  updatePwd: function(e) {//修改密码
    wx.navigateTo({
      url: '../updatePwd/updatePwd'
```

```
      })
    },
    opinion: function (e) {//意见反馈
      wx.navigateTo({
        url: '../opinion/opinion'
      })
    }
  })
```

（3）在 opinion.json 配置文件里配置导航标题为“意见反馈”，示例代码如下。

```
{
  "navigationBarTitleText": "意见反馈"
}
```

（4）在 opinion.wxml 页面文件里进行意见反馈布局设计，示例代码如下。

```
<view class="content">
  <form bindsubmit="formSubmit" bindreset="formReset">
    <view class="opinion">
      <textarea placeholder="请填写您的意见或建议" placeholder-class='holder'
name="content">
      </textarea>
    </view>
    <button  class="btn" form-type="submit">提交</button>
  </form>
</view>
```

（5）在 opinion.wxss 样式文件里对意见反馈样式进行渲染，示例代码如下。

```
.content{
  background-color: #f9f9f8;
  height: 600px;
  font-family: "Microsoft YaHei";
}
.opinion{
  margin:10px;
  background-color:#ffffff;
  border-radius: 5px;
}
.holder{
  font-size: 13px;
  color: #999999;
}
.btn{
  background-color: #009966;
  margin: 10px;
  color:#ffffff;
}
```

（6）在 opinion.js 业务逻辑处理文件里提交意见反馈到后台服务器接口，示例代码如下。

```
var app = getApp();
var host = app.globalData.host;
Page({
  data: {

  },
  onLoad: function (options) {

  },
  formSubmit: function (e) {
    var content = e.detail.value.content;
    if (content == null || content==''){
        wx.showModal({
          title: '提示',
          content: '请填写您的意见或建议',
```

```
        showCancel: false
      });
      return;
    }
    var userId = wx.getStorageSync("userId");
    if (userId == null || userId == "") {
      wx.navigateTo({
        url: '../login/login',
      })
    } else {
      wx.request({
        url: host + '/api/user/saveOpinion',
        method: 'GET',
        data: {
          userId: userId,
          content: content
        },
        header: {
          'Content-Type': 'application/json'
        },
        success: function (res) {
          var code = res.data.code;
          if (code == '0000') {
              wx.showToast({
                title: '保存成功',
                icon: 'success',
                duration: 1000,
                success: function (res) {
                  wx.reLaunch({
                    url: '../me/me'
                  })
                }
              })

          }
        }
      })
    }
  }
})
```

6.10 项目实战：任务7——实现清除缓存功能

慕课视频

项目实战：实现清除缓存功能

1. 任务目标

实现莫凡商城清除缓存功能，学会清理小程序本地缓存数据。

2. 任务实施

在 me.js 业务逻辑处理文件里添加清理缓存函数后，在“我的”界面中点击“清理缓存”菜单项可以清理缓存，示例代码如下。

```
var app = getApp();
var host = app.globalData.host;
Page({
  data: {
    nickName: '立即登录'
  },
  onLoad: function(options) {
    this.checkLogin();//校验是否登录
    wx.setNavigationBarTitle({//设置标题
```

```
      title: '我的'
    })
  },
  checkLogin: function() {//校验是否登录
    var userId = wx.getStorageSync("userId");
    if (userId == null || userId == "") {
        wx.navigateTo({
          url: '../login/login',
        })
    } else {
      this.setData({
        nickName: wx.getStorageSync("nickName")
      });
    }
  },
  nav: function(e) {//我的订单跳转
    var id = e.currentTarget.id;
    var status = e.currentTarget.dataset.status;
    wx.navigateTo({
      url: '../myOrder/myOrder?id=' + id + '&status=' + status
    })
  },
  updatePwd: function(e) {//修改密码
    wx.navigateTo({
      url: '../updatePwd/updatePwd'
    })
  },
  opinion: function (e) {//意见反馈
    wx.navigateTo({
     url: '../opinion/opinion'
    })
  },
  clearStore:function(e){//清除缓存
    wx.clearStorageSync();
    wx.showToast({
      title: '清除缓存成功',
      icon: 'success',
      duration: 1000
    })
    wx.reLaunch({
      url: '../me/me'
    })
  }
})
```

6.11 小结

本单元包含以下内容。

- 主要介绍了莫凡商城注册、登录功能的实现。
- 综合应用微信小程序表单组件、界面交互 API、定时器 API、数据缓存 API、登录相关 API 等知识。
- 实现注册功能、登录功能、“我的”界面复杂列表式导航功能、修改密码功能、意见反馈功能和清除缓存功能的设计。

单元7 莫凡商城商品详情页设计

07

情景引入

假如用户正在寻找一件适合夏季的时尚连衣裙，打开手机上的微信小程序电商平台，浏览了不少商品后，发现一款特别吸引眼球的裙子。该用户想更全面地了解它，点击进入详情页，惊喜地发现这个小程序为该商品提供了音频和视频介绍。点击“播放”按钮，立刻听到了专业主持人的解说，介绍了裙子的面料、剪裁和穿搭技巧。同时，视频中展示了模特身穿裙子的效果，能更直观地看到它的外观和质感。通过微信小程序的音频和视频功能，该用户获得了全方位的商品信息。

莫凡商城商品详情页用来实现商品详情页功能、商品加入购物车功能、购物车列表功能、商品详情页分享与转发功能，会用到页面间传递数据及媒体相关组件和媒体相关API。

学习目标

知识目标

1. 掌握微信小程序页面间传递数据的方法。
2. 掌握微信小程序媒体组件的使用方法。
3. 掌握微信小程序媒体API的使用方法。
4. 掌握微信小程序分享功能的实现方法。

能力目标

1. 能够熟练使用微信小程序媒体组件和相关API。
2. 能够实现微信小程序分享功能。

素质目标

1. 提升分析问题、解决问题的能力。
2. 提升持续优化、持续改进的能力。

思维导图

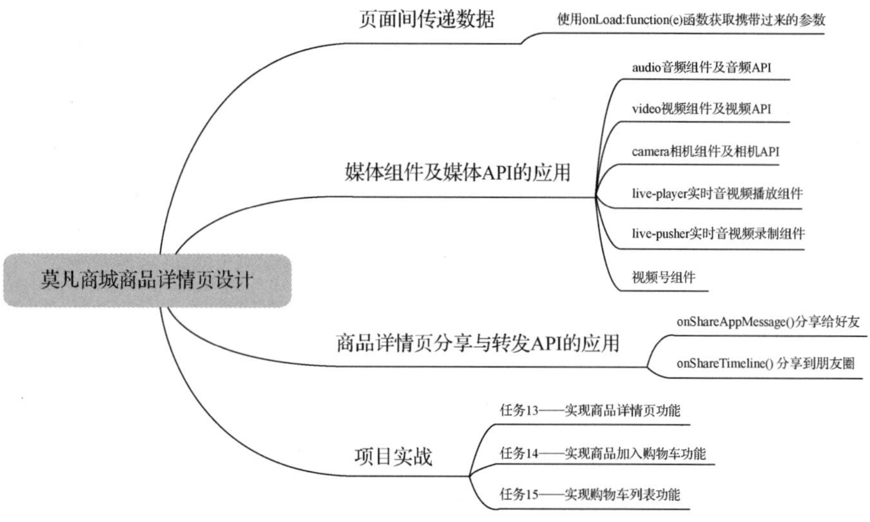

7.1 页面间传递数据

在图书商品列表页中查看图书商品的详情时，需要将图书商品的 id 传递给详情页，在商品详情页中根据图书商品的 id 来获取图书商品的具体信息。那么如何在页面间传递数据呢？

下面来实现将图书商品 id 传递给图书详情页的功能。

（1）在 app.json 文件里添加意见反馈页的路径“pages/goodsDetail/goodsDetail”。

（2）在 index.js 首页业务逻辑处理文件里，添加跳转商品详情页绑定函数，并将商品 id 作为参数携带，示例代码如下。

```
var app = getApp();
var host = app.globalData.host;
Page({
 data: {
  indicatorDots: true,
  autoplay: true,
  interval: 5000,
  duration: 1000,
  imgUrls: [
    "/pages/images/haibao/1.jpg",
    "/pages/images/haibao/2.jpg",
    "/pages/images/haibao/3.jpg"
  ],
  hotList:[ ], //热门技术列表
  spikeList:[ ], //特惠时刻列表
  bestSellerList:[ ], //畅销书籍列表
  host: host
 },
 onLoad: function (options) {
  var page = this;
  page.getBannerList();
```

```
    page.getBookList();
  },
  getBannerList: function () {
   var page = this;
   wx.request({
    url: host + '/api/banner/getBannerList?type=0',
    method: 'GET',
    data: { },
    header: {
     'Content-Type': 'application/json'
    },
    success: function (res) {
      var code = res.data.code;
      var list = res.data.data;
      if (code == '0000') {
          var code = res.data.code;
          var list = res.data.data;
          if (code == '0000') {
              var imgUrls = new Array();
              for (var i = 0; i < list.length; i++) {
                imgUrls.push(host + "/" + list[i].url);
              }
              page.setData({ imgUrls: imgUrls });
          }
      }
    }
   })
  },
  getBookList: function () {//获取图书列表方法
   var page = this;
   wx.request({
    url: host + '/api/goods/getHomeGoodsList',
    method: 'GET',
    data: {},
    header: {
     'Content-Type': 'application/json'
    },
    success: function (res) {
     var book = res.data.data;
     //将图书列表数据缓存到本地
     wx.setStorage({
      key: 'book',
      data: book,
     })
     //获取缓存到本地的图书列表数据
     book = wx.getStorageSync('book');
     console.log(book);
     var hotList = book.rmjs;//热门技术列表
     var spikeList = book.mssk;//特惠时刻列表
     var bestSellerList = book.cxsj;//畅销书籍列表
     page.setData({ hotList: hotList });
     page.setData({ spikeList: spikeList });
     page.setData({ bestSellerList: bestSellerList });
    }
   })
  },
  more:function(e){//查看更多
   var id = e.currentTarget.id;
   wx.navigateTo({
    url: '../goods/goods?id='+id,
```

```
    })
  },
  seeDetail: function (e) {//查看商品详情
    var goodsId = e.currentTarget.id;
    wx.navigateTo({
      url: '../goodsDetail/goodsDetail?goodsId=' + goodsId,
    })
  },
  searchInput:function(e){//进入搜索页
    wx.navigateTo({
      url: '../search/search',
    })
  }
})
```

（3）在 goodsDetail.js 商品详情业务逻辑处理文件里，通过 onLoad()生命周期函数来获取传递过来的参数，示例代码如下。

```
var app = getApp();
var host = app.globalData.host;
Page({
  data: {

  },
  onLoad: function(e) {
    //从参数 e 里获取上一个页携带过来的参数
    var goodsId = e.goodsId;
  },
})
```

通过 onLoad: function(e)函数获取携带过来的参数，并将携带过来的值都放在参数 e 里；通过 e.goodsId 或者其他携带过来的值即可在页面间传递数据。

7.2 媒体组件及媒体 API 的应用

微信小程序经常需要实现播放音频、播放视频、相机拍照、实时音视频播放、实时音视频录制等功能。其中，可以通过 audio 音频组件及音频 API 实现音频播放功能；通过 video 视频组件及视频 API 实现视频播放功能；通过 camera 相机组件及相机 API 实现相机拍照功能；通过 live-player 组件实现实时音视频播放功能；通过 live-pusher 组件实现实时音视频录制功能。本节将详细介绍媒体组件及媒体 API 的应用。

慕课视频

媒体组件及媒体 API 的应用

7.2.1 audio 音频组件及音频 API

1. audio 音频组件

audio 音频组件需要有唯一的 id，根据 id 使用 wx.createAudioContext（'myAudio'）创建音频播放的环境，从开发库 1.6.0 版本开始，该组件不再维护，建议使用功能更强大的 wx.createInnerAudioContext()接口。audio 音频组件的属性如表 7.1 所示。

表 7.1 audio 音频组件的属性

属性	类型	默认值	说明
id	string		audio 组件的唯一标识符
src	string		要播放音频的资源地址
loop	boolean	false	是否循环播放

续表

属性	类型	默认值	说明
controls	boolean	false	是否显示默认控件
poster	string		默认控件上音频封面的图片资源地址，如果 controls 的属性值为 false，则设置 poster 无效
name	string	未知音频	默认控件上的音频名称，如果 controls 的属性值为 false，则设置 name 无效
author	string	未知作者	默认控件上的作者名字，如果 controls 的属性值为 false，则设置 author 无效
binderror	eventhandle		当发生错误时触发 error 事件，detail = {errMsg: MediaError.code}，MediaError.code 为错误码，值为 1 时表示获取资源被用户禁止，值为 2 时表示网络错误，值为 3 时表示解码错误，值为 4 时表示不合适资源
bindplay	eventhandle		当开始/继续播放时触发 play 事件
bindpause	eventhandle		当暂停播放时触发 pause 事件
bindtimeupdate	eventhandle		当播放进度改变时触发 timeupdate 事件，detail = {currentTime, duration}
bindended	eventhandle		当播放到末尾时触发 ended 事件

示例代码如下。

```
    <!-- audio.wxml -->
    <audio poster="{{poster}}" name="{{name}}" author="{{author}}" src="{{src}}"
id="myAudio" controls loop></audio>

    <button type="primary" bindtap="audioPlay">播放</button>
    <button type="primary" bindtap="audioPause">暂停</button>
    <button type="primary" bindtap="audio14">设置当前播放时间为 14s</button>
    <button type="primary" bindtap="audioStart">回到开头</button>
```

```
    //audio.js
    Page({
     onReady: function (e) {
      //使用 wx.createAudioContext()获取 audio 上下文
      this.audioCtx = wx.createAudioContext('myAudio')
     },
     data: {
      poster: 'http://y.gtimg.cn/music/photo_new/T002R300x300M000003rsKF44GyaSk.
jpg?max_age=2592000',
      name: '此时此刻',
      author: '许巍',
      src: 'http://ws.stream.qqmusic.qq.com/M500001VfvsJ21xFqb.mp3?guid=
ffffffff82def4af4b12b3cd9337d5e7&uin= 346897220&vkey=6292F51E1E384E06DCBDC9AB7C4
9FD713D632D313AC4858BACB8DDD29067D3C601481D36E62053BF8DFEAF74C0A5CCFADD6471160CA
F3E6A&fromtag=46',
     },
     audioPlay: function () {//绑定的播放事件
      this.audioCtx.play()
     },
     audioPause: function () {//绑定的暂停事件
      this.audioCtx.pause()
     },
     audio14: function () {//指定多少秒开始播放
      this.audioCtx.seek(14)
     },
     audioStart: function () {//从头播放
      this.audioCtx.seek(0)
     }
    })
```

2. AudioContext 音频 API

从基础库 1.6.0 版本开始，AudioContext 接口停止维护，可以使用 wx.createAudioContext() 创建 AudioContext 对象。AudioContext 对象提供以下方法。

（1）AudioContext.pause()：暂停音频。

（2）AudioContext.play()：播放音频。

（3）AudioContext.seek()：跳转到指定位置。

（4）AudioContext.setSrc()：设置音频地址。

3. InnerAudioContext 音频 API

使用 wx.createInnerAudioContext()可以创建 InnerAudioContext 对象。InnerAudioContext 对象提供以下方法。

（1）InnerAudioContext.play()：播放音频。

（2）InnerAudioContext.pause()：暂停音频。暂停后的音频再次播放时会从暂停处开始播放。

（3）InnerAudioContext.stop()：停止音频。停止后的音频再次播放时会从头开始播放。

（4）InnerAudioContext.seek()：跳转到指定位置。

（5）InnerAudioContext.destroy()：销毁当前实例。

（6）InnerAudioContext.onCanplay()：监听音频进入可以播放状态的事件，但不保证后面可以流畅播放。

（7）InnerAudioContext.offCanplay()：取消监听音频进入可以播放状态的事件。

（8）InnerAudioContext.onPlay()：监听音频播放事件。

（9）InnerAudioContext.offPlay()：取消监听音频播放事件。

（10）InnerAudioContext.onPause()：监听音频暂停事件。

（11）InnerAudioContext.offPause()：取消监听音频暂停事件。

（12）InnerAudioContext.onStop()：监听音频停止事件。

（13）InnerAudioContext.offStop()：取消监听音频停止事件。

（14）InnerAudioContext.onEnded()：监听音频自然播放至结束的事件。

（15）InnerAudioContext.offEnded()：取消监听音频自然播放至结束的事件。

（16）InnerAudioContext.onTimeUpdate()：监听音频播放进度更新事件。

（17）InnerAudioContext.offTimeUpdate()：取消监听音频播放进度更新事件。

（18）InnerAudioContext.onError()：监听音频播放错误事件。

（19）InnerAudioContext.offError()：取消监听音频播放错误事件。

（20）InnerAudioContext.onWaiting()：监听音频加载中事件。当音频因为数据不足，需要停止播放进行加载时触发。

（21）InnerAudioContext.offWaiting()：取消监听音频加载中事件。

（22）InnerAudioContext.onSeeking()：监听音频进行跳转操作的事件。

（23）InnerAudioContext.offSeeking()：取消监听音频进行跳转操作的事件。

（24）InnerAudioContext.onSeeked()：监听音频完成跳转操作的事件。

（25）InnerAudioContext.offSeeked()：取消监听音频完成跳转操作的事件。

4. BackgroundAudioManager 背景音频 API

BackgroundAudioManager 对象实例可通过 wx.getBackgroundAudioManager()获取。BackgroundAudioManager 提供以下方法。

（1）BackgroundAudioManager.play()：播放背景音频。

（2）BackgroundAudioManager.pause()：暂停背景音频。

（3）BackgroundAudioManager.seek()：跳转到指定位置。

（4）BackgroundAudioManager.stop()：停止背景音频。

（5）BackgroundAudioManager.onCanplay()：监听背景音频进入可播放状态事件，但不保证后面可以流畅播放。

（6）BackgroundAudioManager.onWaiting()：监听背景音频加载中事件。当音频因为数据不足，需要停止播放进行加载时触发。

（7）BackgroundAudioManager.onError()：监听背景音频播放错误事件。

（8）BackgroundAudioManager.onPlay()：监听背景音频播放事件。

（9）BackgroundAudioManager.onPause()：监听背景音频暂停事件。

（10）BackgroundAudioManager.onSeeking()：监听背景音频开始跳转操作事件。

（11）BackgroundAudioManager.onSeeked()：监听背景音频完成跳转操作事件。

（12）BackgroundAudioManager.onEnded()：监听背景音频自然播放结束事件。

（13）BackgroundAudioManager.onStop()：监听背景音频停止事件。

（14）BackgroundAudioManager.onTimeUpdate()：监听背景音频播放进度更新事件，只有小程序在前台时会回调。

（15）BackgroundAudioManager.onNext()：监听用户在系统音乐播放面板中点击下一曲事件。

（16）BackgroundAudioManager.onPrev()：监听用户在系统音乐播放面板中点击上一曲事件。

7.2.2 video 视频组件及视频 API

1. video 视频组件

video 视频组件是用来播放视频的组件，可以控制是否显示默认播放控件（“播放/暂停”按钮、播放进度、时间），还可以发送弹幕信息等。video 组件的默认宽度为 300px，高度为 225px，宽度和高度可通过使用 WXSS 设置 width 和 height 来调整，其属性如表 7.2 所示。

表 7.2 video 视频组件的属性

属性	类型	默认值	说明
src	string		要播放视频的资源地址
duration	number		指定视频时长
controls	boolean	true	是否显示默认播放控件（“播放/暂停”按钮、播放进度、时间）
danmu-list	Array.<object>		弹幕列表
danmu-btn	boolean	false	是否显示“弹幕”按钮。只在初始化时有效，不能动态变更
enable-danmu	boolean	false	是否展示弹幕。只在初始化时有效，不能动态变更
autoplay	boolean	false	是否自动播放
loop	boolean	false	是否循环播放
muted	boolean	false	是否静音播放
initial-time	number	0	指定视频初始播放位置
page-gesture	boolean	false	在非全屏模式下，是否开启亮度与音量调节手势（已废弃，见 vslide-gesture）
direction	number		设置全屏时视频的方向，不指定时可根据宽高比自动判断

续表

属性	类型	默认值	说明
show-progress	boolean	true	若不设置，则屏幕宽度大于 240px 时才会显示
show-fullscreen-btn	boolean	true	是否显示“全屏”按钮
show-play-btn	boolean	true	是否显示视频底部控制栏的“播放”按钮
show-center-play-btn	boolean	true	是否显示视频中间的“播放”按钮
enable-progress-gesture	boolean	true	是否开启控制进度的手势
object-fit	string	contain	当视频大小与 video 容器大小不一致时，视频的表现形式
poster	string		视频封面的图片网络资源地址或云文件 ID（2.3.0 版本）。若 controls 属性值为 false，则设置 poster 无效
show-mute-btn	boolean	false	是否显示“静音”按钮
title	string		视频的标题，全屏时在顶部展示
play-btn-position	string	bottom	“播放”按钮的位置
enable-play-gesture	boolean	false	是否开启播放手势，即双击切换播放/暂停
auto-pause-if-navigate	boolean	true	当跳转到此小程序的其他页面时，是否自动暂停此页面的视频播放
auto-pause-if-open-native	boolean	true	当跳转到其他微信原生页面时，是否自动暂停此页面的视频播放
vslide-gesture	boolean	false	在非全屏模式下，是否开启亮度与音量调节手势（同 page-gesture）
vslide-gesture-in-fullscreen	boolean	true	在全屏模式下，是否开启亮度与音量调节手势
show-bottom-progress	boolean	true	是否展示底部进度条
ad-unit-id	string		视频前贴广告单元 ID
poster-for-crawler	string		用于给搜索等场景作为视频封面展示。建议使用无播放 icon 的视频封面图。只支持网络地址
show-casting-button	boolean		显示“投屏”按钮
picture-in-picture-mode	string/array		设置小窗模式。使用空字符串或通过数组形式设置多种模式（如["push", "pop"]）
picture-in-picture-show-progress	boolean	false	是否在小窗模式下显示播放进度
enable-auto-rotation	boolean	false	是否开启手机横屏时自动全屏，当系统设置开启自动旋转时生效
show-screen-lock-button	boolean	false	是否显示“锁屏”按钮，仅在全屏时显示
show-snapshot-button	boolean	false	是否显示“截屏”按钮，仅在全屏时显示
show-background-playback-button	boolean	false	是否展示“后台音频播放”按钮
background-poster	string		进入后台音频播放后的通知栏图标（Android 系统独有）
referrer-policy	string	no-referrer	取值为 origin 时表示发送完整的 referrer。取值为 no-referrer 时表示不发送 referrer
is-drm	boolean		是否为 DRM 视频源
is-live	boolean		是否为直播源
provision-url	string		DRM 设备身份认证 URL，仅 is-drm 为 true 时生效（Android）
certificate-url	string		DRM 设备身份认证 URL，仅 is-drm 为 true 时生效（iOS）

续表

属性	类型	默认值	说明
license-url	string		DRM 获取加密信息 URL，仅 is-drm 为 true 时生效
preferred-peak-bit-rate	number		指定码率上界，单位为 bit/s
bindplay	eventhandle		当开始/继续播放时触发 play 事件
bindpause	eventhandle		当暂停播放时触发 pause 事件
bindended	eventhandle		当播放到末尾时触发 ended 事件
bindtimeupdate	eventhandle		播放进度变化时触发，event.detail = {currentTime: '当前播放时间'}。250ms 触发一次
bindfullscreenchange	eventhandle		视频进入和退出全屏时触发，event.detail = {fullScreen, direction}，direction 有效值为 vertical 或 horizontal
bindwaiting	eventhandle		视频出现缓冲时触发
binderror	eventhandle		视频播放出错时触发
bindprogress	eventhandle		加载进度变化时触发，只支持一段加载 event.detail = {buffered}
bindloadedmetadata	eventhandle		视频元数据加载完成时触发。event.detail = {width, height, duration}
bindcontrolstoggle	eventhandle		切换 controls 的显示和隐藏时触发。event.detail = {show}
bindenterpictureinpicture	eventhandle		播放器进入小窗
bindleavepictureinpicture	eventhandle		播放器退出小窗
bindseekcomplete	eventhandle		seek 完成时触发

示例代码如下。

```
<view class="section tc">
  <video id="myVideo" src=" https://api.mofun365.com:8888/video/introduce.mp4"
danmu-list="{{danmuList}}" enable-danmu danmu-btn controls></video>
  <view class="btn-area">
    <button bindtap="bindButtonTap">获取视频</button>
    <input bindblur="bindInputBlur"/>
    <button bindtap="bindSendDanmu">发送弹幕</button>
  </view>
</view>
```

```
function getRandomColor () {
  let rgb = [ ]
  for (let i = 0 ; i < 3; ++i){
    let color = Math.floor(Math.random() * 256).tostring(16)
    color = color.length == 1 ? '0' + color : color
    rgb.push(color)
  }
  return '#' + rgb.join('')
}

Page({
  onReady: function (res) {
   this.videoContext = wx.createVideoContext('myVideo')
  },
  inputValue: '',
    data: {
        src: '',
    danmuList: [
      {
```

```
        text: '第 1s 出现的弹幕',
        color: '#ff0000',
        time: 1
      },
      {
        text: '第 3s 出现的弹幕',
        color: '#ff00ff',
        time: 3
    }]
    },
  bindInputBlur: function(e) {
    this.inputValue = e.detail.value
  },
  bindButtonTap: function() {
    var that = this
    wx.chooseVideo({
     sourceType: ['album',  'camera'],
     maxDuration: 60,
     camera: ['front', 'back'],
     success: function(res) {
       that.setData({
         src: res.tempFilePath
       })
     }
    })
  },
  bindSendDanmu: function () {
    this.videoContext.sendDanmu({
       text: this.inputValue,
       color: getRandomColor()
    })
  }
})
```

视频播放界面效果如图 7.1 所示。

图 7.1　视频播放界面效果

2. video 视频 API

可以使用 wx.createVideoContext()创建 VideoContext 对象。VideoContext 对象提供以下方法。

（1）VideoContext.play()：播放视频。

（2）VideoContext.pause()：暂停视频。
（3）VideoContext.stop()：停止视频。
（4）VideoContext.seek()：跳转到指定位置。
（5）VideoContext.sendDanmu()：发送弹幕。
（6）VideoContext.playbackRate()：设置倍速播放。
（7）VideoContext.requestFullScreen()：进入全屏。
（8）VideoContext.exitFullScreen()：退出全屏。
（9）VideoContext.showStatusBar()：显示状态栏，仅在 iOS 全屏下有效。
（10）VideoContext.hideStatusBar()：隐藏状态栏，仅在 iOS 全屏下有效。
（11）wx.chooseVideo()：拍摄视频或从手机相册中选择视频。
（12）wx.saveVideoToPhotosAlbum()：保存视频到系统相册，支持 MP4 视频格式，调用前需要用户授权 scope.writePhotosAlbum。

7.2.3 camera 相机组件及相机 API

1. camera 相机组件

camera 相机组件在使用的时候需要用户授权 scope.camera。camera 相机组件是由客户端创建的原生组件，它的层级是最高的，不能通过 z-index 控制层级，可使用 cover-view、cover-image 覆盖在上面，同一页面只能插入一个 camera 组件，不能在 scroll-view、swiper、picker-view、movable-view 中使用 camera 组件。camera 相机组件的属性如表 7.3 所示。

表 7.3 camera 相机组件的属性

属性	类型	默认值	说明
mode	string	normal	应用模式，只在初始化时有效，不能动态变更。normal 为相机模式，scanCode 为扫码模式
resolution	string	medium	分辨率，不支持动态修改。low 为低，medium 为中，high 为高
device-position	string	back	摄像头前置或后置，值分别为 front、back
flash	string	auto	闪光灯。auto 为自动，on 为打开，off 为关闭，torch 为常亮
frame-size	string	medium	指定期望的相机帧数据尺寸。small 为小尺寸帧数据，medium 为中尺寸帧数据，large 为大尺寸帧数据
bindinitdone	eventhandle		相机初始化完成时触发
bindscancode	eventhandle		在扫码识别成功时触发。仅在 mode="scanCode"时生效
bindstop	eventhandle		摄像头非正常终止时触发（如退出后台等情况）
binderror	eventhandle		用户不允许使用摄像头时触发

示例代码如下。

```
<camera device-position="back" flash="off" binderror="error" style="width: 100%; height: 300px;"></camera>
<button type="primary" bindtap="takePhoto">拍照</button>
<view>预览</view>
<image mode="widthFix" src="{{src}}"></image>
```

```
Page({
  takePhoto() {
    const ctx = wx.createCameraContext()
    ctx.takePhoto({
      quality: 'high',
      success: (res) => {
```

```
          this.setData({
            src: res.tempImagePath
          })
        }
      })
    },
    error(e) {
      console.log(e.detail)
    }
  })
```

2. camera 相机 API

可以使用 wx.createCameraContext()创建 CameraContext 对象，CameraContext 与页面内唯一的 camera 组件绑定，操作对应的 camera 组件。CameraContext 对象提供以下方法。

（1）CameraContext.onCameraFrame()：获取 camera 实时帧数据。

（2）CameraContext.takePhoto()：拍摄照片。

（3）CameraContext.startRecord()：开始录像。

（4）CameraContext.stopRecord()：结束录像。

（5）CameraFrameListener 是 CameraContext.onCameraFrame()返回的监听器，CameraFrameListener.start()为开始监听帧数据，CameraFrameListener.stop()为停止监听帧数据。

7.2.4 live-player 实时音视频播放组件

live-player 为实时音视频播放组件，它的使用是针对特定类目开放的，需要先通过类目审核，再在小程序管理后台中通过“设置”→“接口设置”命令开通该组件的使用权限。目前支持的类目有社交（直播）、教育（在线视频课程）、医疗（互联网医院、公立医疗机构、私立医疗机构）、汽车（汽车预售服务）、政府主体账号、IT 科技（多方通信、音视频设备）、房地产服务（房地产营销）、商业服务（公证）等。live-player 实时音视频播放组件的属性如表 7.4 所示。

表 7.4 live-player 实时音视频播放组件的属性

属性	类型	默认值	说明
src	string		音视频地址，目前仅支持 FLV、RTMP 格式
mode	string	live	模式，可选值有 live（直播）、RTC（实时通话）
autoplay	boolean	false	是否自动播放
muted	boolean	false	是否静音
orientation	string	vertical	画面方向，可选值有 vertical（垂直排列）、horizontal（水平排列）
object-fit	string	contain	填充模式，可选值有 contain、fillCrop
background-mute	boolean	false	进入后台时是否静音（已废弃，默认进入后台静音）
min-cache	number	1	最小缓冲区，单位为 s
max-cache	number	3	最大缓冲区，单位为 s
sound-mode	string	speaker	声音输出方式，speaker 为扬声器、ear 为听筒
auto-pause-if-navigate	boolean	true	当跳转到其他小程序页面时，是否自动暂停此页面的实时音视频播放
auto-pause-if-open-native	boolean	true	当跳转到其他微信原生页面时，是否自动暂停此页面的实时音视频播放
bindstatechange	eventhandle		播放状态变化事件，detail = {code}
bindfullscreenchange	eventhandle		全屏变化事件，detail = {direction, fullScreen}
bindnetstatus	eventhandle		网络状态通知，detail = {info}

示例代码如下。

```
<live-player src="https://domain/pull_stream" mode="RTC" autoplay bindstatechange=
"statechange" binderror= "error" style="width: 300px; height: 225px;" />

Page({
 statechange(e) {
   console.log('live-player code:', e.detail.code)
 },
 error(e) {
   console.error('live-player error:', e.detail.errMsg)
 }
})
```

7.2.5 live-pusher 实时音视频录制组件

live-pusher 为实时音视频录制组件，它的使用需要用户授权 scope.camera、scope.record，且针对特定类目开放，需要先通过类目审核，再在小程序管理后台中通过“设置”→“接口设置”命令开通该组件的权限。目前支持的类目有社交（直播）、教育（在线视频课程）、医疗（互联网医院、公立医疗机构、私立医疗机构）、汽车（汽车预售服务）、政府主体账号、IT 科技（多方通信、音视频设备）、房地产服务（房地产营销）、商业服务（公证）等。live-pusher 实时音视频录制组件的属性如表 7.5 所示。

表 7.5 live-pusher 实时音视频录制组件的属性

属性	类型	默认值	说明
url	string		推流地址。目前仅支持 RTMP 格式
mode	string	RTC	可选值有 SD（标清）、HD（高清）、FHD（超清）、RTC（实时通话）等
autopush	boolean	false	是否自动推流
enableVideoCustomRender	boolean	false	自定义渲染，允许开发者自行处理所采集的视频帧
muted	boolean	false	是否静音
enable-camera	boolean	true	是否开启摄像头
auto-focus	boolean	true	是否自动聚焦
orientation	string	vertical	画面方向，可选值有 vertical（垂直排列）、horizontal（水平排列）
beauty	number	0	美颜。取值范围为 0~9，0 表示关闭
whiteness	number	0	美白。取值范围为 0~9，0 表示关闭
aspect	string	9∶16	宽高比，可选值有 3∶4、9∶16
min-bitrate	number	200	最小码率
max-bitrate	number	1000	最大码率
audio-quality	string	high	高音质（48kHz）或低音质（16kHz），值分别为 high、low
waiting-image	string		进入后台时推流的等待画面
waiting-image-hash	string		等待画面资源的 MD5 值
zoom	boolean	false	可否调整焦距
device-position	string	front	前置或后置，值分别为 front、back
background-mute	boolean	false	进入后台时是否静音
mirror	boolean	false	设置推流画面是否镜像
remote-mirror	boolean	false	同 mirror 属性，后续 mirror 将废弃

续表

属性	类型	默认值	说明
local-mirror	string	auto	控制本地预览画面是否镜像，可选值有 auto、enable、disable
audio-reverb-type	number	0	音频混响类型：0 表示关闭、1 表示 KTV、2 表示小房间、3 表示大会堂、4 表示低沉、5 表示洪亮、6 表示金属声、7 表示磁性
bindstatechange	eventhandle		状态变化事件，detail = {code}
bindnetstatus	eventhandle		网络状态通知，detail = {info}
binderror	eventhandle		渲染错误事件，detail = {errMsg, errCode}
bindbgmstart	eventhandle		背景音开始播放时触发
bindbgmprogress	eventhandle		背景音进度变化时触发，detail = {progress, duration}
bindbgmcomplete	eventhandle		背景音播放完成时触发

示例代码如下。

```
    <live-pusher url="https://domain/push_stream" mode="RTC" autopush
bindstatechange="statechange" style="width: 300px; height: 225px;" />

    Page({
     statechange(e) {
       console.log('live-pusher code:', e.detail.code)
     }
    })
```

7.2.6 视频号组件

视频号组件分为 channel-live 视频号直播组件和 channel-video 视频号视频组件，分别为小程序提供了强大的视频直播和视频播放能力。

1. channel-live（视频号直播组件）

（1）视频号直播组件是在微信小程序中集成实时直播功能的组件。

（2）开发者可以通过该组件实现视频直播的推流、拉流和观看功能。

（3）它提供了多种直播场景，包括一对一直播、一对多直播、多对多直播等。

（4）用户可以实时观看直播内容，并与主播进行互动，如发送弹幕、点赞、评论等。

2. channel-video（视频号视频组件）

（1）视频号视频组件是在微信小程序中集成视频播放功能的组件。

（2）开发者可以通过该组件实现视频的上传、管理和播放功能。

（3）它支持多种视频格式，包括 MP4、FLV 等，并提供了自定义样式和灵活的交互功能。

（4）用户可以通过该组件观看高质量的视频内容，包括电影、剧集等。

这两个组件的集成为用户带来了丰富的视频体验，使微信小程序成为一个多媒体内容丰富、互动性强的平台。无论是直播还是点播，都可以通过这些组件实现高质量、流畅的视频展示和互动体验。

7.3 项目实战：任务 13——实现商品详情页功能

慕课视频

项目实战：实现商品详情页功能

1. 任务目标

实现莫凡商城商品详情页功能，巩固海报轮播效果设计、video 视频组件的使用、页面布局设计、页签切换效果设计、动态获取数据、动态数据绑定等常用知识点。

莫凡商城商品详情页的实现可以分解为海报轮播效果布局设计、使用 video

视频组件介绍商品、商品详情布局设计、图书详情与出版信息页签切换、动态获取图书详情页数据、动态数据绑定详情页，商品详情页如图 7.2 和图 7.3 所示。

图 7.2　商品详情页 1

图 7.3　商品详情页 2

2．任务实施

（1）在 goodsDetail.wxml 文件的商品详情页里进行商品详情页的布局设计，具体代码如下。

```
<view class="content">
  <view class="haibao">
    <swiper indicator-dots="{{indicatorDots}}" autoplay="{{autoplay}}"
interval="{{interval}}" duration="{{duration}}" class="swiperHeight">
      <block wx:for="{{goodsDetail.roundPlayPicList}}">
        <swiper-item>
          <image src="{{item}}" class="silde-image" mode="aspectFill"></image>
        </swiper-item>
      </block>
    </swiper>
  </view>
  <view class="title"><text class="tip">莫凡自营</text>{{goodsDetail.
goodsName}}</view>
  <view class="desc">{{goodsDetail.briefIntroduction}}</view>
  <view class="price"><text class="symbol">￥</text><text class="account">
{{goodsDetail.goodsPrice}}</text> <text>定价:</text><text class="oldPrice">
￥{{goodsDetail.goodsCost}}</text></view>
  <view class="hr"></view>
  <view class="items">
    <view class="item">
      <view class="term">作者</view>
      <view>{{goodsDetail.author}}</view>
    </view>
    <view class="line"></view>
    <view class="item">
      <view class="term">出版</view>
      <view>人民邮电出版社，{{goodsDetail.publishTime}}</view>
    </view>
  </view>
  <view class="hr"></view>
  <view class="mark">
      <view><image src="/pages/images/icon/support.png" style="width:15px;
height:15px;"></image>
      <text class="searchContent">正品保障</text></view>
```

```
        <view><image src="/pages/images/icon/support.png" style="width:15px;height:
15px;"></image>
        <text class="searchContent">支持礼品卡</text></view>
        <view><image src="/pages/images/icon/support.png" style="width:15px;height:
15px;"></image>
        <text class="searchContent">支持 7 日无理由退货</text></view>
        <view><image src="/pages/images/icon/support.png" style="width:15px;height:
15px;"></image>
        <text class="searchContent">礼品包装</text></view>
    </view>
    <view class="line"></view>
    <view class="items">
      <view class="item">
         <view class="term">莫凡配送</view>
         <view class="nav">运费 8 元，满 66 元包邮</view>
      </view>
    </view>
    <view class="hr"></view>
    <view class="items">
       <view class="item">
        <view class="term">数量</view>
          <view class="priceInfo">
              <view class="minus" id="{{goodsDetail.id}}" bindtap="minusGoods">-
</view>
              <view class="count">{{num}}</view>
              <view class="add" id="{{goodsDetail.id}}" bindtap="addGoods">+</view>
          </view>
       </view>
    </view>
    <view class="hr"></view>
    <view class="tab">
      <view class="{{currentTab==0?'select':'normal'}}" id="0" bindtap="switchNav">
图书详情</view>
      <view class="{{currentTab==1?'select':'normal'}}" id="1" bindtap="switchNav">
出版信息</view>
    </view>
    <view>
      <swiper current="{{currentTab}}" style="height:2000px;">
         <swiper-item>
           <view class="detail">
            <block wx:for="{{goodsDetail.infoPicList}}">
             <image src="{{item}}" mode="widthFix"></image>
            </block>
           </view>
         </swiper-item>
         <swiper-item>
            <view class="items">
              <view class="item">
                <view class="term">书名</view>
                <view>{{goodsDetail.bookName}}</view>
              </view>
              <view class="line"></view>
              <view class="item">
                <view class="term">ISBN</view>
                <view>{{goodsDetail.isbn}}</view>
              </view>
              <view class="line"></view>
              <view class="item">
                <view class="term">作者</view>
                <view>{{goodsDetail.author}}</view>
```

```
            </view>
            <view class="line"></view>
            <view class="item">
              <view class="term">出版社</view>
              <view>{{goodsDetail.bookConcern}}</view>
            </view>
            <view class="line"></view>
            <view class="item">
              <view class="term">出版时间</view>
              <view>{{goodsDetail.publishTime}}</view>
            </view>
            <view class="line"></view>
            <view class="item">
              <view class="term">版次</view>
              <view>{{goodsDetail.edition}}</view>
            </view>
            <view class="line"></view>
            <view class="item">
              <view class="term">开本</view>
              <view>{{goodsDetail.paperSize}}</view>
            </view>
            <view class="line"></view>
            <view class="item">
              <view class="term">纸张</view>
              <view>{{goodsDetail.paper}}</view>
            </view>
            <view class="line"></view>
            <view class="item">
              <view class="term">包装</view>
              <view>{{goodsDetail.packing}}</view>
            </view>
            <view class="line"></view>
            <view class="item">
              <view class="term">是否套装</view>
              <view wx:if="{{goodsDetail.isSuit==0}}">是</view>
              <view wx:else>否</view>
            </view>
           <view class="line"></view>
         </view>
       </swiper-item>
     </swiper>
   </view>
   <view class="hr"></view>
   <view class="bottom">
     <view class="cart" bindtap='seeCart'><image src="/pages/images/icon/cart.png">
</image>
     <text class="label" wx:if="{{cartNum > 0}}">{{cartNum}}</text></view>
     <view class="intocart" bindtap='intocart' id="{{goodsDetail.id}}">加入购物车
</view>
     <view class="buy" bindtap="buy" id="{{goodsDetail.id}}">立即购买</view>
   </view>

   </view>
```

（2）在 goodsDetail.wxss 样式文件里进行商品详情页的样式渲染，具体代码如下。

```
   .content{
     width: 100%;
     font-family: "Microsoft YaHei";
   }
   .haibao{
       text-align: center;
```

```
      width: 100%;
  }
  .swiperHeight{
    height: 250px;
  }
  .silde-image{
       width: 100%;
       height: 250px;
  }
  .title{
      padding: 10px;
      font-size: 15px;
      font-weight: bold;
      height: 20px;
      line-height: 20px;
  }
  .tip{
     font-size: 11px;
     padding:3px;
     background-color: #009966;
     color:#ffffff;
     font-weight: normal;
     border-radius: 15px;
     margin-right: 10px;
  }
  .desc{
    padding-left: 10px;
    padding-right: 10px;
    font-size: 12px;
    color: #999999;
  }
  .price{
    padding: 10px;
    font-size: 12px;
    color: #999999;
  }
  .symbol{
    color: red;
    font-size: 14px;
    font-weight: bold;
  }
  .account{
    color: red;
    font-size: 18px;
    font-weight: bold;
    margin-left: 2px;
    margin-right: 20px;
  }
  .oldPrice{
    text-decoration: line-through;
  }
  .items{
     padding-left:10px;
     padding-right:10px;
  }
  .item{
     display: flex;
     flex-direction: row;
     height: 40px;
     line-height: 40px;
```

```
    font-size: 13px;
}
.term{
    width: 70px;
}
.priceInfo{
    display: flex;
    flex-direction: row;
    align-items: center;
}
.minus, .add{
    border: 1px solid #cccccc;
    width: 25px;
    height: 20px;
    line-height: 20px;
    color: #009966;
    text-align: center;
    font-weight: bold;
    font-size: 15px;
}
.count{
    width: 30px;
    height: 20px;
    line-height: 20px;
    text-align: center;
    border-top: 1px solid #cccccc;
    border-bottom: 1px solid #cccccc;
}
.hr{
    height: 10px;
    background-color: #dddddd;
}
.line{
    height: 1px;
    width: 100%;
    background-color: #dddddd;
    opacity: 0.2;
}
.mark{
  font-size: 12px;
  padding: 10px;
  height: 20px;
  line-height: 20px;
  display: flex;
  flex-direction: row;
}
.mark view{
   margin-right: 5px;
}
.nav{
    font-size: 12px;
    color: #666666;
}
.tab{
   display: flex;
   flex-direction: row;
   font-size: 13px;
   border-bottom:1px solid #f2f2f2;
}
.select{
```

```
        color:#009966;
        display: inline-block;
        line-height: 80rpx;
        width: 50%;
        text-align: center;
        border-bottom: 5rpx solid #009966;
        font-weight: bold;
    }
    .normal{
        display: inline-block;
        line-height: 80rpx;
        width: 50%;
        text-align: center;
    }
    .detail{
      width: 90%;
      margin: 0 auto;
      margin-top:10px;
    }
    .detail image{
      width: 100%;
    }
    .bottom{
      background-color:#ffffff;
      height: 50px;
      position: fixed;
      bottom: 0px;
      width: 100%;
      display: flex;
      flex-direction: row;
    }
    .cart{
      width: 20%;
      height: 100%;
      text-align: center;
      line-height: 80px;
    }
    .cart image{
      width: 40px;
      height: 40px;
    }
    .intocart{
        width: 40%;
        background-color: #ffcc00;
        color: #ffffff;
        font-size:16px;
        text-align: center;
        line-height: 50px;
    }
    .buy{
      width: 40%;
      background-color: #009966;
      color: #ffffff;
      font-size:16px;
      text-align: center;
      line-height: 50px;
    }
    .label{
       position: absolute;
       border: 1px solid red;
```

```
    font-size: 10px;
    color: red;
    height: 12px;
    line-height:12px;
    width: 20px;
    text-align: center;
    border-radius: 8px;
    left:38px;
    top:5px;
    background-color: #ffffff;
}
```

（3）在 goodsDetail.js 业务逻辑处理文件中进行商品详情页的数据获取，具体代码如下。

```
var app = getApp();
var host = app.globalData.host;
Page({
 data: {
  indicatorDots: true,
  autoplay: true,
  interval: 5000,
  duration: 1000,
  imgUrls: [
    "/pages/images/books/hot-1.jpg"
    ],
  currentTab: 0,
  goodsDetail: null,
  num: 1,
  cartNum: 0
 },
 onLoad: function(e) {
   var goodsId = e.goodsId;
   this.loadGoodsDetail(goodsId);
 },
 loadGoodsDetail: function(goodsId) {//获取商品详情
    if (goodsId != "") {
        var that = this;
        wx.request({
         url: host + '/api/goods/getGoodsDetail',
         method: 'GET',
         data: {
          "goodsId": goodsId
         },
         header: {
          'Content-Type': 'application/json'
         },
         success: function(res) {
           var goodsDetail = res.data.data;
           that.setData({
             goodsDetail: goodsDetail
           });
         }
      })
    }
 },
 switchNav: function(e) {//图书详情和出版信息页签切换
   var index = e.currentTarget.id;
   this.setData({
     currentTab: index
   });
 },
 buy: function(e) {//商品立即购买页跳转
```

```
    var goodsId = e.currentTarget.id;
    var userId = wx.getStorageSync("userId");
    if(userId != ''){
        wx.navigateTo({
         url: '../buy/buy?goodsId=' + goodsId + '&num=' + this.data.num
        })
    }else{
      wx.navigateTo({
       url: '../login/login',
      })
    }
  },
  addGoods: function(e) {//添加商品数量
    var num = this.data.num;
    this.setData({
      num: num + 1
    });
  },
  minusGoods: function(e) {//减少商品数量
    var num = this.data.num;
    if (num > 1) {
        this.setData({
            num: num - 1
        });
    }
  },
})
```

7.4 项目实战：任务 14——实现商品加入购物车功能

1. 任务目标

实现莫凡商城商品加入购物车功能，巩固导航跳转、购物车页面布局、动态数据获取、动态商品加入购物车等知识。

在莫凡商城商品详情页中，用户可以将商品加入购物车，这也是商城常用的功能，设计效果如图 7.4 所示。

图 7.4　将商品加入购物车设计效果

慕课视频

项目实战：实现商品加入购物车功能

2. 任务实施

（1）在 app.json 文件里添加购物车页的路径“pages/shoppingcart/shoppingcart”。

（2）在 goodsDetail.js 业务逻辑处理文件里添加跳转到购物车页面函数、商品加入购物车函数、查看购物车商品列表函数，具体代码如下。

```
var app = getApp();
var host = app.globalData.host;
Page({
 data: {
  indicatorDots: true,
  autoplay: true,
  interval: 5000,
  duration: 1000,
  imgUrls: [
    "/pages/images/books/hot-1.jpg"
  ],
  currentTab: 0,
  goodsDetail: null,
  num: 1,
  cartNum: 0
 },
 onLoad: function(e) {
  var goodsId = e.goodsId;
  this.loadGoodsDetail(goodsId);
  this.loadCart();
 },
 loadGoodsDetail: function(goodsId) {//获取商品详情
  if (goodsId != "") {
      var that = this;
      wx.request({
       url: host + '/api/goods/getGoodsDetail',
       method: 'GET',
       data: {
        "goodsId": goodsId
       },
       header: {
        'Content-Type': 'application/json'
       },
       success: function(res) {
        var goodsDetail = res.data.data;
        that.setData({
          goodsDetail: goodsDetail
        });
       }
      })
    }
 },
 switchNav: function(e) {//图书详情和出版信息页签切换
  var index = e.currentTarget.id;
  this.setData({
    currentTab: index
  });
 },
 buy: function(e) {//商品立即购买页跳转
  var goodsId = e.currentTarget.id;
  var userId = wx.getStorageSync("userId");
  if(userId != ''){
      wx.navigateTo({
       url: '../buy/buy?goodsId=' + goodsId + '&num=' + this.data.num
      })
```

```
  }else{
    wx.navigateTo({
     url: '../login/login',
    })
  }
},
addGoods: function(e) {//添加商品数量
  var num = this.data.num;
  this.setData({
     num: num + 1
  });
},
minusGoods: function(e) {//减少商品数量
  var num = this.data.num;
  if (num > 1) {
      this.setData({
        num: num - 1
      });
  }
},
intocart: function(e) {//商品加入购物车
   var that = this;
   var goodsId = e.currentTarget.id;
   var userId = wx.getStorageSync("userId");
   if (userId != "") {
       wx.request({
        url: host + '/api/cart/saveShoppingCart',
        method: 'GET',
        data: {
         'userId': userId,
         'goodsId': goodsId,
         'type': '0'
        },
        header: {
         'Content-Type': 'application/json'
        },
        success: function(res) {
          var code = res.data.code;
          if (code == '0000') {
              that.loadCart();
          }
        }
      })
  } else {
     wx.redirectTo({
      url: '../login/login'
    })
  }
},
seeCart: function(e) {//查看购物车
  console.log(e)
  wx.redirectTo({
   url: '../shoppingcart/shoppingcart'
  })
},
loadCart: function() {//获取购物车商品列表
   var that = this;
   var userId = wx.getStorageSync("userId");
   if (userId != "") {
       wx.request({
```

```
        url: host + '/api/cart/getShoppingCartList',
        method: 'GET',
        data: {
         'userId': userId,
         'type': '0'
        },
        header: {
         'Content-Type': 'application/json'
        },
        success: function(res) {
          console.log(res);
          var code = res.data.code;
          if (code == '0000') {
              var ret = res.data.data;
              that.setData({
                cartNum: ret.length
              });
          }
        }
      })
    }else{
      wx.redirectTo({
       url: '../login/login'
      })
    }
  }
})
```

7.5 项目实战：任务15——实现购物车列表功能

1. 任务目标

实现莫凡商城购物车列表功能，巩固商品列表动态循环渲染及动态添加或减少商品数量等知识。

莫凡商城购物车页面用来显示购物车商品列表，包括商品名称、商品价格、购买数量，如图7.5所示。

图7.5 购物车列表

慕课视频

项目实战：实现购物车列表功能

2. 任务实施

（1）在 shoppingcart.wxml 购物车商品页文件里进行购物车页的布局设计，具体代码如下。

```
<view class="content">
  <view class="hr"></view>
  <view class="items">
    <radio-group bindchange="radioChange">
      <block wx:for="{{carts}}">
        <view class="item">
          <view class="icon">
            <radio value="{{item.id}}" checked="{{selected}}"/>
          </view>
          <view class="pic">
            <image src="{{item.listPic}}" style="width:70px;height:87px;"></image>
          </view>
          <view class="order">
            <view class="title">{{item.goodsName}}</view>
            <view class="priceInfo">
              <view class="price">¥{{item.goodsPrice}}</view>
              <view class="minus" id="{{item.id}}" bindtap="minusGoods">-</view>
              <view class="count">{{item.num}}</view>
              <view class="add" id="{{item.id}}" bindtap="addGoods">+</view>
            </view>
          </view>
        </view>
        <view class="line"></view>
      </block>
    </radio-group>
    <view>

    </view>
  </view>

  <view class="bottom">
    <checkbox-group bindchange="checkAll">
      <view class="all">
        <view class="selectAll">
          商品总价
        </view>
        <view class="total">
          ¥{{totalPrice}}元
        </view>
        <view class="opr" bindtap="buy">
          去结算
        </view>
      </view>
    </checkbox-group>
  </view>
</view>
```

（2）在 shoppingcart.wxss 样式文件里对购物车页进行样式渲染，具体代码如下。

```
.content{
    font-family: "Microsoft YaHei";
    height: 600px;
    background-color: #f9f9f8;
}
.hr{
    height: 12px;
}
.line{
    border: 1px solid #cccccc;
```

```
        opacity: 0.2;
}
.items{
    background-color: #ffffff;
}
.item{
     display: flex;
     flex-direction: row;
     padding:10px;
     align-items: center;
}
.order{
    width: 100%;
    height: 87px;
    margin-left: 5px;
}
.title{
      font-size: 15px;
}
.title image{
    width: 15px;
    height: 20px;
    position: absolute;
    right: 10px;
}
.priceInfo{
     display: flex;
     flex-direction: row;
     margin-top:30px;
}
.price{
     width:65%;
     font-size: 15px;
     color: #ff0000;
     text-align: left;
}
.minus, .add{
    border: 1px solid #cccccc;
    width: 25px;
    height: 20px;
    line-height: 17px;
    color: #009966;
    text-align: center;
    font-weight: bold;
    font-size: 15px;
}
.count{
    width: 30px;
    height: 20px;
    line-height: 20px;
    text-align: center;
    border-top: 1px solid #cccccc;
    border-bottom: 1px solid #cccccc;
    font-size: 13px;
}
.all{
    display: flex;
    flex-direction: row;
    height: 60px;
    align-items: center;
```

```
    padding-left: 10px;
}
.selectAll{
    width: 80px;
    text-align: center;
    font-size: 15px;
    font-weight: bold;
}
.total{
     width: 200px;
     font-size: 15px;
     color: #ff0000;
     font-weight: bold;
}
.opr{
    position: absolute;
    right: 0px;
    width: 120px;
    font-size: 15px;
    font-weight: bold;
    background-color: #009966;
    height: 60px;
    text-align: center;
    line-height: 60px;
    color: #ffffff;
}
.bottom{
  background-color:#ffffff;
  height: 60px;
  position: fixed;
  bottom: 0px;
  width: 100%;
  display: flex;
  flex-direction: row;
}
```

（3）在 shoppingcart.js 业务逻辑处理文件里动态获取购物车商品列表，具体代码如下。

```
var app = getApp();
var host = app.globalData.host;
Page({
  data:{
    carts:[ ],
    selected:false,
    selectedAll:true,
    totalPrice:0,
    num:1,
    goodsId:''
  },
  onLoad:function(){
    this.loadCarts();
  },
  loadCarts:function(){//获取购物车商品列表
    var page = this;
    var userId = wx.getStorageSync("userId");
    if (userId == null || userId ==""){
       wx.navigateTo({
        url: '../login/login',
       })
    }else{
      wx.request({
       url: host + '/api/cart/getShoppingCartList',
```

```
        method: 'GET',
        data: {
          userId: userId,
          type: 0
        },
        header: {
          'Content-Type': 'application/json'
        },
        success: function (res) {
          var carts = res.data.data;
          console.log(carts);
          page.setData({ carts: carts });
        }
      })
    }
  },
  radioChange:function(e){//选择结算商品并计算价格
    console.log(e);
    var id = e.detail.value;
    this.computePrice(id);
  },
  addGoods: function (e) {//添加商品
    var id = e.target.id;
    var carts = this.data.carts;
    for (var i = 0; i < carts.length;i++){
      var cart = carts[i];
      if(id == cart.id){
           cart.num = cart.num+1;
           this.updateCartNum(cart.id, cart.num);
           this.computePrice(id);
           break;
      }
    }
    this.loadCarts();
  },
  minusGoods: function (e) {//减少商品
    var id = e.target.id;
    var carts = this.data.carts;
    for (var i = 0; i < carts.length; i++) {
      var cart = carts[i];
      if (id == cart.id) {
        if (cart.num > 1){
          cart.num = cart.num - 1;
          this.updateCartNum(cart.id, cart.num);
          this.computePrice(id);
          break;
        }
      }
    }
    this.loadCarts();
  },
  updateCartNum:function(cartId, num){//更新购物车数量
    wx.request({
      url: host + '/api/cart/updateCartNum',
      method: 'GET',
      data: {
        cartId: cartId,
        num: num
      },
      header: {
```

```
        'Content-Type': 'application/json'
      },
      success: function (res) {   }
    })
  },
  buy:function(){//跳转到结算页面
    var goodsId = this.data.goodsId;
    var userId = wx.getStorageSync("userId");
    if (goodsId == '' || goodsId == null) {
        wx.showModal({
         title: '提示',
         content: '请选择结算商品',
         showCancel: false
        })
    } else {
      wx.navigateTo({
       url: '../buy/buy?goodsId=' + goodsId + '&num=' + this.data.num
      })
    }
  },
  computePrice: function (id) {//计算商品价格
    //计算商品价格
    var carts = this.data.carts;
    var totalPrice = 0;
    for (var i = 0; i < carts.length; i++) {
      var cart = carts[i];
      if(cart.id==id){
          totalPrice += cart.goodsPrice * cart.num;
          this.setData({ goodsId: cart.goodsId});
          this.setData({ num: cart.num });
          break;
      }
    }
    this.setData({ totalPrice: totalPrice.toFixed(2) });
  }

})
```

7.6 商品详情页分享与转发 API 的应用

慕课视频

商品详情页分享与转发 API 的应用

通常，开发者希望转发到群聊的小程序被二次打开的时候能够使用户获取到一些信息，如群的标识。调用 wx.showShareMenu()并设置 withShareTicket 为 true，当用户将小程序转发到任一群聊之后，此小程序在群聊中被其他用户打开时，调用 wx.getShareInfo()接口传入 shareTicket 即可获取到转发信息。

微信小程序提供了以下 4 个与转发相关的 API。

（1）wx.showShareMenu()：显示当前页的“转发”按钮。

（2）wx.hideShareMenu()：隐藏当前页的“转发”按钮。

（3）wx.updateShareMenu()：更新转发属性。

（4）wx.getShareInfo()：获取转发详细信息。

可以通过 onShareAppMessage()监听用户的转发行为，可监听用户点击页面内的“转发”按钮（button 组件 open-type="share"）或右上角菜单中“转发”按钮的行为，并自定义转发内容。onShareAppMessgae()返回值的属性如表 7.6 所示。

表 7.6　onShareAppMessage()返回值的属性

属性	默认值	说明
title	当前小程序名称	转发标题
path	当前页路径	转发路径
imageUrl		自定义图片路径，可以是本地文件路径、代码包文件路径或者网络图片路径；支持 PNG 格式、JPG 格式；显示图片长宽比是 5∶4
promise		如果该参数存在，则以 resolve 结果为准，如果 3s 内不返回 resolve 结果，则分享会使用默认参数

示例代码如下。

```
Page({
 onShareAppMessage: function (res) {
  if (res.from === 'button') {
     //来自页面内的“转发”按钮
     console.log(res.target)
  }
  return {
    title: '自定义转发标题',
    path: '/page/user?id=123'
  }
 }
})
```

1．实现将商品详情页分享给好友的功能

在 goodsDetail.js 商品业务逻辑处理页面里添加分享监听事件，具体代码如下。

```
//用户点击右上角发送给朋友
onShareAppMessage: function (res) {
  var goodsDetail = this.data.goodsDetail;
  if (res.from === 'button') {
     //来自页面内的“转发”按钮
     console.log(res.target)
  }
  return {
     title: goodsDetail.goodsName,
     path: 'pages/goodsDetail/goodsDetail?goodsId=' + this.data.goodsId
  }
}
```

2．实现将商品详情页分享到朋友圈的功能

商品详情页允许被分享到朋友圈，但需满足以下两个条件。

（1）页面需要设置允许“发送给朋友”，实现 onShareAppMessage()接口。

（2）页面需要设置允许“分享到朋友圈”，可自定义标题、分享图等，实现 onShareTimeline()接口。

满足上述两个条件的页面可被分享到朋友圈，具体代码如下。

```
//用户点击右上角发送给朋友
onShareAppMessage: function (res) {
  var goodsDetail = this.data.goodsDetail;
  if (res.from === 'button') {
     //来自页面内的“转发”按钮
     console.log(res.target)
  }
  return {
     title: goodsDetail.goodsName,
     path: 'pages/goodsDetail/goodsDetail?goodsId=' + this.data.goodsId
  }
```

```
    },
    //用户点击右上角分享到朋友圈
    onShareTimeline: function () {
        return {
        title: '商品详情',
        query: {
         goodsId: this.data.goodsId
        },
        imageUrl: 'https://api.mofun365.com:8888/images/goods/1555850845474.jpg'
      }
    }
```

7.7 小结

本单元包含以下内容。

- 介绍了页面间传递数据、媒体组件及媒体 API 的应用等知识。
- 主要实现了莫凡商城商品详情页设计、商品加入购物车功能、购物车列表功能及商品详情页分享功能。

单元8 莫凡商城获取收货地址功能设计

08

情景引入

某用户在微信小程序上浏览各类商品时看中了一件心仪的衣服，希望能准确填写收货地址，以确保顺利收到商品。微信小程序提供了电商收货地址和地图相关API，点击收货地址栏，系统会自动定位用户的当前位置，并显示附近的地图。这样，用户可以轻松选择已有的收货地址，或者使用地图工具手动标记新的地址，准确地填写收货信息，享受购物的乐趣。微信小程序的电商收货地址功能和地图相关API为用户提供了便捷的购物体验。

获取收货地址是App和小程序经常会用到的一个功能，莫凡商城也需要从用户那里获取商品的收货地址。获取收货地址会应用到位置API、收货地址API、地图组件及地图API。本单元将综合应用这些知识来完成莫凡商城获取收货地址功能的设计。

学习目标

知识目标

1. 掌握微信小程序位置API的使用方法。
2. 掌握微信小程序收货地址API的使用方法。
3. 掌握微信小程序地图组件的使用方法。
4. 掌握微信小程序地图API的使用方法。

能力目标

1. 能够熟练使用微信小程序位置相关API来实现收货地址的设计。
2. 能够熟练使用微信小程序地图组件及地图API。

素质目标

1. 提升逻辑思维能力。
2. 培养探索精神。

思维导图

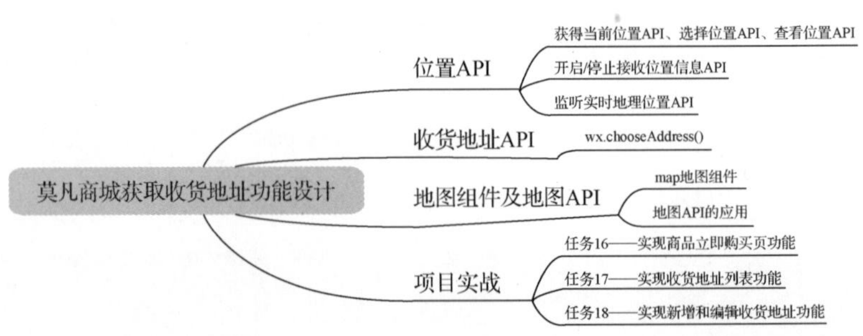

8.1 位置 API

微信小程序的位置 API 包括获得当前位置 API、选择位置 API、查看位置 API、开启/停止接收位置信息 API、监听实时地理位置 API 等，运用这些 API 可以完成与位置相关的设计。

慕课视频

位置 API

8.1.1 获得当前位置 API、选择位置 API、查看位置 API

微信小程序提供了 wx.getLocation()获得当前位置、wx.chooseLocation()选择位置、wx.openLocation()查看位置这 3 个 API。

1. wx.getLocation()获得当前位置

使用 wx.getLocation()可以获得当前位置信息，包括当前位置的地理坐标、设备移动速度，用户退出小程序后，此接口无法调用。

此 API 需要传递位置类型 type。type 默认值为 wgs84，返回 GPS 坐标；其值为 gcj02 时，返回可用于 wx.openLocation 的坐标。

其调用成功后的返回参数说明如表 8.1 所示。

表 8.1 wx.getLocation()调用成功后的返回参数说明

参数	说明
latitude	纬度，取值范围为-90～90，负数表示南纬
longitude	经度，取值范围为-180～180，负数表示西经
speed	速度，单位为 m/s
accuracy	位置的精确度
altitude	高度，单位为 m
verticalAccuracy	垂直精确度，单位为 m（Android 系统无法获取，返回 0）
horizontalAccuracy	水平精确度，单位为 m

示例代码如下。

```
Page({
 onLoad:function(){
   wx.getLocation({
   type: 'wgs84',
   success: function(res) {
     var latitude = res.latitude;
     console.log("纬度="+latitude);
     var longitude = res.longitude;
     console.log("经度="+longitude);
     var speed = res.speed;
     console.log("速度="+speed);
     var accuracy = res.accuracy;
     console.log("精确度="+accuracy);
   }
 })
 }
})
```

2. wx.chooseLocation()选择位置

使用 wx.chooseLocation()可以打开地图选择位置，调用前需要用户授权 scope.userLocation，其调用成功后的返回参数说明如表 8.2 所示。

表 8.2　wx.chooseLocation()调用成功后的返回参数说明

参数	说明
latitude	纬度，取值范围为-90～90，负数表示南纬
longitude	经度，取值范围为-180～180，负数表示西经
name	位置名称
address	详细地址

示例代码如下。

```
Page({
 onLoad:function(){
   wx.chooseLocation({
    success: function(res){
       console.log(res);
     }
   })
 }
})
```

3. wx.openLocation()查看位置

使用 wx.openLocation()可以打开微信内置地图查看位置，其调用成功后的返回参数说明如表 8.3 所示。

表 8.3　wx.openLocation()调用成功后的返回参数说明

参数	说明
latitude	纬度，取值范围为-90～90，负数表示南纬
longitude	经度，取值范围为-180～180，负数表示西经
scale	缩放比例，取值范围为 5～18，默认为 18
name	位置名称
address	详细地址
success	接口调用成功的回调函数
fail	接口调用失败的回调函数
complete	接口调用结束的回调函数（调用成功、失败都会执行）

示例代码如下。

```
Page({
 onLoad:function(){
   wx.getLocation({
      type: 'gcj02',  //返回可以用于 wx.openLocation()的经纬度
      success: function(res) {
        var latitude = res.latitude
        var longitude = res.longitude
        wx.openLocation({
         latitude: latitude,
         longitude: longitude,
         scale: 18
        })
      }
   })
 }
})
```

查看位置代码如图 8.1 所示。

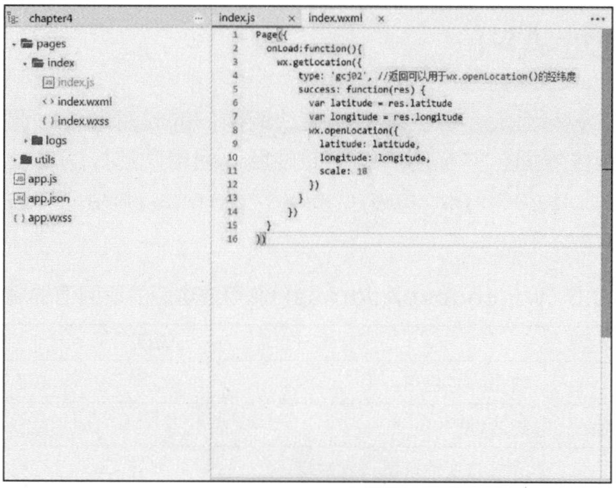

```
Page({
  onLoad:function(){
    wx.getLocation({
        type: 'gcj02', //返回可以用于wx.openLocation()的经纬度
        success: function(res) {
          var latitude = res.latitude
          var longitude = res.longitude
          wx.openLocation({
            latitude: latitude,
            longitude: longitude,
            scale: 18
          })
        }
      })
  }
})
```

图 8.1　查看位置代码

8.1.2　开启/停止接收位置信息 API

微信小程序提供 wx.startLocationUpdate()来开启小程序进入前台时可以接收位置信息，调用前需要用户授权 scope.userLocation。

微信小程序提供 wx.startLocationUpdateBackground()来开启小程序进入前、后台时均可以接收位置信息，调用前需要用户授权 scope.userLocationBackground，授权以后，小程序在运行中或进入后台时均可接收位置变化信息。

微信小程序提供 wx.stopLocationUpdate()来关闭实时位置变化的监听，调用后前、后台都将停止信息接收。

8.1.3　监听实时地理位置 API

微信小程序使用 wx.onLocationChange()来监听实时地理位置变化事件，需结合 wx.startLocationUpdateBackground()、wx.startLocationUpdate()使用。其调用成功后的返回参数说明如表 8.4 所示。

表 8.4　wx.onLocationChange()调用成功后的返回参数说明

参数	说明
latitude	纬度，取值范围为-90～90，负数表示南纬
longitude	经度，取值范围为-180～180，负数表示西经
speed	速度，单位为 m/s
accuracy	位置的精确度
altitude	高度，单位为 m
verticalAccuracy	垂直精确度，单位为 m（Android 系统无法获取，返回 0）
horizontalAccuracy	水平精确度，单位为 m

示例代码如下。

```
const _locationChangeFn = function(res) {
 console.log('location change', res)
}
wx.onLocationChange(_locationChangeFn)
wx.offLocationChange(_locationChangeFn)
```

微信小程序使用 wx.offLocationChange()来取消监听实时地理位置变化事件。

8.2 收货地址 API

慕课视频

收货地址 API

微信小程序提供了 wx.chooseAddress()来获取用户的收货地址，调出用户编辑收货地址的原生界面，并在用户编辑完成后返回用户选择的地址，调用前需要用户授权 scope.address。wx.chooseAddress()调用成功后的返回值的属性如表 8.5 所示。

表 8.5　wx.chooseAddress()调用成功后的返回值的属性

属性	类型	说明
userName	string	收货人姓名
postalCode	string	邮政编码
provinceName	string	国标收货地址第一级地址
cityName	string	国标收货地址第二级地址
countyName	string	国标收货地址第三级地址
detailInfo	string	详细收货地址信息
nationalCode	string	收货地址国家（地区）码
telnumber	string	收货人手机号码
errMsg	string	错误信息

示例代码如下。

```
Page({
  onLoad: function() {
    wx.chooseAddress({
      success(res) {
        console.log(res.userName)
        console.log(res.postalCode)
        console.log(res.provinceName)
        console.log(res.cityName)
        console.log(res.countyName)
        console.log(res.detailInfo)
        console.log(res.nationalCode)
        console.log(res.telnumber)
      }
    })
  }
})
```

8.3 地图组件及地图 API

8.3.1 map 地图组件

慕课视频

地图组件及地图 API

微信小程序提供了地图功能，可通过 map 地图组件来开发与地图有关的应用，如共享单车、滴滴打车、外卖配送查询等，在地图上可以标记覆盖物并指定一系列的坐标位置，如共享单车应用的地图上会标识共享单车的位置。

map 地图组件的属性如表 8.6 所示。

表 8.6　map 地图组件的属性

属性	类型	默认值	说明
latitude	number		中心纬度
longitude	number		中心经度
scale	number	16	缩放级别，取值范围为 3~20
min-scale	number	3	最小缩放级别
max-scale	number	20	最大缩放级别
marker	Array.<marker>		标记点
polyline	Array.<polyline>		路线
circleZ	Array.<circle>		圆
controls	Array.<control>		控件
include-points	Array.<point>		缩放视野以包含所有给定的坐标点
show-location	boolean	false	是否显示带有方向的当前定位点
polygon	Array.<polygon>		多边形
subkey	string		个性化地图使用的 key
layer-style	number	1	个性化地图配置的风格，不支持动态修改
rotate	number	0	旋转角度，取值范围为 0~360，地图正北和设备 y 轴的夹角
skew	number	0	倾斜角度，取值范围为 0~40，关于 z 轴的倾角
enable-3D	boolean	false	是否展示 3D 楼块
show-compass	boolean	false	是否显示指南针
show-scale	boolean	false	是否显示比例尺
enable-overlooking	boolean	false	是否开启俯视
enable-zoom	boolean	true	是否支持缩放
enable-scroll	boolean	true	是否支持拖动
enable-rotate	boolean	false	是否支持旋转
enable-satellite	boolean	false	是否开启卫星图
enable-traffic	boolean	false	是否开启实时路况
enable-poi	boolean	true	是否展示 POI（Point of Interest，兴趣点）
enable-building	boolean		是否展示建筑物
setting	object		配置项
bindcallouttap	eventhandle		点击标记点对应的气泡时触发，e.detail = {markerId}
bindmarkertap	eventhandle		点击标记点时触发，e.detail = {markerId}
bindcontroltap	eventhandle		点击控件时触发，e.detail = {controlId}
bindregionchange	eventhandle		视野发生变化时触发
bindtap	eventhandle		点击地图时触发
bindupdated	eventhandle		在地图渲染更新完成时触发
bindpoitap	eventhandle		点击地图POI时触发，e.detail = {name, longitude, latitude}

marker 标记点用于在地图上显示标记的位置，其属性如表 8.7 所示。

表 8.7　marker 标记点的属性

属性	说明	类型	是否必填	备注
id	标记点 id	number	是	marker 单击事件回调会返回此 id。建议为每个 marker 设置 number 类型的 id，以保证更新 marker 时有更好的性能
latitude	纬度	number	是	浮点数，取值范围为-90~90
longitude	经度	number	是	浮点数，取值范围为-180~180
title	标注点名称	string	否	点击某地点时显示。callout 存在时将被忽略
zIndex	显示层级	number	否	

续表

属性	说明	类型	是否必填	备注
iconPath	显示的图标	string	是	项目目录下的图片路径。支持相对路径写法，以“/”开头时表示相对小程序根目录
rotate	旋转角度	number	否	顺时针旋转的角度，取值范围为0~360，默认为0
alpha	标注的透明度	number	否	默认为1，不透明
width	标注图标的宽度	number/string	否	默认为图片实际宽度
height	标注图标的高度	number/string	否	默认为图片实际高度
callout	标记点上方的气泡窗口	object	否	
label	为标记点增加标签	object	否	
anchor	经纬度在标记点的锚点。默认在底边中点	object	否	{x, y}。x表示横向，取值为(0,1)；y表示纵向，取值为(0,1)。{x:0.5, y:1}表示底边中点
aria-label	无障碍访问。（属性）元素的额外描述	string	否	

polyline用来指定一系列坐标点，从数组第一项连线至最后一项，其属性如表8.8所示。

表8.8　polyline坐标点的属性

属性	说明	类型	是否必填	备注
points	经纬度数组	array	是	[{latitude:0，longitude:0}]
color	线的颜色	string	否	以8位十六进制数表示，后两位表示alpha值，如#000000AA
width	线的宽度	number	否	
dottedLine	是否虚线	boolean	否	默认为false
arrowLine	带箭头的线	boolean	否	默认为false，微信开发者工具暂不支持该属性
arrowIconPath	更换箭头图标	string	否	在arrowLine为true时生效
borderColor	线的边框颜色	string	否	
borderWidth	线的厚度	number	否	

circle用来在地图上显示圆，其属性如表8.9所示。

表8.9　circle显示圆的属性

属性	说明	类型	是否必填	备注
latitude	纬度	number	是	浮点数，取值范围为-90~90
longitude	经度	number	是	浮点数，取值范围为-180~180
color	描边的颜色	string	否	以8位十六进制数表示，后两位表示alpha值，如#000000AA
fillColor	填充颜色	string	否	以8位十六进制数表示，后两位表示alpha值，如#000000AA
radius	半径	number	是	
strokeWidth	描边的宽度	number	否	

controls用来在地图上显示控件，控件不随着地图移动，其属性如表8.10所示。

表 8.10　controls 显示控件的属性

属性	说明	类型	是否必填	备注
id	控件 id	number	否	在控件点击事件回调后返回此 id
position	控件在地图上的位置	object	是	控件相对地图位置
iconPath	显示的图标	string	是	项目目录下的图片路径，支持相对路径的写法，以“/”开头时表示相对小程序根目录
clickable	是否可点击	boolean	否	默认不可点击

position 控件位置是相对地图的位置，其属性如表 8.11 所示。

表 8.11　position 控件位置的属性

属性	说明	类型	是否必填	备注
left	距离地图的左边界多远	number	否	默认为 0
top	距离地图的上边界多远	number	否	默认为 0
width	控件宽度	number	否	默认为图片宽度
height	控件高度	number	否	默认为图片高度

注意　**地图组件的经纬度必填，如果不填，则默认是北京的经纬度。**

示例代码如下。

```
    <!-- map.wxml -->
    <map id="map" longitude="113.324520" latitude="23.099994" scale="14"
controls="{{controls}}" bindcontroltap= "controltap" markers="{{markers}}"
bindmarkertap="markertap" polyline="{{polyline}}" bindregionchange="regionchange"
show-location style="width: 100%; height: 300px;"></map>

    // map.js
    Page({
     data: {
       markers: [{
        iconPath: "/resources/others.png",
        id: 0,
        latitude: 23.099994,
        longitude: 113.324520,
        width: 50,
        height: 50
       }],
       polyline: [{
        points: [{
          longitude: 113.3245211,
          latitude: 23.10229
        }, {
          longitude: 113.324520,
          latitude: 23.21229
        }],
        color:"#D53E37",
        width: 1,
        dottedLine: true
       }],
       controls: [{
```

```
      id: 1,
      iconPath: '/resources/location.png',
      position: {
        left: 0,
        top: 300 - 50,
        width: 50,
        height: 50
      },
      clickable: true
    }]
  },
  regionchange(e) {
    console.log(e.type)
  },
  markertap(e) {
    console.log(e.markerId)
  },
  controltap(e) {
    console.log(e.controlId)
  }
})
```

地图代码如图 8.2 所示。

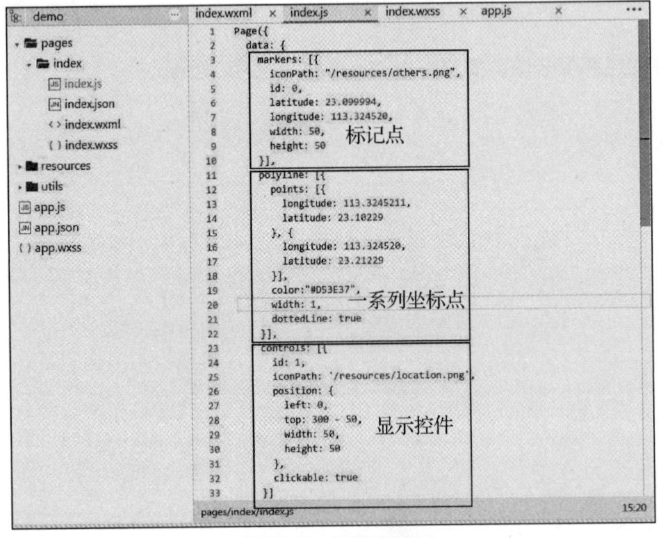

图 8.2　地图代码

8.3.2　地图 API 的应用

wx.createMapContext()地图组件控制 API 用来创建并返回 mapContext 对象，它有以下 8 种方法。

（1）MapContext.getCenterLocation()：获取当前地图中心的经纬度，返回的是 gcj02 坐标系，可以用于 wx.openLocation()。

（2）MapContext.moveToLocation()：将地图中心移动到当前定位点，需要配合 map 组件的 show-location 使用。

（3）MapContext.getRegion()：获取当前地图的视野范围。

（4）MapContext.getRotate()：获取当前地图的旋转角。

（5）MapContext.getScale()：获取当前地图的缩放级别。

（6）MapContext.getSkew()：获取当前地图的倾斜角。

（7）MapContext.includePoints()：缩小地图以展示所有经纬度。

（8）MapContext.translateMarker()：平移 marker，带动画。

示例代码如下。

```
<!-- map.wxml -->
<map id="myMap" show-location />

<button type="primary" bindtap="getCenterLocation">获取位置</button>
<button type="primary" bindtap="moveToLocation">移动位置</button>
// map.js
Page({
 onReady: function (e) {
   //使用 wx.createMapContext()获取 map 上下文
   this.mapCtx = wx.createMapContext('myMap')
 },
 getCenterLocation: function () {
  this.mapCtx.getCenterLocation({
     success: function(res){
       console.log(res.longitude)
       console.log(res.latitude)
     }
  })
 },
 moveToLocation: function () {
  this.mapCtx.moveToLocation()
 }
})
```

8.4 项目实战：任务 16——实现商品立即购买页功能

1. 任务目标

实现莫凡商城商品立即购买页功能，巩固选择收货地址设计、显示收货地址区域设计、购买商品区域设计、商品总价格区域设计的知识。

莫凡商城的商品立即购买页包括选择收货地址和显示收货地址区域、购买商品区域、商品总价格区域，如图 8.3 所示。

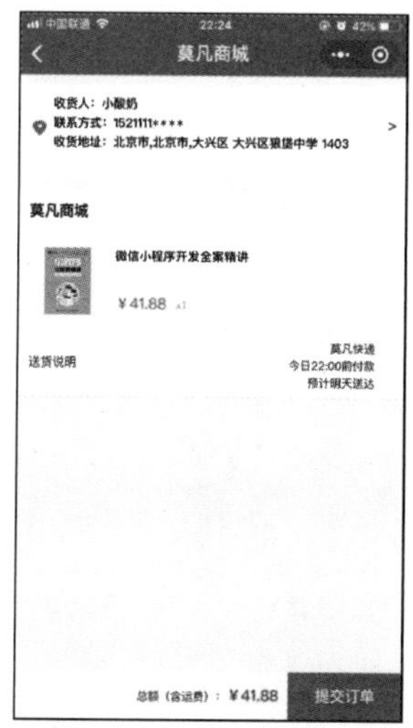

图 8.3　商品立即购买页

慕课视频

项目实战：实现商品立即购买页功能

2. 任务实施

下面来实现莫凡商城的商品立即购买页功能。

（1）在 app.json 文件里添加商品立即购买页的路径“pages/buy/buy”。

（2）在 buy.wxml 页面文件里进行商品立即购买页的布局设计，示例代码如下。

```
<view class="content">
  <view class="hr"></view>
  <view class="address" bindtap="selectAddress">
    <view class="location">
      <image src="/pages/images/icon/address.png"></image>
    </view>
    <block wx:if="{{addresses != ''}}">
    <view class="desc1">
      <view>收货人:{{addresses.personName}}</view>
      <view>联系方式:{{addresses.contactNumber}}</view>
      <view>收货地址:{{addresses.city}} {{addresses.address}} {{addresses.
houseNumber}}</view>
    </view>
    </block>
    <block wx:else>
    <view class="addAddress">
      请选择收货地址
    </view>
    </block>
    <view class="nav">></view>
  </view>
  <view class="hr"></view>
  <view class="goods">
    <view class="title">莫凡商城</view>
    <view class="line"></view>
    <view class="good">
      <view class="pic">
        <image src="{{goodsDetail.listPic}}"></image>
      </view>
      <view class="goodInfo">
        <view class="name">{{goodsDetail.goodsName}}</view>
        <view class="price">¥{{goodsDetail.goodsPrice}}
          <text class="count">x{{num}}</text>
        </view>
      </view>
    </view>
    <view class="line"></view>
    <view class="tip">
      <view class="term">
        送货说明
      </view>
      <view class="desc2">
        <view>莫凡快递</view>
        <view>今日 22:00 前付款</view>
        <view>预计明天送达</view>
      </view>
    </view>
    <view class="line"></view>
  </view>
  <view class="hr"></view>
  <view class="bottom">
  <view class="intocart"><text>总额(含运费):<text class="total">¥{{totalPrice}}
</text></text></view>
  <view class="buy" bindtap="buy">提交订单</view>
 </view>
 </view>
```

（3）在 buy.wxss 样式文件里对商品立即购买页进行样式渲染，示例代码如下。

```
.content{
  width: 100%;
  font-family: "Microsoft YaHei";
  background-color: #f9f9f8;
  height: 700px;
}
.hr{
   height: 10px;
}
.address{
  display: flex;
  flex-direction: row;
  height: 100px;
  background-color: #ffffff;
  line-height: 100px;
}
.location{
   line-height:100px;
   margin-left:10px;
}
.location image{
   width: 20px;
   height: 20px;
}
.desc{
     line-height: 100px;
     padding-left: 5px;
     font-size: 15px;
     color: #ff0000;
}
.nav{
     position: absolute;
     right: 10px;
     line-height: 80px;
}
.desc1{
  padding:5px;
  font-size: 13px;
  line-height: 20px;
  align-items: center;
  font-weight: bold;
  margin-top:5px;
}
.addAddress{
  font-size: 13px;
  text-align: center;
  height: 100px;
  line-height: 100px;
  margin-left:10px;
  color: #666666;
}
.goods{
  background-color: #ffffff;
  height: 215px;
}
.title{
    padding:10px;
    font-size: 16px;
    font-weight: bold;
```

```
}
.line{
    height: 1px;
      width: 100%;
      background-color: #cccccc;
      opacity: 0.2;
}
.good{
   height: 100px;
   display: flex;
   flex-direction: row;
}
.pic{
   width: 25%;
   text-align: center;
   line-height: 100px;
}
.good image{
  width: 50px;
  height: 70px;
  vertical-align: middle;
}
.goodInfo{
  width: 75%;
  line-height: 50px;
}
.name{
  font-size: 13px;
  font-weight: bold;
}
.price{
    color: red;
}
.count{
  margin-left: 5px;
  font-size: 12px;
  color: #999999;
}
.tip{
    display: flex;
    flex-direction: row;
    height: 70px;
}
.term{
    width: 30%;
    font-size: 13px;
    line-height: 70px;
    margin-left: 10px;
}
.desc2{
   width: 60%;
   font-size: 12px;
   text-align: right;
   margin-top:10px;
}
.bottom{
   background-color:#ffffff;
   height: 50px;
   position: fixed;
   bottom: 0px;
```

```
    width: 100%;
    display: flex;
    flex-direction: row;
  }
  .cart{
    width: 20%;
    height: 100%;
    text-align: center;
    line-height: 80px;
  }
  .intocart{
      width: 70%;
      background-color: #ffffff;
      font-size:12px;
      text-align: right;
      line-height: 50px;
      padding-right:10px;
  }
  .buy{
    width: 30%;
    background-color: #009966;
    color: #ffffff;
    font-size:16px;
    text-align: center;
    line-height: 50px;
  }
  .total{
     color: red;
     font-size: 16px;
     font-weight: bold;
  }
```

（4）在 buy.js 业务逻辑处理文件里获取用户的收货地址、商品列表，触发选择地址事件，示例代码如下。

```
var app = getApp();
var host = app.globalData.host;
Page({
 data: {
   flag: 0,
   addresses: '',
   goodsId:'',
   goodsDetail:null,
   num:1,
   addressId:'',
   totalPrice:0
 },
 onLoad: function (e) {
    console.log(e);
    var that = this;
    this.setData({goodsId: e.goodsId});
    this.setData({ num: e.num });
    this.setData({ addressId: e.addressId });
    this.loadAddress(e.addressId);
    this.loadGoods(e.goodsId);
 },
 loadAddress: function (id) {//获取用户的收货地址
    var page = this;
    if(id != null && id !=""){
        wx.request({
         url: host + '/api/address/getAddressById',
         method: 'GET',
```

```
          data: {
           "id": id
          },
          header: {
           'Content-Type': 'application/json'
          },
          success: function (res) {
            console.log(res);
            var code = res.data.code;
            var addresses = res.data.data;
            if (code = '0000') {
               page.setData({ addresses: addresses });
            }
          }
        })
      }
    },
    loadGoods: function (goodsId) {//获取商品列表
      var page = this;
      if (goodsId != null && goodsId != "") {
          wx.request({
            url: host + '/api/goods/getGoodsDetail?goodsId=' + goodsId,
            method: 'GET',
            data: {
             "goodsId": goodsId
            },
            header: {
             'Content-Type': 'application/json'
            },
            success: function (res) {
              console.log(res);
              var code = res.data.code;
              var goodsDetail = res.data.data;
              if (code = '0000') {
                  page.setData({ goodsDetail: goodsDetail });
                  var num = page.data.num;
                  //计算总价格
                  var totalPrice = goodsDetail.goodsPrice * num;
                  page.setData({ totalPrice: totalPrice.toFixed(2) });
              }
            }
          })
      }
    },
    selectAddress: function () {//选择用户的收货地址
      wx.navigateTo({
       url: '../address/address?goodsId=' + this.data.goodsId+"&num=
"+this.data.num
      })
    },
    buy: function () {//立即购买
      var userId = wx.getStorageSync("userId");
      var addressId = this.data.addressId;
      var goodsId = this.data.goodsId;
      var num = this.data.num;
      console.log(addressId + '---' + userId + '---' + goodsId+'---'+num)
      if (addressId != '' && addressId != null){
          //保存订单信息
          wx.request({
            url: host + '/api/order/saveOrder',
            method: 'GET',
```

```
          data: {
            "goodsId": goodsId,
            "userId": userId,
            "addressId": addressId,
            "num": num
          },
          header: {
            'Content-Type': 'application/json'
          },
          success: function (res) {
            console.log(res);
            var code = res.data.code;
            var orderId = res.data.data;//订单号
            if (code = '0000') {
                //支付

                //支付成功后跳转
                wx.redirectTo({
                  url: '../paySuccess/paySuccess?orderId=' + orderId
                })
            }
          }
        })

      }else{
        wx.showModal({
          title: '提示',
          content: '请选择收货地址',
          showCancel:false,
          success(res) {
            if (res.confirm) {
                console.log('用户点击确定')
            } else if (res.cancel) {
                console.log('用户点击取消')
            }
          }
        })
      }
    }

  })
```

8.5 项目实战：任务 17——实现收货地址列表功能

1. 任务目标

项目实战：实现收货地址列表功能

实现莫凡商城收货地址列表功能，巩固用户地址列表渲染设计、新增地址固定底部设计、编辑地址按钮跳转设计的知识。

莫凡商城收货地址管理页包括用户的收货地址列表、新增地址按钮、编辑地址按钮，如图 8.4 所示。

2. 任务实施

下面来实现莫凡商城收货地址列表功能。

（1）在 app.json 文件里添加收货地址列表页的路径“pages/address/address”。

（2）在 address.json 文件里配置收货地址列表导航标题“收货地址管理”，具体代码如下。

```
{
    "navigationBarTitleText": "收货地址管理"
}
```

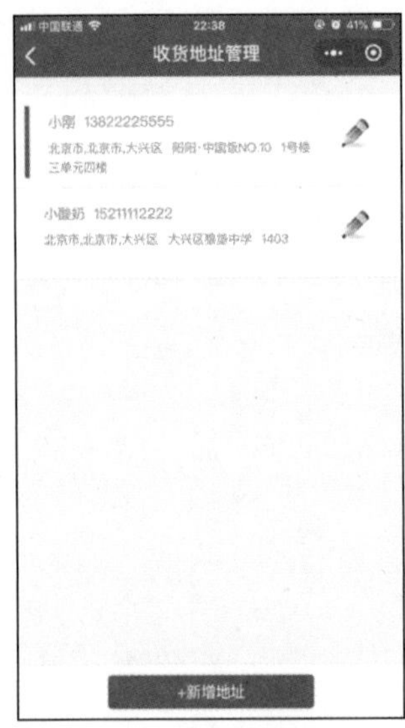

图 8.4　收货地址管理页

（3）在 address.wxml 页面文件里进行收货地址列表的布局设计，示例代码如下。

```
<view class="content">
  <view class="hr"></view>
  <block wx:for="{{addresses}}">
    <view class="item">
      <view class="info {{flag==index?'select':'normal'}}" id="{{index}}"
data-id="{{item.id}}" bindtap="switchNav">
        <view class="name">
          <text>{{item.personName}}</text>
          <text>{{item.contactNumber}}</text>
        </view>
        <view class="address">
          <text>{{item.city}}</text>
          <text>{{item.address}}</text>
          <text>{{item.houseNumber}}</text>
        </view>
      </view>
      <view class="opr" bindtap='editAddress' id="{{item.id}}">
        <image src="/pages/images/icon/xg.png" style="width:33px;height:33px;">
</image>
      </view>
    </view>
    <view class="line"></view>
  </block>
  <view class="bg">
    <view class="newAddress" bindtap="newAddress">+新增地址</view>
  </view>
</view>
```

（4）在 address.wxss 样式文件里对收货地址列表进行样式渲染，示例代码如下。

```
.content{
    font-family: "Microsoft YaHei";
    height: 700px;
    background-color: #f9f9f8;
}
.hr{
    height: 20px;
}
```

```
.item{
    background-color: #ffffff;
    display: flex;
    flex-direction: row;
    height: 75px;
    padding:10px;
}
.info{
     width:80%;
     line-height: 35px;
}
.name{
    margin-left: 20px;
    font-size: 15px;
    color:#999999;
}
.name text{
    margin-right: 10px;
}
.address{
    margin-left: 20px;
    font-size: 13px;
    color:#999999;
    line-height: 20px;
}
.address text{
    margin-right: 10px;
}
.opr{
    border-left: 1px solid #f2f2f2;
    line-height: 85px;
    width: 20%;
    text-align: center;
}
.line{
     height: 1px;
     width: 100%;
     background-color: #cccccc;
     opacity: 0.2;
}
.select{
    border-left:5px solid #009966;
}
.bg{
    background-color: #ffffff;
    height: 55px;
    border: 1px solid #f2f2f2;
    position: fixed;
    bottom: 0px;
    width: 100%;
}
.newAddress{
    border: 1px solid #f2f2f2;
    width: 220px;
    height: 35px;
    background-color: #009966;
    line-height: 35px;
    text-align: center;
    border-radius: 5px;
    margin: 0 auto;
```

```
      margin-top:10px;
      font-size: 16px;
      color: #ffffff;

  }
```

（5）在 address.js 业务逻辑处理文件里调用后台服务器接口获取收货地址列表，示例代码如下。

```
  var app = getApp();
  var host = app.globalData.host;
  Page({
   data:{
    flag:0,
    addresses:[ ],
    goodsId:'',
    num:1
   },
   onLoad:function(e){
    this.setData({ num: e.num });
    this.setData({ goodsId: e.goodsId});
    this.loadAddress();
   },
   switchNav:function(e){//选择收货地址
      var index = e.currentTarget.id;
      this.setData({ flag: index});
     var addressId = e.currentTarget.dataset.id
     wx.navigateTo({
      url: '../buy/buy?addressId=' + addressId + '&goodsId=' + this.data.
goodsId+'&num='+this.data.num
     })
   },
   newAddress:function(e){//新增地址跳转
    wx.navigateTo({
     url: '../newAddress/newAddress?goodsId=' + this.data.goodsId + '&num=' +
this.data.num
     })
   },
   editAddress: function (e) {//编辑地址跳转
    wx.navigateTo({
     url: '../newAddress/newAddress?addressId=' + e.currentTarget.id +
'&goodsId=' + this.data.goodsId + '&num=' + this.data.num
     })
   },
   loadAddress:function(){//加载收货地址列表
     var page = this;
     var userId = wx.getStorageSync("userId");
     if (userId != "") {
          wx.request({
           url: host + '/api/address/selectAddressByUserId',
           method: 'GET',
           data: {
            "userId": userId
           },
           header: {
            'Content-Type': 'application/json'
           },
           success: function (res) {
            var code = res.data.code;
            var addresses = res.data.data;
            if (code = '0000') {
               page.setData({ addresses: addresses });
            }
```

```
            }
          })
      } else {
        wx.redirectTo({
         url: '../login/login'
        })
      }
    }

  })
```

8.6 项目实战：任务 18——实现新增和编辑收货地址功能

1. 任务目标

实现莫凡商城新增和编辑收货地址功能，巩固表单相关组件的知识。

在莫凡商城收货地址管理页中可以点击新增地址或者编辑地址按钮，跳转到新增地址页或编辑地址页，页面中包括联系人、性别、手机号码、所在城市、收货地址、门牌号等信息，如图 8.5 和图 8.6 所示。

图 8.5 新增地址页

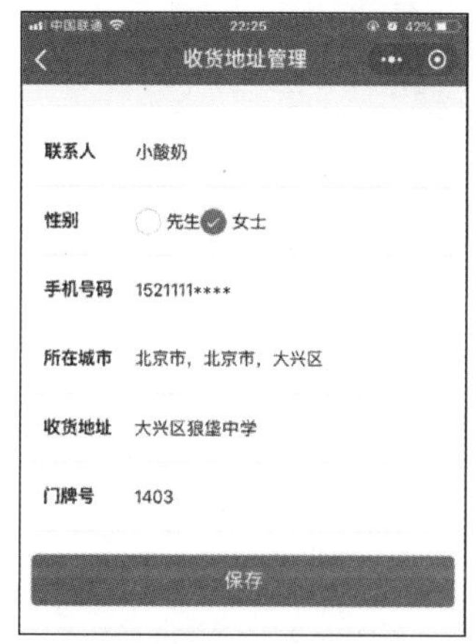

图 8.6 编辑地址页

慕课视频

项目实战：实现新增和编辑收货地址功能

2. 任务实施

下面来实现莫凡商城新增和编辑收货地址功能。

（1）在 app.json 文件里添加新增和编辑收货地址页的路径“pages/newAddress/newAddress”。

（2）在 newAddress.json 文件里配置新增地址和编辑地址导航标题“收货地址管理”，具体代码如下。

```
{
    "navigationBarTitleText": "收货地址管理"
}
```

（3）在 newAddress.wxml 页面文件里进行新增地址页和编辑地址页的布局设计，示例代码如下。

```
<view class="content">
    <view class="hr"></view>
    <view class="bg">
      <form bindsubmit="formSubmit" bindreset="formReset">
          <view class="item">
              <view class="name">联系人</view>
              <view class="value">
                  <input type="text" placeholder="收货人姓名" placeholder-class=
"holder" name="userName" value= "{{userName}}"/>
              </view>
```

```
            </view>
            <view class="line"></view>
            <view class="item">
               <view class="name">性别</view>
               <view class="value">
               <radio-group class="radin-group" bindchange="radioChange" name="sex">
                  <radio value="0" checked="{{sex==0}}">先生</radio>
                  <radio value="1" checked="{{sex==1}}">女士</radio>
               </radio-group>
               </view>
            </view>
            <view class="line"></view>
            <view class="item">
               <view class="name">手机号码</view>
               <view class="value">
                  <input type="text" placeholder="联系您的电话" placeholder-class=
"holder" name="phone" value="{{phone}}"/>
               </view>
            </view>
            <view class="line"></view>
            <view class="item">
               <view class="name">所在城市</view>
               <view class="value">
               <picker mode="region" bindchange="bindRegionChange" value=
"{{region}}" custom-item="{{customItem}}" name="city">
                 <view class="picker">
                  {{region[0]}}, {{region[1]}}, {{region[2]}}
                 </view>
               </picker>
               </view>
            </view>
            <view class="line"></view>
            <view class="item">
               <view class="name">收货地址</view>
               <view class="value">
                  <input type="text" placeholder="选择收货地址" placeholder-class=
"holder" name="address" bindtap= "chooseLocation" value="{{address}}" />
               </view>

            </view>
            <view class="line"></view>
            <view class="item">
               <view class="name">门牌号</view>
               <view class="value">
                  <input type="text" placeholder="请输入楼号门牌号详细信息"
placeholder-class="holder" name="num" value="{{num}}"/>
               </view>
            </view>
            <view class="line"></view>
            <button class="btn" form-type="submit">保存</button>
            <view class="tip">{{tip}}</view>
        </form>
      </view>
   </view>
```

（4）在 newAddress.wxss 样式文件里进行新增地址和编辑地址页样式渲染，示例代码如下。

```
.content{
    background-color: #f9f9f8;
    height: 700px;
    font-family: "Microsoft YaHei";
}
```

```
.hr{
    height: 20px;
}
.bg{
    background-color: #ffffff;
    padding:10px;
}
.item{
    display: flex;
    flex-direction: row;
    height: 60px;
    line-height: 60px;
    align-items: center;
}
.name{
   width:20%;
   margin-left: 10px;
   font-size: 16px;
   font-weight: bold;
}
.value{
    width: 80%;
    line-height: 60px;
    margin-left: 10px;
    font-size: 16px;
}
.holder{
    color:#AEAEAE;
    font-size: 16px;
}
.line{
     border: 1px solid #cccccc;
     opacity: 0.2;
}
.btn{
    margin-top: 20px;
    background-color: #009966;
    color: #ffffff;
}
.tip{
   margin-top:10px;
   font-size: 12px;
   color: #D53E37;
   text-align: center;
}
```

（5）在 newAddress.js 业务逻辑文件里调用后台服务器接口保存地址，示例代码如下。

```
var app = getApp();
var host = app.globalData.host;
Page({
 data: {
   index: 0,
   tip: '',
   address: '', //显示的收货地址
   region: ['北京市', '北京市', '大兴区'],
   customItem: '全部',
   addressId:'',
   sex:'',
   phone: '',
   num: '',
   userName: '',
```

```
    goodsId:'',
    goodsNum:''
  },
  onLoad: function(e) {
    this.setData({ goodsId:e.goodsId });
    this.setData({ goodsNum: e.num });
    var addressId = e.addressId;
    if (addressId != null && addressId !=''){
        this.setData({ addressId: addressId });
        this.loadAddress(addressId);
    }
  },
  loadAddress:function(addressId){
    var page = this;
    wx.request({
      url: host + '/api/address/getAddressById',
      method: 'GET',
      data: {
        "id": addressId
      },
      header: {
        'Content-Type': 'application/json'
      },
      success: function (res) {
        var code = res.data.code;
        var address = res.data.data;
        if (code = '0000') {
            page.setData({ userName: address.personName});
            page.setData({ sex: address.gender });
            page.setData({ phone: address.contactNumber });
            page.setData({ num: address.houseNumber });
            page.setData({ num: address.houseNumber });
            page.setData({ address: address.address });

            var cities = address.city;
            var region = cities.split(', ');
            page.setData({ region: region });
        }
      }
    })
  },
  bindPickerChange: function(e) {
    this.setData({
      index: e.detail.value
    });
  },
  formSubmit: function(e) {
    var that = this;
    var personName = e.detail.value.userName; //联系人
    var gender = e.detail.value.sex; //性别
    var contactNumber = e.detail.value.phone; //手机号码
    var address = e.detail.value.address; //收货地址
    var houseNumber = e.detail.value.num; //门牌号
    var citys = e.detail.value.city; //所在城市

    var city = citys[0];
    if (citys[1] != '全部') {
        city += ', ' + citys[1];
    }
    if (citys[2] != '全部') {
```

```
            city += ', ' + citys[2];
        }
        var ret = that.check(personName, gender, contactNumber, address, houseNumber, 
city);
        var userId = wx.getStorageSync("userId");
        var addressId = this.data.addressId;
        console.log('addressId=' + addressId);
        if (userId != "") {
            if (ret) {
                if (addressId != null && addressId != '') {
                    wx.request({
                     url: host + '/api/address/updateAddress',
                     method: 'GET',
                     data: {
                      "userId": userId,
                      "personName": personName,
                      "gender": gender,
                      "contactNumber": contactNumber,
                      "address": address,
                      "houseNumber": houseNumber,
                      "city": city,
                      "addressId": addressId
                },
                header: {
                  'Content-Type': 'application/json'
                },
                success: function (res) {
                  var code = res.data.code;
                  if (code = '0000') {
                      wx.redirectTo({
                       url: '../address/address?goodsId=' + that.data.goodsId + '&num=' + 
that.data.goodsNum
                     })
                  }
                }
              })
            }else{
              wx.request({
               url: host + '/api/address/saveAddress',
               method: 'GET',
               data: {
                "userId": userId,
                "personName": personName,
                "gender": gender,
                "contactNumber": contactNumber,
                "address": address,
                "houseNumber": houseNumber,
                "city": city
               },
               header: {
                'Content-Type': 'application/json'
               },
               success: function (res) {
                 var code = res.data.code;
                 if (code = '0000') {
                     wx.redirectTo({
                      url: '../address/address?goodsId=' + that.data.goodsId + '&num=' + 
that.data.goodsNum
                     })
                 }
```

```
            }
          })
        }
      }
    } else {
      wx.redirectTo({
        url: '../login/login'
      })
    }
  },
  check: function(personName, gender, contactNumber,  address, houseNumber,
city) {
    var that = this;
    if (personName == "") {
      that.setData({
        tip: '联系人不能为空！'
      });
      return false
    }
    if (gender == '') {
      that.setData({
        tip: '性别不能为空！'
      });
      return false
    }

    if (contactNumber == '') {
      that.setData({
        tip: '手机号不能为空！'
      });
      return false    }

    var myreg = /^[1][3, 4, 5, 7, 8][0-9]{9}$/;
    if (!myreg.test(contactNumber)) {
      that.setData({
        tip: '手机号不合法！'
      });
      return false;
    }

    if (address == '') {
      that.setData({
        tip: '收货地址不能为空！'
      });
      return false
    }

    if (houseNumber == '') {
      that.setData({
        tip: '门牌号不能为空！'
      });
      return false
    }

    if (city == '') {
      that.setData({
        tip: '所在城市不能为空！'
      });
      return false
    }
```

```
    that.setData({
      tip: ''
    });
    return true
  },
  chooseLocation: function () {
    var page = this;
    wx.chooseLocation({
      type: 'gcj02',
      success: function (res) {
        var address = res.name;
        var lat = res.latitude
        var lon = res.longitude
        page.setData({
          address: address
        })
      }
    })
  },
  bindRegionChange: function (e) {
    console.log('picker发送选择改变，携带值为', e.detail.value)
    this.setData({
      region: e.detail.value
    })
  }
})
```

8.7 小结

本单元包含以下内容。

- 主要介绍了获取收货地址功能的设计，这是小程序经常用到的功能。
- 综合应用了位置 API、收货地址 API、地图组件和地图 API 等知识完成项目设计。

单元9 莫凡商城支付功能及订单详情页设计

09

情景引入

在一个购物狂欢节的筹备过程中，工程师正在为微信小程序添加新功能。工程师想让用户在购买商品时能够方便快捷地完成支付，其在深入研究了微信小程序的支付API之后，通过调用接口成功实现了从商品选择到支付的整个流程。同时，为了提升用户体验，工程师还利用画布组件和API，在支付成功后的界面上绘制了一幅庆祝的动画，用户看到后纷纷表示惊喜和满意。通过微信小程序支付API和画布功能的结合，工程师成功地为用户带来了一次既实用又有趣的购物体验。

支付是小程序常用的功能，微信小程序提供支付相关API。本单元将介绍设计支付功能，以及支付功能实现的整个流程。画布组件及画布API可用来自定义绘制一些页面，如设计分享页面，可以通过页面生成图片并进行分享，这时就可以使用画布组件及画布API来实现页面生成图片的功能。

学习目标

知识目标

1. 掌握微信小程序支付API的使用方法。
2. 掌握微信小程序画布组件的使用方法。
3. 掌握微信小程序画布API的使用方法。

能力目标

1. 能够熟练使用微信小程序支付API来实现微信支付功能。
2. 能够熟练使用微信小程序画布组件及画布API来进行图像的绘制。

素质目标

1. 培养以目标为导向的能力。
2. 培养创造性思维和勇于探索的精神。

思维导图

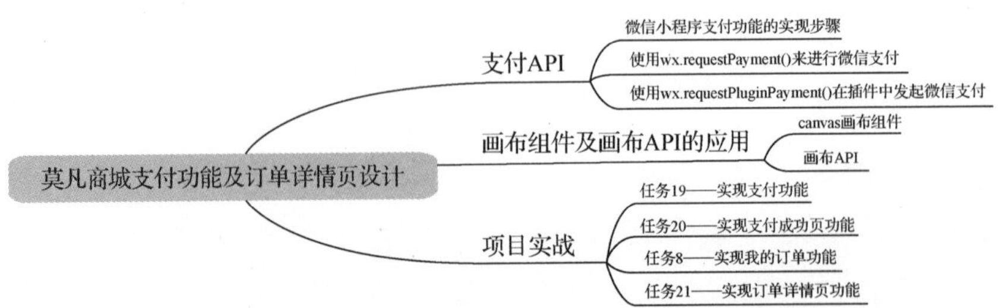

9.1 支付 API

慕课视频

支付 API

微信小程序支付功能的实现步骤如下。

（1）微信小程序调用 wx.login()，获取用户登录凭证 code。

（2）微信小程序将用户登录凭证 code 传输给自己的开发者后台服务器。

（3）开发者后台服务器根据用户登录凭证 code 向微信服务器请求获取唯一标识（openid）。

（4）商户后台服务器获取到唯一标识（openid）后，调用统一下单支付接口，获取预支付交易会话标识（prepay_id）。

（5）商户后台服务器调用签名，并返回支付需要使用的参数。

（6）微信小程序调用 wx.requestPayment()发起微信支付。

（7）商户后台服务器接收微信服务器的通知并处理微信服务器返回的结果。

微信小程序提供了微信支付接口，可以使用 wx.requestPayment()来进行微信支付。其参数说明如表 9.1 所示。

表 9.1　wx.requestPayment()的参数说明

参数	类型	是否必填	说明
timeStamp	string	是	时间戳，即从 1970 年 1 月 1 日 00：00：00 至今的秒数
nonceStr	string	是	随机字符串，长度为 32 个字符以下
package	string	是	统一下单接口返回的 prepay_id 参数值
signType	string	否	签名算法，支持 MD5、HMAC-SHA256、RSA 算法
paySign	string	是	签名，具体签名方案见微信支付文档
success	function	否	接口调用成功的回调函数
fail	function	否	接口调用失败的回调函数
complete	function	否	接口调用结束的回调函数（调用成功、失败都会执行）

示例代码如下。

```
wx.requestPayment({
  'timeStamp': '',
  'nonceStr': '',
  'package': '',
  'signType': 'MD5',
  'paySign': '',
  success:function(res){
  },
  fail:function(res){
  }
})
```

微信小程序从基础库 2.22.1 版本开始支持在插件中发起微信支付（wx.requestPluginPayment()）。其参数说明如表 9.2 所示。

表 9.2　wx.requestPluginPayment()的参数说明

参数	类型	是否必填	说明
version	string	是	插件版本。develop 表示开发版，trial 表示体验版，release 表示正式版
fee	number	是	需要显示在页面中的金额
paymentArgs	object	是	任意数据，传递给功能页中的响应函数
currencyType	string	否	显示在页面中的货币符号的代码
success	function	否	接口调用成功的回调函数
fail	function	否	接口调用失败的回调函数
complete	function	否	接口调用结束的回调函数（调用成功、失败都会执行）

注意 （1）当小程序与插件绑定在同一个 open 平台账号上，且小程序与插件均为 open 账号的同主体/关联主体时，调用此接口将直接唤起支付收银台。

（2）这个接口本身可以在微信开发者工具中使用，但功能页的跳转目前不支持在微信开发者工具中调试，需在真机上进行测试。

（3）跳转支付功能页需要在 app.json 中配置 "functionalPages": true。

示例代码如下。

```
wx.requestPluginPayment({
 version: 'release',
 fee: 100,
 paymentArgs: {},
 currencyType: 'CNY',
  success:function(res){
  },
  fail:function(res){
  }
})
```

9.2 项目实战：任务 19——实现支付功能

1. 任务目标

实现莫凡商城支付功能，巩固微信支付功能的相关知识。

莫凡商城在提交订单页和订单详情页都可以发起商品支付，系统将计算出需要支付的总金额，并发起支付。订单详情页的商品支付功能将在 9.6 节中实现，本节实现提交订单页的商品支付功能，如图 9.1 所示。

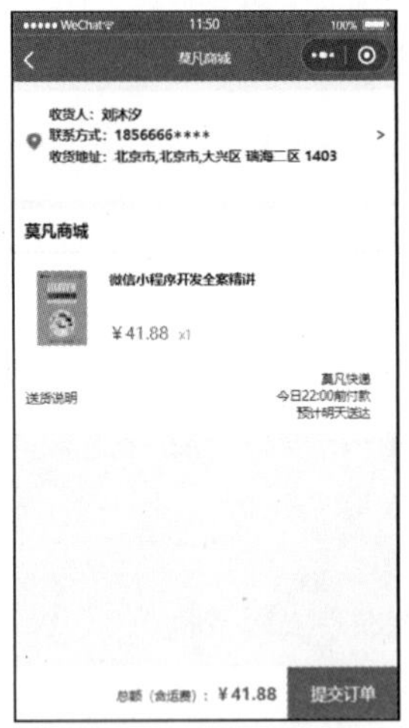

图 9.1 提交订单页

2. 任务实施

下面来实现莫凡商城提交订单页的商品支付功能。在 buy.js 业务逻辑处理文件里发起微信支付，示例代码如下。

```
var app = getApp();
var host = app.globalData.host;
Page({
 data: {
   flag: 0,
```

```
    addresses: '',
    goodsId:'',
    goodsDetail:null,
    num:1,
    addressId:'',
    totalPrice:0
  },
  onLoad: function (e) {
    console.log(e);
    var that = this;
    this.setData({goodsId: e.goodsId});
    this.setData({ num: e.num });
    this.setData({ addressId: e.addressId });
    this.loadAddress(e.addressId);
    this.loadGoods(e.goodsId);
  },
  loadAddress: function (id) {//获取用户的收货地址
     var page = this;
     if(id != null && id !=""){
         wx.request({
          url: host + '/api/address/getAddressById',
          method: 'GET',
          data: {
           "id": id
          },
          header: {
           'Content-Type': 'application/json'
          },
          success: function (res) {
           console.log(res);
           var code = res.data.code;
           var addresses = res.data.data;
           if (code = '0000') {
               page.setData({ addresses: addresses });
           }
         }
       })
     }
  },
  loadGoods: function (goodsId) {//获取购买商品列表
     var page = this;
     if (goodsId != null && goodsId != "") {
         wx.request({
          url: host + '/api/goods/getGoodsDetail?goodsId=' + goodsId,
          method: 'GET',
          data: {
            "goodsId": goodsId
          },
          header: {
            'Content-Type': 'application/json'
          },
          success: function (res) {
            console.log(res);
            var code = res.data.code;
            var goodsDetail = res.data.data;
            if (code = '0000') {
                page.setData({ goodsDetail: goodsDetail });
                var num = page.data.num;
                //计算总价格
                var totalPrice = goodsDetail.goodsPrice * num;
```

```
                page.setData({ totalPrice: totalPrice.toFixed(2) });
              }
            }
          })
      }
    },
    selectAddress: function () {//选择用户的收货地址
      wx.navigateTo({
        url: '../address/address?goodsId=' + this.data.goodsId+"&num="+this.data.num
      })
    },
    buy: function () {//立即购买
      var userId = wx.getStorageSync("userId");
      var addressId = this.data.addressId;
      var goodsId = this.data.goodsId;
      var num = this.data.num;
      console.log(addressId + '---' + userId + '---' + goodsId+'---'+num)
      if (addressId != '' && addressId != null){
          //保存订单信息
          wx.request({
            url: host + '/api/order/saveOrder',
            method: 'GET',
            data: {
              "goodsId": goodsId,
              "userId": userId,
              "addressId": addressId,
              "num": num
            },
            header: {
              'Content-Type': 'application/json'
            },
            success: function (res) {
              console.log(res);
              var code = res.data.code;
              var orderId = res.data.data;//订单号
              if (code = '0000') {
                  //发起支付
                  var that = this;
                  that.getCode();//动态获取code
                  var param = {
                    "fee": that.data. totalPrice,
                    "userId": wx.getStorageSync("userId"),
                    "orderId": orderId,
                    "appId": '0',
                    "jsCode": wx.getStorageSync('jscode')
                  }

                  wx.request({
                    url: host + '/api/pay/recharge',
                    method: 'GET',
                    data: { 'data': JSON.stringify(param) },
                    header: {
                      'Content-Type': 'application/json'
                    },
                    success: function (res) {
                      var code = res.data.code;
                      var ret = res.data.data;

                      if (code == '0000') {
                          wx.requestPayment({
```

```
                    timeStamp: ret.timestamp,
                    nonceStr: ret.noncestr,
                    package: ret.package,
                    signType: ret.signType,
                    paySign: ret.sign,
                    success(res) {
                      wx.navigateTo({//支付成功后跳转到支付成功页
                        url: '../paySuccess/paySuccess?orderId=' + orderId
                      })
                    }
                  })
                } else {
                  return false;
                }
              }
            })
          }
        }
      })

    }else{
      wx.showModal({
        title: '提示',
        content: '请选择收货地址',
        showCancel:false,
        success(res) {
          if (res.confirm) {
              console.log('用户点击确定')
          } else if (res.cancel) {
              console.log('用户点击取消')
          }
        }
      })
    }
  },
  getCode: function () {
    wx.login({
      success: res => {
        var jscode = res.code
        wx.setStorageSync('jscode', jscode)
      }
    })
  }

})
```

总的来说，发起微信支付时，首先由微信小程序将登录凭证 code 和订单相关信息一起提交给后台服务器，后台服务器向微信服务器发起支付，此后微信服务器返回支付参数，后台服务器将支付参数返回给微信小程序，微信小程序使用这些返回参数调用 wx.requestPayment()小程序支付 API，支付成功后跳转到支付成功页，完成微信小程序支付。

9.3 画布组件及画布 API 的应用

慕课视频

画布组件及画布 API 的应用

利用 canvas 画布组件可以自定义绘制一些图像或者图形。

canvas 画布组件默认宽度为 300px、高度为 225px，在使用时需要有唯一的标识，同一页面中的 canvas-id 不可重复，如果使用一个已经出现过的 canvas-id，则该 canvas 标签对应的画布将被隐藏并不再正常工作。canvas 画布组件有手指触摸动作开始、手指触摸后移动、手指触摸动作结束、手指触摸动作被打断等事件，具体属性如表9.3所示。

表9.3 canvas画布组件的属性

属性	类型	默认值	说明
type	string		指定canvas的类型
canvas-id	string		canvas组件的唯一标识符
disable-scroll	boolean	false	当在canvas中移动且有绑定手势事件时，禁止屏幕滚动及下拉刷新
bindtouchstart	eventhandle		手指触摸动作开始
bindtouchmove	eventhandle		手指触摸后移动
bindtouchend	eventhandle		手指触摸动作结束
bindtouchcancel	eventhandle		手指触摸动作被打断，如来电提醒、弹窗
bindlongtap	eventhandle		手指长按500 ms之后触发，触发了长按事件后移动手指不会触发屏幕滚动
binderror	eventhandle		当发生错误时触发error事件

canvas画布组件需要和画布API一起使用，微信小程序提供画布相关API给开发者使用。可以使用wx.createCanvasContext()创建CanvasContext对象，并返回CanvasContext对象。CanvasContext对象提供以下方法。

（1）CanvasContext.draw()：将之前在绘图上下文中的描述（路径、变形、样式）画到canvas中。

（2）CanvasContext.createLinearGradient()：创建一个线性的渐变颜色。返回的CanvasGradient对象需要使用CanvasGradient.addColorStop()来指定渐变点，至少要指定两个渐变点。

（3）CanvasContext.createCircularGradient()：创建一个圆形的渐变颜色。渐变起点在圆心，终点在圆周。返回的CanvasGradient对象需要使用CanvasGradient.addColorStop()来指定渐变点，至少要指定两个渐变点。

（4）CanvasContext.createPattern()：对指定的图像创建模式，可在指定的方向上重复元图像。

（5）CanvasContext.measureText()：测量文本尺寸信息，目前仅返回文本宽度，同步接口。

（6）CanvasContext.save()：保存绘图上下文。

（7）CanvasContext.restore()：恢复之前保存的绘图上下文。

（8）CanvasContext.beginPath()：开始创建一个路径。需要调用fill()或者stroke()才会使用路径进行填充或描边。在最开始的时候相当于调用了一次beginPath()。若同一个路径内有多次setFillStyle()、setStrokeStyle()、setLineWidth()等设置，则以最后一次设置为准。

（9）CanvasContext.moveTo()：把路径移动到画布中的指定点，不创建线条。用stroke()方法来画线条。

（10）CanvasContext.lineTo()：增加一个新点，并创建一条从上次指定点到目标点的线段。用stroke()方法来画线条。

（11）CanvasContext.quadraticCurveTo()：创建二次贝塞尔曲线路径。曲线的起始点为路径中的前一个点。

（12）CanvasContext.bezierCurveTo()：创建三次贝塞尔曲线路径。曲线的起始点为路径中的前一个点。

（13）CanvasContext.arc()：创建一条弧线。若要创建一个圆，则可以指定起始弧度为 0，终止弧度为 2×Math.PI。用 fill()或者 stroke()方法在 canvas 中画弧线。

（14）CanvasContext.rect()：创建一个矩形路径。需要用 fill()或者 stroke()方法将矩形画到 canvas 中。

（15）CanvasContext.arcTo()：根据控制点和半径绘制圆弧路径。

（16）CanvasContext.clip()：从原始画布中剪切任意形状和尺寸。一旦剪切了某个区域，所有之后的绘图就都会被限制在被剪切的区域内（不能访问画布上的其他区域）。可以在使用 clip()方法前使用 save()方法对当前画布区域进行保存，并在之后通过 restore()方法对其进行恢复。

（17）CanvasContext.fillRect()：填充一个矩形。用 setFillStyle()设置矩形的填充色，如果未设置则默认为黑色。

（18）CanvasContext.strokeRect()：画一个矩形（非填充）。用 setStrokeStyle()设置矩形线条的颜色，如果未设置则默认为黑色。

（19）CanvasContext.clearRect()：清除画布上在该矩形区域内的内容。

（20）CanvasContext.fill()：对当前路径中的内容进行填充，默认填充色为黑色。

（21）CanvasContext.stroke()：画出当前路径的边框，默认颜色为黑色。

（22）CanvasContext.closePath()：关闭一个路径，会连接起点和终点。如果关闭路径后没有调用 fill()或者 stroke()方法并开启了新的路径，那么之前的路径将不会被渲染。

（23）CanvasContext.scale()：在调用后，新创建的路径的横、纵坐标会被缩放。若多次调用，则缩放倍数会相乘。

（24）CanvasContext.rotate()：以原点为中心顺时针旋转当前坐标轴。若多次调用，则旋转的角度会叠加。原点可以用 translate()方法修改。

（25）CanvasContext.translate()：对当前坐标系的原点(0,0)进行变换。默认的坐标系原点在页面左上角。

（26）CanvasContext.drawImage()：绘制图像到画布中。

（27）CanvasContext.strokeText()：在给定的(x,y)位置绘制文本描边。

（28）CanvasContext.transform()：使用矩阵多次叠加当前变换。

（29）CanvasContext.setTransform()：使用矩阵重新设置（覆盖）当前变换。

（30）CanvasContext.setFillStyle()：设置填充色。

（31）CanvasContext.setStrokeStyle()：设置描边颜色。

（32）CanvasContext.setShadow()：设置阴影样式。

（33）CanvasContext.setGlobalAlpha()：设置全局画笔透明度。

（34）CanvasContext.setLineWidth()：设置线条的宽度。

（35）CanvasContext.setLineJoin()：设置线条的交点样式。

（36）CanvasContext.setLineCap()：设置线条的端点样式。

（37）CanvasContext.setLineDash()：设置虚线样式。

（38）CanvasContext.setMiterLimit()：设置最大斜接长度。斜接长度指的是在两条线交汇处内角和外角之间的距离，当 CanvasContext.setLineJoin()为 miter 时才有效。

（39）CanvasContext.fillText()：在画布上绘制填充文本。

（40）CanvasContext.setFontSize()：设置文字的字号。

（41）CanvasContext.setTextAlign()：设置文字的对齐方式。

（42）CanvasContext.setTextBaseline()：设置文字的竖直对齐方式。

示例代码如下。

```
<!-- canvas.wxml -->
<canvas style="width: 300px; height: 200px;" canvas-id="firstCanvas"></canvas>
<!-- 当使用绝对定位时，文档流后边的 canvas 的显示层级高于文档流前边的 canvas -->
<canvas style="width: 400px; height: 500px;" canvas-id="secondCanvas"></canvas>
<!-- 因为 canvas-id 与前一个 canvas 重复，该 canvas 不会显示，并会发送一个错误事件到
AppService -->
<canvas style="width: 400px; height: 500px;" canvas-id="secondCanvas" binderror=
"canvasIdErrorCallback"> </canvas>
```

```
//canvas.js
Page({
 canvasIdErrorCallback: function (e) {
  console.error(e.detail.errMsg)
 },
 onReady: function (e) {

  //使用 wx.createContext 获取绘图上下文
  var context = wx.createContext()

  context.setStrokeStyle("#00ff00")
  context.setLineWidth(5)
  context.rect(0, 0, 200, 200)
  context.stroke()
  context.setStrokeStyle("#ff0000")
  context.setLineWidth(2)
  context.moveTo(160, 100)
  context.arc(100, 100, 60, 0, 2 * Math.PI, true)
  context.moveTo(140, 100)
  context.arc(100, 100, 40, 0, Math.PI, false)
  context.moveTo(85, 80)
  context.arc(80, 80, 5, 0, 2 * Math.PI, true)
  context.moveTo(125, 80)
  context.arc(120, 80, 5, 0, 2 * Math.PI, true)
  context.stroke()

  //调用 wx.drawCanvas()，通过 canvasId 指定在哪张画布上绘图，通过 actions 指定绘制行为
  wx.drawCanvas({
   canvasId: 'firstCanvas',
   actions: context.getActions() //获取绘图动作数组
  })
 }
})
```

9.4 项目实战：任务 20——实现支付成功页功能

1. 任务目标

实现莫凡商城支付成功页功能，练习支付完成后页面跳转的方法。

莫凡商城在提交订单页和订单详情页支付成功后，跳转到支付成功页，支付成功页包括“支付成功”图标和“查看详情”按钮，如图 9.2 所示。

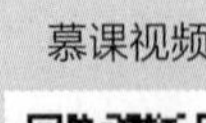

项目实战：实现支付成功页功能

2. 任务实施

下面来实现莫凡商城支付成功页功能。

（1）在 app.json 文件里添加支付成功页的路径“pages/paySuccess/paySuccess”。

（2）在 paySuccess.wxml 页面文件里进行支付成功页的布局设计，示例代码如下。

图 9.2　支付成功页

```
    <view>
      <view class="result_picbox">
      <image class="image"src="../images/icon/payyes.jpg"></image> </view>
      <view class="result_con">
       <text class="h5">支付成功</text>
      </view>
    <view class="botm-btn"><view class="order_btn"><button  class="foobtnrend"
bindtap="orderDetail" hover-class= "button-hover">查看详情</button></view></view>
    </view>
```

（3）在 paySuccess.wxss 样式文件里进行支付成功页的样式渲染，示例代码如下。

```
    page{
       color:#525a66;
    }
    .result_picbox {text-align: center;padding: 65px 20px 20px;}
    @media only screen and (max-width: 320px){
    .result_picbox {padding-top: 30px;padding-bottom: 10px;}
    }
    .image { width:65%; height:100px; margin:0 auto}
    .result_con {text-align: center;line-height: 20px; padding:0 20px}
    .h2 {font-size: 30px;line-height: 30px;padding: 10px 0;font-weight: 400;padding-
bottom: 20px;display: block;
    }

    .result_con p.mintxt { width:70%;font-size: 12px;color: #848c99; margin:0 auto}
    .order_btn { margin: 50px auto 0 auto;  text-align: center;}
    button{
        width: 90%;
        background: #009966;
        color: #fff;
    }
    button[disabled][type="default"], wx-button[disabled]:not([type]) {
    color:rgba(0, 0, 0, 0.3);
    background-color:#009966;

    }
    .button-hover {
      background-color: #009966;
      opacity: 0.7;
    }
```

（4）在 paySuccess.js 业务逻辑处理文件里进行支付成功页的逻辑处理，示例代码如下。

```
Page({
 data:{
   orderId:0
 },
 onLoad:function(e){
  var orderId = e.orderId;
  this.setData({orderId:orderId});
 },
 orderDetail:function(){
   wx.redirectTo({
     url: '../orderDetail/orderDetail?orderId='+this.data.orderId
   })
 }
})
```

9.5 项目实战：任务 8——实现我的订单功能

慕课视频

项目实战：实现我的订单功能

1. 任务目标

通过实现莫凡商城我的订单功能，巩固订单列表动态渲染、订单状态页签切换的知识。

莫凡商城我的订单列表包含“待付款”列表、“待收货”列表、“已完成”列表和空列表，如图 9.3～图 9.6 所示。

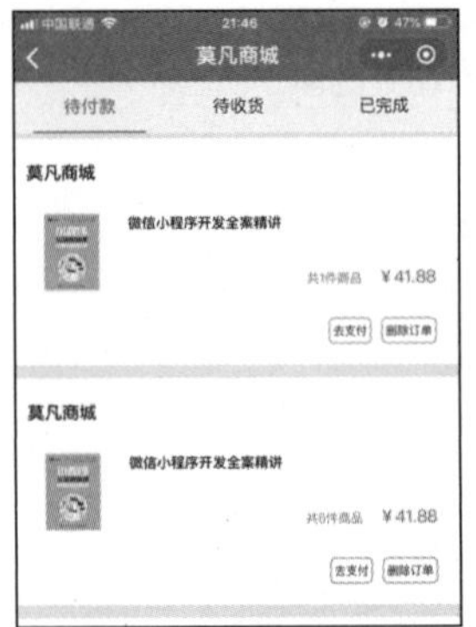

图 9.3 “待付款”列表

图 9.4 “待收货”列表

图 9.5 “已完成”列表

图 9.6 空列表

2. 任务实施

下面来实现莫凡商城我的订单功能。

（1）在 app.json 文件里添加我的订单页的路径“pages/myOrder/myOrder”。

（2）在 myOrder.wxml 页面文件里进行订单列表的布局设计，示例代码如下。

```
<view class="content">
  <view class="type">
    <view class="{{currentTab==0?'select':'default'}}" data-current="0" data-status="1" bindtap="switchNav">待付款</view>
    <view class="{{currentTab==1?'select':'default'}}" data-current="1" data-status="3" bindtap="switchNav">待收货</view>
    <view class="{{currentTab==2?'select':'default'}}" data-current="2" data-status="4" bindtap="switchNav">已完成</view>
  </view>

  <view class="items">
    <view class="hr"></view>
```

```
    <swiper current="{{currentTab}}" style="height:1000px;">
      <swiper-item>
        <block wx:for="{{orders}}">
          <view class="goods">
            <view class="title">莫凡商城</view>
            <view class="line"></view>
            <view class="good" bindtap="toPay" id="{{item.id}}">
              <view class="pic">
                <image src="{{item.listPic}}"></image>
              </view>
              <view class="goodInfo">
                <view class="name">{{item.goodsName}}</view>
                <view class="price">
                  <text class="count">共{{item.num}}件商品</text> ¥{{item.payAmount}}
                </view>
              </view>
            </view>
            <view class="line"></view>
            <view class="btn">
              <text bindtap="toPay" id="{{item.id}}">去支付</text>
              <text bindtap="deleteOrder" id="{{item.id}}" data-status="1">删
除订单</text>
            </view>
            <view class="line10"></view>
            <view class="hr"></view>
          </view>
        </block>
        <block wx:if="{{orders.length==0}}">
          <view class="gyg">
            <view>
              <image src="/pages/images/icon/default.png"></image>
            </view>
            <view class="gygbtn" bindtap="toList">
              逛一逛
            </view>
          </view>
        </block>
      </swiper-item>
      <swiper-item>
        <block wx:for="{{orders}}">
          <view class="goods" >
            <view class="title">莫凡商城</view>
            <view class="line"></view>
            <view class="good" bindtap="toBuy" id="{{item.goodsId}}">
              <view class="pic">
                <image src="{{item.listPic}}"></image>
              </view>
              <view class="goodInfo">
                <view class="name">{{item.goodsName}}</view>
                <view class="price">
                  <text class="count">共{{item.num}}件商品</text> ¥{{item.payAmount}}
                </view>
              </view>
            </view>
            <view class="line"></view>
            <view class="btn">
              <text bindtap="toBuy" id="{{item.goodsId}}">再次购买</text>
              <text bindtap="deleteOrder" id="{{item.id}}" data-status="3">
删除订单</text>
            </view>
```

```
              <view class="line10"></view>
              <view class="hr"></view>
            </view>
          </block>
          <block wx:if="{{orders.length==0}}">
            <view class="gyg">
              <view>
                <image src="/pages/images/icon/default.png"></image>
              </view>
              <view class="gygbtn" bindtap="toList">
                逛一逛
              </view>
            </view>
          </block>
        </swiper-item>
        <swiper-item>
        <block wx:for="{{orders}}">
          <view class="goods">
            <view class="title">莫凡商城</view>
            <view class="line"></view>
            <view class="good" bindtap="toBuy" id="{{item.goodsId}}">
              <view class="pic">
                <image src="{{item.listPic}}"></image>
              </view>
              <view class="goodInfo">
                <view class="name">{{item.goodsName}}</view>
                <view class="price">
                  <text class="count">共{{item.num}}件商品</text> ¥{{item.payAmount}}
                </view>
              </view>
            </view>
            <view class="line"></view>
            <view class="btn">
              <text bindtap="toBuy" id="{{item.goodsId}}">再次购买</text>
              <text bindtap="deleteOrder" id="{{item.id}}" data-status="4">删
除订单</text>
            </view>
            <view class="line10"></view>
            <view class="hr"></view>
          </view>
        </block>
        <block wx:if="{{orders.length==0}}">
          <view class="gyg">
            <view>
              <image src="/pages/images/icon/default.png"></image>
            </view>
            <view class="gygbtn" bindtap="toList">
              逛一逛
            </view>
          </view>
        </block>
      </swiper-item>
    </swiper>
  </view>
</view>
```

（3）在 myOrder.wxss 样式文件里进行订单列表页的样式渲染，示例代码如下。

```
.content{
  font-family: "Microsoft YaHei";
  width: 100%;
}
```

```
.type{
    display: flex;
    flex-direction: row;
    width: 100%;
    margin: 0 auto;
    position: fixed;
    z-index: 999;
    background: #f2f2f2;
}
.type view{
    margin: 0 auto;
}
.select{
    font-size:16px;
    font-weight: bold;
    width: 25%;
    text-align: center;
    height: 45px;
    line-height: 45px;
    border-bottom:5rpx solid #009966;
    color: #009966;
}
.default{
    width: 25%;
    font-size:16px;
    text-align: center;
    height: 45px;
    line-height: 45px;
}
.hr{
    height: 12px;
    background-color: #dddddd;
}
.items{
   padding-top:40px;
}
.title{
    margin-top:10px;
    padding:10px;
    font-size: 16px;
    font-weight: bold;
}
.line{
    height: 1px;
    width: 100%;
    background-color: #cccccc;
    opacity: 0.2;
}
.line10{
    height: 1px;
    width: 100%;
    background-color: #cccccc;
    opacity: 0.2;
    margin-bottom: 10px;
}
.good{
  height: 100px;
  display: flex;
  flex-direction: row;
}
```

```
.pic{
    width: 25%;
    text-align: center;
    line-height: 100px;
}
.good image{
   width: 50px;
   height: 70px;
   vertical-align: middle;
}
.goodInfo{
   width: 75%;
   line-height: 50px;
}
.name{
  font-size: 13px;
  font-weight: bold;
}
.price{
   color: red;
   text-align: right;
   margin-right: 20px;
}
.count{
   margin-right: 10px;
   font-size: 12px;
   color: #666666;
}
.tip{
   display: flex;
   flex-direction: row;
   height: 70px;
}
.term{
   width: 30%;
   font-size: 13px;
   line-height: 70px;
   margin-left: 10px;
}
.desc2{
  width: 60%;
  font-size: 12px;
  text-align: right;
  margin-top:10px;
}
.btn{
   padding: 10px;
   text-align: right;
}
.btn text{
   border: 1px solid #009966;
   padding: 3px;
   font-size: 11px;
   margin-right: 10px;
   border-radius: 5px;
}
.gyg{
   margin-top:200px;
   text-align: center;
}
```

```
.gyg image{
    width: 60px;
    height: 60px;
}
.gygbtn{
   border: 1px solid #009966;
   color: #009966;
   text-align: center;
   width: 80px;
   height: 25px;
   line-height: 25px;
   margin: 0 auto;
   font-size: 16px;
   border-radius: 5px;
}
```

（4）在 myOrder.js 业务逻辑处理文件里获取订单列表，示例代码如下。

```
var app = getApp();
var host = app.globalData.host;
Page({
  data: {
    currentTab: 0,
    orders: [ ]
  },
  onLoad: function (e) {
    var id = e.id;
    var status = e.status;
    console.log(id);
    this.setData({ currentTab: id });
    this.loadOrders(status);
  },
  switchNav: function (e) {
    var page = this;
    var status = e.currentTarget.dataset.status;
    if (this.data.currentTab == e.target.dataset.current) {
        return false;
    } else {
     page.setData({ currentTab: e.target.dataset.current });
    }
    page.loadOrders(status);
  },
  toPay: function (e) {
    wx.redirectTo({
     url: '../orderDetail/orderDetail?orderId=' + e.currentTarget.id
    })
  },
  toBuy: function (e) {
    var goodsId = e.currentTarget.id;
    wx.navigateTo({
     url: '../goodsDetail/goodsDetail?goodsId=' + goodsId,
    })
  },
  toList: function (e) {
    wx.reLaunch({
     url: '../index/index'
    })
  },
  deleteOrder:function(e){
    var page = this;
    var id = e.currentTarget.id;
    var status = e.currentTarget.dataset.status;
```

```
        wx.request({
          url: host + '/api/order/deleteOrder',
          method: 'GET',
          data: {
            id: id
          },
          header: {
            'Content-Type': 'application/json'
          },
          success: function (res) {
            var code = res.data.code;
            if(code=='0000'){
                wx.showToast({
                  title: '删除成功',
                  icon: 'success',
                  duration: 1000
                })
                page.loadOrders(status);
            }
          }
        })
      },
      loadOrders: function (orderStatus) {
        var page = this;
        var userId = wx.getStorageSync("userId");
        wx.request({
          url: host + '/api/order/getOrderList',
          method: 'GET',
          data: {
            userId: userId,
            orderStatus, orderStatus
          },
          header: {
            'Content-Type': 'application/json'
          },
          success: function (res) {
            var orders = res.data.data;
            console.log(orders);
            page.setData({
              orders: orders
            });
          }
        })
      }
    })
```

9.6 项目实战：任务21——实现订单详情页功能

1. 任务目标

实现莫凡商城订单详情页功能，巩固订单详情页布局设计的相关知识。

莫凡商城订单详情页用来显示已经下单的商品，如果该订单支付成功，则不再显示“去付款”按钮，否则显示“去付款”按钮，如图9.7所示。

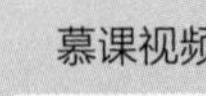

项目实战：实现订单详情页功能

2. 任务实施

下面来实现莫凡商城订单详情页功能。

（1）在app.json文件里添加订单详情页的路径“pages/orderDetail/orderDetail”。

图 9.7　订单详情页

（2）在 orderDetail.wxml 页面文件里进行订单详情页的布局设计，示例代码如下。

```
<view class="content">
  <view class="hr"></view>
  <view class="order">
    <view class='title'>
      <text>订单编号:{{orderDetail.id}}</text>
      <text class="orderStatus" wx:if="{{orderDetail.orderStatus == 1}}">待付款</text>
      <text class="orderStatus" wx:elif="{{orderDetail.orderStatus == 1}}">待发货</text>
      <text class="orderStatus" wx:elif="{{orderDetail.orderStatus == 2}}">待收货</text>
      <text class="orderStatus" wx:elif="{{orderDetail.orderStatus == 3}}">交易成功</text>
      <text class="orderStatus" wx:elif="{{orderDetail.orderStatus == 4}}">退款</text>
      <text class="orderStatus" wx:elif="{{orderDetail.orderStatus == 5}}">交易关闭</text>
    </view>
    <view class="line"></view>
    <view class='item'>
      <text>商品单价</text>
      <text class="orderStatus">¥ {{goodsDetail.goodsPrice}}</text>
    </view>
    <view class='item'>
      <text>商品数量</text>
      <text class="orderStatus"> x {{num}}</text>
    </view>
    <view class='item'>
      <text>运费(快递)</text>
      <text class="orderStatus">¥0.00</text>
    </view>
    <view class='item'>
      <text>订单总价</text>
      <text class="orderStatus">¥ {{totalPrice}}</text>
    </view>
    <view class='item'>
      <text>创建时间</text>
      <text class="orderStatus">{{orderDetail.createTime}}</text>
    </view>
  </view>
  <view class="hr"></view>
  <view class="address">
```

```
        <view class="location">
          <image src="/pages/images/icon/address.png"></image>
        </view>
        <view class="desc1">
          <view>{{addresses.personName}} {{addresses.contactNumber}} </view>
          <view>{{addresses.city}}  {{addresses.address}}  {{addresses.houseNumber}}
</view>
        </view>
      </view>
      <view class="hr"></view>
      <view class="goods">
        <view class="title">莫凡商城</view>
        <view class="line"></view>
        <view class="good">
          <view class="pic">
            <image src="{{goodsDetail.listPic}}"></image>
          </view>
          <view class="goodInfo">
            <view class="name">{{goodsDetail.goodsName}}</view>
            <view class="price">¥{{goodsDetail.goodsPrice}}
              <text class="count">x{{num}}</text>
            </view>
          </view>
        </view>
        <view class="line"></view>
        <view class="tip">
          <view class="term">
            送货说明
          </view>
          <view class="desc2">
            <view>莫凡快递</view>
            <view>今日 22:00 前付款</view>
            <view>预计明天送达</view>
          </view>
        </view>
        <view class="line"></view>
      </view>
      <view class="hr"></view>
      <block wx:if="{{orderDetail.payStatus==0}}">
        <view class="bottom">
          <view class="intocart">
            <text>总额(含运费):<text class="total">¥{{totalPrice}}</text></text>
          </view>
          <view class="buy" bindtap="buy">去付款</view>
        </view>
      </block>
    </view>
```

（3）在 orderDetail.wxss 样式文件里进行订单详情页的样式渲染，示例代码如下。

```
    .content{
      width: 100%;
      font-family: "Microsoft YaHei";
      background-color: #f9f9f8;
      height: 600px;
    }
    .hr{
      height: 10px;
    }
    .address{
      display: flex;
      flex-direction: row;
      height: 60px;
```

```
  background-color: #ffffff;
}
.location{
   line-height:60px;
   margin-left:10px;
}
.location image{
   width: 20px;
   height: 20px;
}
.desc{
     line-height: 80px;
     padding-left: 5px;
     font-size: 15px;
     color: #ff0000;
}
.nav{
     position: absolute;
     right: 10px;
     line-height: 80px;
}
.desc1{
   padding:5px;
   font-size: 13px;
   line-height: 20px;
   align-items: center;
   font-weight: bold;
   margin-top:5px;
}
.goods{
   background-color: #ffffff;
   height: 215px;
}
.order{
   background-color: #ffffff;
   height: 190px;
}
.orderNum{
 margin: 10px;
}
.orderStatus{
   margin-right:10px;
   float: right;
   font-size: 12px;
   font-weight: normal;
   color:red;
}
.title{
     padding:10px;
     font-size: 16px;
     font-weight: bold;
}
.line{
    height: 1px;
      width: 100%;
      background-color: #cccccc;
      opacity: 0.2;
}
.good{
   height: 100px;
   display: flex;
   flex-direction: row;
```

```
}
.pic{
    width: 25%;
    text-align: center;
    line-height: 100px;
}
.good image{
   width: 50px;
   height: 70px;
   vertical-align: middle;
}
.goodInfo{
   width: 75%;
   line-height: 50px;
}
.name{
   font-size: 13px;
   font-weight: bold;
}
.price{
   color: red;
}
.count{
   margin-left: 5px;
   font-size: 12px;
   color: #999999;
}
.tip{
    display: flex;
    flex-direction: row;
    height: 70px;
}
.term{
    width: 30%;
    font-size: 13px;
    line-height: 70px;
    margin-left: 10px;
}
.desc2{
   width: 60%;
   font-size: 12px;
   text-align: right;
   margin-top:10px;
}
.bottom{
   background-color:#ffffff;
   height: 50px;
   position: fixed;
   bottom: 0px;
   width: 100%;
   display: flex;
   flex-direction: row;
}
.cart{
   width: 20%;
   height: 100%;
   text-align: center;
   line-height: 80px;
}
.intocart{
     width: 70%;
     background-color: #ffffff;
```

```
        font-size:12px;
        text-align: right;
        line-height: 50px;
        padding-right:10px;
    }
    .buy{
      width: 30%;
      background-color: #009966;
      color: #ffffff;
      font-size:16px;
      text-align: center;
      line-height: 50px;
    }
    .total{
       color: red;
       font-size: 16px;
       font-weight: bold;
    }
    .item{
       margin: 10px;
       font-size: 13px;
    }
```

（4）在 orderDetail.js 业务逻辑处理文件里进行订单详情页的业务逻辑处理，示例代码如下。

```
var app = getApp();
var host = app.globalData.host;
Page({
 data: {
   flag: 0,
   addresses: '',
   goodsId: '',
   goodsDetail: null,
   num: 1,
   addressId: '',
   totalPrice: 0,
   orderDetail:null,
   orderId: null
 },
 onLoad: function (e) {
   var orderId = e.orderId;
   this.setData({ orderId: orderId});
   this.loadOrder(orderId);
 },
 loadOrder:function(orderId){
   var page = this;
   if (orderId != null && orderId != "") {
       wx.request({
         url: host + '/api/order/getOrderById',
         method: 'GET',
         data: {
           "orderId": orderId
         },
         header: {
           'Content-Type': 'application/json'
         },
         success: function (res) {
           console.log(res);
           var code = res.data.code;
           var orderDetail = res.data.data;
           if (code = '0000') {
               var addressId = orderDetail.addressId;
               page.setData({ orderDetail: orderDetail });
```

```
            page.loadAddress(orderDetail.addressId);
            page.loadGoods(orderDetail.goodsId);
            page.setData({ goodsId: orderDetail.goodsId });
            page.setData({ num: orderDetail.num });
            page.setData({ addressId: orderDetail.addressId });
          }
        }
      })
    }
  },
  loadAddress: function (id) {
    var page = this;
    if (id != null && id != "") {
       wx.request({
        url: host + '/api/address/getAddressById',
        method: 'GET',
        data: {
         "id": id
        },
        header: {
         'Content-Type': 'application/json'
        },
        success: function (res) {
         console.log(res);
         var code = res.data.code;
         var addresses = res.data.data;
         if (code = '0000') {
            page.setData({ addresses: addresses });
         }
        }
      })
    }
  },
  loadGoods: function (goodsId) {
    var page = this;
    if (goodsId != null && goodsId != "") {
       wx.request({
        url: host + '/api/goods/getGoodsDetail?goodsId=' + goodsId,
        method: 'GET',
        data: {
         "goodsId": goodsId
        },
        header: {
         'Content-Type': 'application/json'
        },
        success: function (res) {
         console.log(res);
         var code = res.data.code;
         var goodsDetail = res.data.data;
         if (code = '0000') {
            page.setData({ goodsDetail: goodsDetail });
            var num = page.data.num;
            //计算总价格
            var totalPrice = goodsDetail.goodsPrice * num;
            page.setData({ totalPrice: totalPrice.toFixed(2) });
         }
        }
      })
    }
  },
  buy: function () {
    var that = this;
```

```
      that.getCode();//动态获取 code
      var param = {
        "fee": that.data.realPrice,
        "userId": wx.getStorageSync("userId"),
        "orderId": this.data.orderId,
        "appId": '0',
        "jsCode": wx.getStorageSync('jscode')
      }

      wx.request({
        url: host + '/api/pay/recharge',
        method: 'GET',
        data: { 'data': JSON.stringify(param) },
        header: {
          'Content-Type': 'application/json'
        },
        success: function (res) {
          var code = res.data.code;
          var ret = res.data.data;

          if (code == '0000') {
              wx.requestPayment({
                timeStamp: ret.timestamp,
                nonceStr: ret.noncestr,
                package: ret.package,
                signType: ret.signType,
                paySign: ret.sign,
                success(res) {
                  wx.navigateTo({
                    url: '../paySuccess/paySuccess?orderId=' + this.data.orderId
                  })
                }
              })
            } else {
              return false;
            }
          }
        })
    },
    getCode: function () {
      wx.login({
        success: res => {
          var jscode = res.code
          wx.setStorageSync('jscode', jscode)
        }
      })
    }
  })
```

9.7 小结

本单元包含以下内容。

- 微信小程序支付功能的使用方法，微信小程序提供 wx.requestPayment()支付 API，可通过此支付 API 和后台服务器接口实现支付功能，并在支付完成后跳转到支付成功页。
- 使用画布组件及画布 API 来自定义绘制页面。

单元10 小程序扩展应用

10

情景引入

微信小程序可以用来帮助旅行者记录旅行过程中的点滴。利用微信小程序的设备应用相关API，实现访问设备摄像头和地理位置的功能，这样，用户就可以拍摄照片或视频，并记录下拍摄时的地理位置信息。另外，文件操作相关API让用户能够将照片和视频保存到小程序的本地存储中，方便用户随时查看和分享。为了提供更好的用户体验，可以使用窗口API调整小程序界面的布局和样式，确保内容显示清晰舒适；还可以使用微信运动API记录旅行中的步行距离和消耗的热量，并与好友进行竞赛。通过这些功能的整合，可以为旅行者打造一个便捷、有趣且互动性强的微信小程序，让他们能够更好地记录和分享美好的旅行经历。

微信小程序提供了丰富的组件和API，仅一个完整的项目不能把所有的组件和API都应用到。本单元介绍一些莫凡商城没有应用到的API，包括设备应用相关API、文件操作相关API、窗口API、微信运动API，这些接口在不同的项目中可以应用到。

学习目标

知识目标

1. 掌握微信小程序常用的设备应用API的使用方法。
2. 掌握微信小程序文件操作API的使用方法。
3. 掌握微信小程序窗口API的使用方法。
4. 掌握微信小程序微信运动API的使用方法。

能力目标

1. 能够熟练使用微信小程序设备应用API来操作设备。
2. 能够熟练进行微信小程序文件相关操作。

素质目标

1. 培养快速学习的能力，以掌握新知识和技能。
2. 培养探索精神，积极探索未知领域。

思维导图

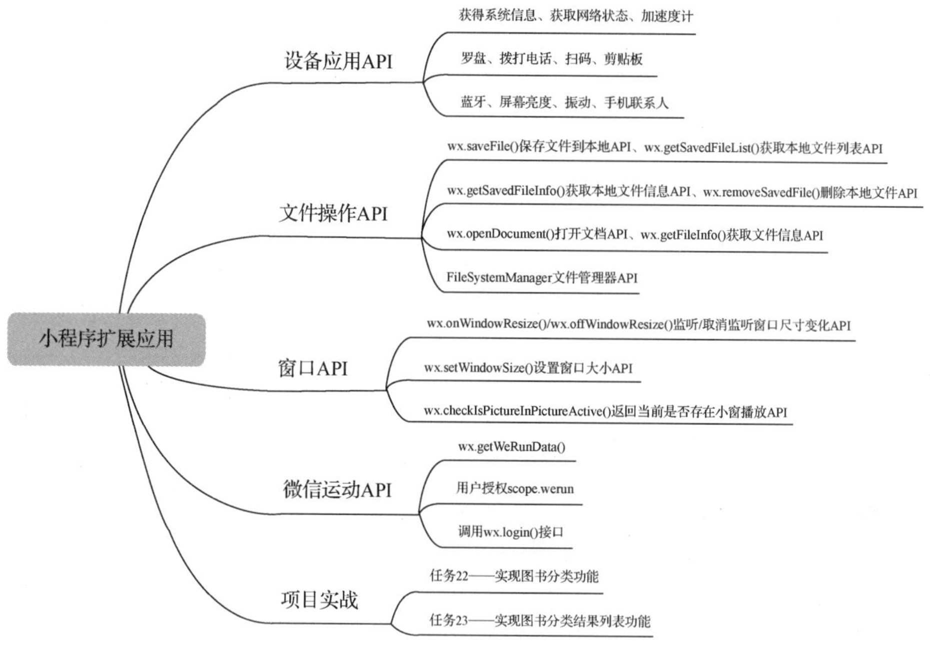

10.1 设备应用 API

微信小程序提供设备应用相关的 API，包括获得系统信息、获取网络状态、加速度计、罗盘、拨打电话、扫码、剪贴板、蓝牙、屏幕亮度、振动、手机联系人等。

慕课视频

设备应用 API

10.1.1 获得系统信息

微信小程序为获得系统信息提供了两个 API：一个是异步获取系统信息的 wx.getSystemInfo()，另一个是同步获取系统信息的 wx.getSystemInfoSync()。调用成功返回参数说明如表 10.1 所示。

表 10.1 调用成功返回参数说明

参数	说明
brand	设备品牌
model	手机型号，新机型刚推出一段时间会显示 unknown，微信会尽快进行适配
pixelRatio	设备像素比
screenWidth	屏幕宽度，单位为 px
screenHeight	屏幕高度，单位为 px
windowWidth	可使用窗口宽度，单位为 px
windowHeight	可使用窗口高度，单位为 px
statusBarHeight	状态栏的高度，单位为 px
language	微信设置的语言
version	微信版本号

续表

参数	说明
system	操作系统及版本
platform	客户端平台，合法值有 ios、android、windows、mac、devtools
fontSizeSetting	用户设备字体大小（单位为 px）。以微信客户端“我”→“设置”→“通用”→“字体大小”中的设置为准
SDKVersion	客户端基础库版本
benchmarkLevel	设备性能等级（仅 Android 小游戏）。取值为-2 或 0 时，该设备无法运行小游戏；为-1 时表示性能未知；≥1 时表示设备性能值，该值越高，设备性能也就越好
albumAuthorized	允许微信使用相册的开关（仅 iOS 有效）
cameraAuthorized	允许微信使用摄像头的开关
locationAuthorized	允许微信使用定位的开关
microphoneAuthorized	允许微信使用麦克风的开关
notificationAuthorized	允许微信通知的开关
notificationAlertAuthorized	允许微信通知带有提醒的开关（仅 iOS 有效）
notificationBadgeAuthorized	允许微信通知带有标记的开关（仅 iOS 有效）
notificationSoundAuthorized	允许微信通知带有声音的开关（仅 iOS 有效）
phoneCalendarAuthorized	允许微信使用日历的开关
bluetoothEnabled	蓝牙的系统开关
locationEnabled	地理位置的系统开关
wifiEnabled	Wi-Fi 的系统开关
safeArea	在竖屏正方向下的安全区域，合法值有 left、right、top、bottom、width、height
locationReducedAccuracy	true 表示模糊定位，false 表示精确定位，仅 iOS 支持
theme	系统当前主题，取值为 light 或 dark，全局配置"darkmode":true 时才能获取，否则为 undefined （不支持小游戏）
host	当前小程序运行的宿主环境
enableDebug	是否已打开调试。可通过右上角菜单或 wx.setEnableDebug()打开调试
deviceOrientation	设备方向，合法值有 portrait（竖屏）、landscape（横屏）

使用 wx.getSystemInfo()可以异步获取系统信息，示例代码如下。

```
Page({
 onLoad:function(){
  wx.getSystemInfo({
   success: function(res) {
     console.log("手机型号="+res.model)
     console.log("设备像素比="+res.pixelRatio)
     console.log("窗口宽度="+res.windowWidth)
     console.log("窗口高度="+res.windowHeight)
     console.log("微信设置的语言="+res.language)
     console.log("微信版本号="+res.version)
     console.log("操作系统版本="+res.system)
     console.log("客户端平台="+res.platform)
   }
  })
 }
})
```

使用 wx. getSystemInfoSync()可以同步获取系统信息，它是没有参数的，示例代码如下。

```
Page({
 onLoad: function () {
  try {
    var res = wx.getSystemInfoSync()
    console.log("手机型号=" + res.model)
```

```
        console.log("设备像素比=" + res.pixelRatio)
        console.log("窗口宽度=" + res.windowWidth)
        console.log("窗口高度=" + res.windowHeight)
        console.log("微信设置的语言=" + res.language)
        console.log("微信版本号=" + res.version)
        console.log("操作系统版本=" + res.system)
        console.log("客户端平台=" + res.platform)
      } catch (e) {
        //捕获异常
      }
    }
  })
```

10.1.2 获取网络状态

微信小程序使用 wx.getNetworkType()来获取网络类型，网络类型分为 2g（2G 网络）、3g（3G 网络）、4g（4G 网络）、wifi（Wi-Fi 网络）、unknown（Android 系统中不常见的网络类型）、none（无网络）。

示例代码如下。

```
Page({
  onLoad: function () {
    wx.getNetworkType({
      success: function (res) {
        //返回网络类型
        var networkType = res.networkType;
        console.log("网络类型="+networkType);
      }
    })
  }
})
```

微信小程序使用 wx.onNetworkStatusChange()监听网络状态变化事件，返回 isConnected（当前是否有网络连接）、networkType（网络类型）。wx.offNetworkStatusChange()可以取消监听网络状态变化事件。

示例代码如下。

```
wx.onNetworkStatusChange(function (res) {
  console.log(res.isConnected)
  console.log(res.networkType)
})
```

10.1.3 加速度计

微信小程序使用 wx.onAccelerometerChange()来实现监听加速度计的数据，频率为 5 次/s，具体参数如表 10.2 所示。使用 wx.offAccelerometerChange()可以取消监听加速度计的数据事件。

表 10.2 wx.onAccelerometerChange()的参数说明

参数	类型	说明
x	number	*x* 轴
y	number	*y* 轴
z	number	*z* 轴

示例代码如下。

```
Page({
  onLoad: function () {
```

```
    wx.onAccelerometerChange(function(res) {
      console.log("x轴="+res.x)
      console.log("y轴="+res.y)
      console.log("z轴="+res.z)
    })
  }
})
```

微信小程序使用 wx.startAccelerometer()来开始监听加速度计，使用 wx.stopAccelerometer()来停止监听加速度计。

10.1.4 罗盘

微信小程序使用 wx.onCompassChange()来监听罗盘数据，频率为 5 次/s，返回值参数 direction 为设备面对的方向度数。可使用 wx.offCompassChange()来取消监听罗盘数据变化事件。

微信小程序使用 wx.startCompass()开始监听罗盘数据，使用 wx.stopCompass()停止监听罗盘数据。

示例代码如下。

```
Page({
  onLoad: function () {
    wx.startCompass() //开始监听罗盘数据
    wx.onCompassChange(function (res) {
      console.log("面对的方向度数="+res.direction)
})
wx.stopCompass() //停止监听罗盘数据
  }
})
```

10.1.5 拨打电话

微信小程序使用 wx.makePhoneCall()来拨打电话，参数 phonenumber 为需要拨打的电话号码。

示例代码如下。

```
wx.makePhoneCall({
  phonenumber: '15112345678'
})
```

10.1.6 扫码

微信小程序使用 wx.scanCode()来调用客户端扫码界面，扫码成功后返回对应的扫码结果，其参数如表 10.3 所示。

表 10.3 wx.scanCode()的参数说明

参数	类型	是否必填	说明
onlyFromCamera	boolean	否	是否只能用相机扫码，不允许从相册选择图片
scanType	Array.<string>	否	扫码类型。barCode 表示一维码，qrCode 表示二维码，datamatrix 表示 Data Matrix 码，pdf417 表示 PDF417 条码，wxCode 表示小程序码
success	function	否	接口调用成功的回调函数，返回内容详见表 10.4
fail	function	否	接口调用失败的回调函数
complete	function	否	接口调用结束的回调函数（调用成功、失败都会执行）

success 返回参数说明如表 10.4 所示。

表 10.4　success 返回参数说明

参数	说明
result	所扫码的内容
scanType	所扫码的类型
charSet	所扫码的字符集
path	当所扫的码为当前小程序二维码时，会返回此字段，内容为二维码携带的路径
rawData	原始数据

示例代码如下。

```
wx.scanCode({
 success: (res) => {
   console.log(res)
 }
})
```

10.1.7　剪贴板

微信小程序提供剪贴板功能，可以使用 wx.setClipboardData()设置剪贴板的内容，使用 wx.getClipboardData()获取剪贴板的内容。

示例代码如下。

```
Page({
 onLoad: function () {
  wx.setClipboardData({
   data: '我是剪贴板内容',
   complete: function (res) {
    wx.getClipboardData({
     success: function (res) {
       console.log(res.data)
     }
    })
   }
  })
 }
})
```

10.1.8　蓝牙

微信小程序针对蓝牙功能提供了很多 API，包括初始化蓝牙功能、关闭蓝牙功能、监听蓝牙功能、搜寻附近蓝牙设备等 API。

（1）wx.openBluetoothAdapter()用来初始化小程序的蓝牙功能，生效周期从调用 wx.openBluetoothAdapter()开始，直到调用 wx.closeBluetoothAdapter()或小程序被销毁为止。在小程序蓝牙适配器模块生效期间，开发者可以正常调用小程序 API，并会收到与蓝牙模块相关的回调。

（2）wx.closeBluetoothAdapter()用来关闭蓝牙模块，使其进入未初始化状态。调用该方法将断开所有已建立的连接并释放系统资源。建议在使用小程序蓝牙流程后调用，并与 wx.openBluetoothAdapter()成对调用。

（3）wx.onBluetoothAdapterStateChange()用来监听蓝牙适配器状态，返回值 available 为 true 代表蓝牙适配器可用，返回值 discovering 为 true 代表蓝牙适配器处于搜索状态。

（4）wx.getBluetoothAdapterState()用来获取蓝牙适配器状态，返回值 available 为 true 代表蓝牙适配器可用，返回值 discovering 为 true 代表蓝牙适配器处于搜索状态。

（5）wx.startBluetoothDevicesDiscovery()用来开始搜寻附近的蓝牙外围设备。该操作比较耗费系统资源，可在搜索并连接到设备后调用 wx.stopBluetoothDevicesDiscovery()停止搜寻附近的蓝牙外围设备。

（6）wx.getBluetoothDevices()用来获取小程序在蓝牙模块生效期间所有已发现的蓝牙设备，包括已经和本机处于连接状态的设备。wx.getConnectedBluetoothDevices()用来根据UUID（通用唯一识别码）获取处于已连接状态的设备。wx.onBluetoothDeviceFound()用来监听寻找到新设备的事件。

（7）wx.createBLEConnection()用来连接低功耗蓝牙设备；wx.closeBLEConnection()用来断开与低功耗蓝牙设备的连接；wx.onBLEConnectionStateChange()用来监听低功耗蓝牙连接状态改变事件，包括开发者主动连接或断开连接、设备丢失、连接异常断开等；wx.notifyBLECharacteristicValueChange()用来启用低功耗蓝牙设备特征值变化时的notify（通知）功能，订阅特征值，设备的特征值必须支持notify或者indicate（指示）才可以成功调用；wx.onBLECharacteristicValueChange()用来监听低功耗蓝牙设备的特征值变化；wx.readBLECharacteristicValue()用来读取低功耗蓝牙设备特征值的二进制数据；wx.writeBLECharacteristicValue()用来向低功耗蓝牙设备特征值中写入二进制数据。

（8）wx.getBLEDeviceServices()用来获取低功耗蓝牙设备的所有服务；wx.getBLEDeviceCharacteristics()用来获取低功耗蓝牙设备某个服务中的所有特征值。

10.1.9 屏幕亮度

wx.setScreenBrightness()用来设置屏幕亮度，它有一个参数值value，取值范围为0～1，0代表最暗，1代表最亮；wx.getScreenBrightness()用来获取屏幕的亮度；wx.setKeepScreenOn()用来设置是否保持屏幕长亮状态，仅在当前小程序生效，离开小程序后设置失效；wx.onUserCaptureScreen()用来监听用户主动截屏事件，用户使用系统截屏按键截屏时触发该监听事件，并且该监听事件只能注册一个；wx.offUserCaptureScreen()用来取消监听用户主动截屏事件。

10.1.10 振动

微信小程序使用wx.vibrateLong()使手机发生较长时间（400ms）的振动；使用wx.vibrateShort()使手机发生较短时间（15ms）的振动。

10.1.11 手机联系人

微信小程序使用wx.addPhoneContact()调用表单后，用户可以选择将该表单以“新增联系人”或“添加到已有联系人”的方式写入手机通信录，完成手机通信录联系人和联系方式的增加。其参数如表10.5所示。

表10.5 wx.addPhoneContact()的参数说明

参数	类型	是否必填	说明
photoFilePath	string	否	头像本地文件路径
firstName	string	是	名字
nickName	string	否	昵称
lastName	string	否	姓氏
middleName	string	否	中间名
remark	string	否	备注
mobilePhoneNumber	string	否	手机号码
weChatNumber	string	否	微信号
addressCountry	string	否	联系地址国家

续表

参数	类型	是否必填	说明
addressState	string	否	联系地址省份
addressCity	string	否	联系地址城市
addressStreet	string	否	联系地址街道
addressPostalCode	string	否	联系地址邮政编码
organization	string	否	公司
title	string	否	职位
workFaxNumber	string	否	工作传真号码
workPhoneNumber	string	否	工作电话号码
hostNumber	string	否	公司电话号码
email	string	否	电子邮件
url	string	否	网站
workAddressCountry	string	否	工作地址国家
workAddressState	string	否	工作地址省份
workAddressCity	string	否	工作地址城市
workAddressStreet	string	否	工作地址街道
workAddressPostalCode	string	否	工作地址邮政编码
homeFaxNumber	string	否	住宅传真号码
homePhoneNumber	string	否	住宅电话号码
homeAddressCountry	string	否	住宅地址国家
homeAddressState	string	否	住宅地址省份
homeAddressCity	string	否	住宅地址城市
homeAddressStreet	string	否	住宅地址街道
homeAddressPostalCode	string	否	住宅地址邮政编码
success	function	否	接口调用成功的回调函数
fail	function	否	接口调用失败的回调函数
complete	function	否	接口调用结束的回调函数（调用成功、失败都会执行）

示例代码如下。

```
Page({
 onLoad:function(){
  wx.addPhoneContact({
   firstName: '名字',
   nickName:'昵称',
   lastName:'姓氏',
   mobilePhoneNumber:'手机号码'
  })
 }
})
```

10.2 文件操作 API

微信小程序提供了针对文件操作的 API，包括 wx.saveFile()（保存文件到本地）、wx.getSavedFileList()（获取本地文件列表）、wx.getSavedFileInfo()（获取本地文件信息）、wx.removeSavedFile()（删除本地文件）、wx.openDocument()（打开文档）、wx.getFileInfo()（获取文件信息）等。

慕课视频

文件操作 API

10.2.1 wx.saveFile()保存文件到本地API

wx.saveFile()可以根据文件的临时路径将文件保存到本地，下次启动微信小程序的时候，仍然可以获取该文件。如果是临时路径，则下次启动微信小程序的时候会无法获取该文件。本地文件存储的大小限制为 10MB。wx.saveFile()可用来移动临时文件，因此调用成功后传入的 tempFilePath 将不可用，参数 tempFilePath 为需要保存的文件的临时路径。

示例代码如下。

```
Page({
  onLoad:function(){
    wx.getImageInfo({
      src: 'https://api.mofun365.com:8888/images/goods/1555851497575.jpg',
      success: function (res) {
        var path = res.path;
        console.log("临时文件路径="+path);
        wx.saveFile({
          tempFilePath: path,
          success: function(res){
            var savedFilePath = res.savedFilePath;
            console.log("本地文件路径="+savedFilePath);
          }
        })
      }
    })
  }
})
```

将文件保存到本地后，会返回一个 savedFilePath 本地文件存储路径，根据这个路径可以访问或者使用该文件。微信小程序下次启动的时候，这个本地文件仍然存在。

10.2.2 wx.getSavedFileList()获取本地文件列表API

通过 wx.saveFile()可以将临时文件保存到本地，使之成为本地文件。使用 wx.getSavedFileList()来获取本地文件列表时，可以获取 wx.saveFile()保存的文件，调用成功后返回 errMsg 接口调用结果和 fileList 文件列表。fileList 文件列表说明如表 10.6 所示。

表 10.6 fileList 文件列表说明

参数	类型	说明
filePath	string	文件的本地路径
createTime	number	文件保存时的时间戳，即从 1970 年 1 月 1 日 00:00:00 到当前时间的秒数
size	number	文件大小，单位为字节

示例代码如下。

```
Page({
  onLoad:function(){
    wx.getSavedFileList({
      success: function(res) {
        var fileList = res.fileList;
        console.log(fileList)
        for(var i=0;i<fileList.length;i++){
            var file = fileList[i];
            console.log("第"+(i+1)+"个文件:");
            console.log("文件创建时间="+file.createTime);
            console.log("文件大小="+file.size);
            console.log("文件本地路径="+file.filePath);
        }
```

```
            }
        })
    }
})
```

10.2.3 wx.getSavedFileInfo()获取本地文件信息 API

wx.getSavedFileInfo()用于获取本地文件的文件信息。此接口只能用于已保存到本地的文件，若需要获取临时文件信息，则需使用 wx.getFileInfo()接口。通过 wx.getSavedFileInfo()获取的本地文件信息包括文件的创建时间、文件大小及接口调用结果。wx.getSavedFileInfo()的参数 filePath 代表文件路径。

示例代码如下。

```
Page({
  onLoad:function(){
    wx.getSavedFileList({
      success: function(res) {
        var fileList = res.fileList;
        console.log(fileList)
        var file = fileList[0];
        wx.getSavedFileInfo({
         filePath: file.filePath,
         success: function(res){
            console.log("文件创建时间="+res.createTime);
            console.log("文件大小="+res.size);
            console.log("文件本地路径="+res.errMsg);
         }
        })
      }
    })
  }
})
```

10.2.4 wx.removeSavedFile()删除本地文件 API

wx. removeSavedFile()用来删除本地文件，参数 filePath 为需要删除的文件路径。

示例代码如下。

```
Page({
  onLoad:function(){
    wx.getSavedFileList({
      success: function(res) {
        var fileList = res.fileList;
        console.log(fileList)
        var file = fileList[0];
        wx.removeSavedFile({
         filePath: file.filePath,
         complete: function(res) {
           console.log(res)
         }
        })
      }
    })
  }
})
```

10.2.5 wx.openDocument()打开文档 API

wx.openDocument()可以用来打开 DOC、DOCX、XLS、XLSX、PPT、PPTX、PDF 等

多种格式的文档，wx.openDocument()的参数 filePath 为文件路径，可通过 downloadFile 获得。

示例代码如下。

```
Page({
  onLoad:function(){
    wx.downloadFile({
      url: 'https://api.mofun365.com:8888/images/doc/weixin.docx',
      success: function (res) {
        var filePath = res.tempFilePath
        wx.openDocument({
          filePath: filePath,
          success: function (res) {
            console.log('打开文档成功')
          }
        })
      }
    })
  }
})
```

10.2.6 wx.getFileInfo()获取文件信息 API

wx.getFileInfo()用来获取文件信息，参数 filePath 为本地文件路径、digestAlgorithm 为计算文件摘要的算法（MD5 算法、SHA1 算法），返回值为 size（文件大小），以字节为单位，digest 按照传入的 digestAlgorithm 计算得出文件摘要。

示例代码如下。

```
wx.getFileInfo({
  success (res) {
    console.log(res.size)
    console.log(res.digest)
  }
})
```

10.2.7 FileSystemManager 文件管理器 API

微信小程序的 FileSystemManager 文件管理器是一个用于对小程序本地文件系统进行操作的 API。它允许开发者进行文件的创建、读取、写入、复制、移动、删除等各种操作。

通过 FileSystemManager，开发者可以在小程序的本地文件系统中创建文件或文件夹，并可以指定路径、文件名、内容等相关参数。可以使用 writeFile()方法将数据写入指定文件中，或使用 appendFile()方法追加数据到已有文件。可以使用 readFile()方法读取文件内容，并使用 readdir()方法获取指定目录下的文件列表。FileSystemManager 还提供了 copyFile()和 rename()方法，用于复制文件和重命名文件，以方便文件的管理和操作。此外，还可以使用 unlink()方法删除文件或使用 rmdir()方法删除文件夹。

FileSystemManager 文件管理器提供了丰富的文件操作方法，以便开发者在微信小程序中对本地文件系统进行各种管理和操作，从而实现更多的功能。

10.3 窗口 API

慕课视频

窗口 API

微信小程序提供窗口 API。其中，wx.onWindowResize()用于监听窗口尺寸变化事件，wx.offWindowResize()用于取消监听窗口尺寸变化事件；wx.checkIsPictureInPictureActive()用于返回当前是否存在小窗播放（小窗在 video/live-player/live-pusher 下可用）；wx.setWindowSize()用于设置

窗口大小，该接口仅适用于 PC 平台，从基础库 2.11.0 版本开始停止维护。

wx.onWindowResize()窗口返回值为 size 对象，size 对象包含两个属性：windowWidth（变化后的窗口宽度），单位为像素（px）；windowHeight（变化后的窗口高度），单位为像素。

示例代码如下。

```
wx.onWindowResize(function (res) {
  console.log(res.size. windowWidth);
  console.log(res.size. windowHeight);
})
```

10.4 微信运动 API

微信小程序提供微信运动 wx.getWeRunData() API，调用前需要用户授权 scope.werun，根据微信运动 API 获取用户过去 31 天的微信运动步数，需要先调用 wx.login()接口，步数信息会在用户主动进入小程序时更新。

慕课视频

微信运动 API

微信运动 API 的返回值如下。

（1）encryptedData：包括敏感数据在内的完整用户信息的加密数据，详见加密数据解密算法。

（2）iv：加密算法的初始向量。

（3）cloudID：敏感数据对应的云 ID，只有开通了云开发的小程序才会返回，可通过云调用直接获取开放数据。

示例代码如下。

```
wx.getWeRunData({
 success (res) {
  //使用 encryptedData 到开发者后台解密开放数据
  const encryptedData = res.encryptedData
  //或使用 cloudID 通过云调用直接获取开放数据
  const cloudID = res.cloudID
 }
})
```

开放数据 JSON 结构如下。

```
{
  "stepInfoList": [
    {
      "timestamp": 1445866601,
      "step": 100
    },
    {
      "timestamp": 1445876601,
      "step": 120
    }
  ]
}
```

其中，timestamp 为时间戳，表示数据对应的时间；step 表示微信运动步数。

10.5 项目实战：任务 22——实现图书分类功能

慕课视频

项目实战：实现图书分类功能

1. 任务目标

实现莫凡商城图书分类功能，巩固手风琴式导航菜单切换设计的相关知识。

在莫凡商城中可以通过手风琴式导航菜单切换图书分类，如图 10.1 和图 10.2 所示。

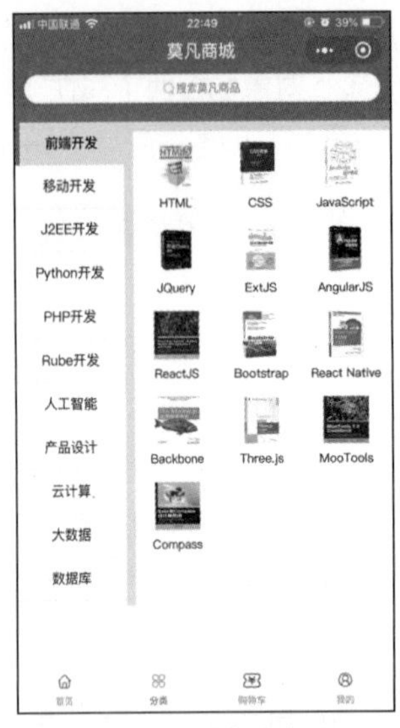

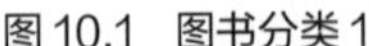
图10.1　图书分类1

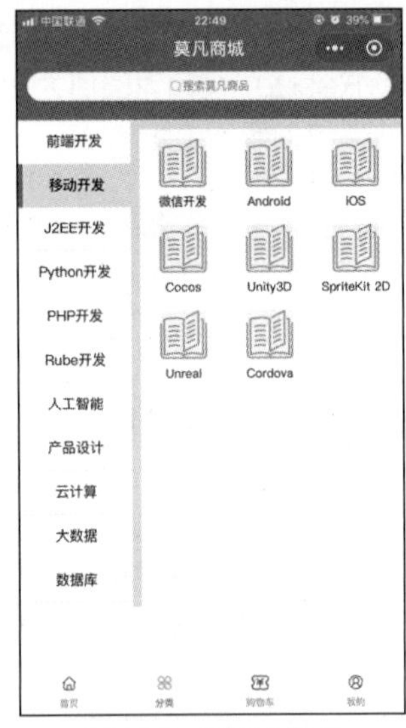

图10.2　图书分类2

2. 任务实施

（1）在app.json文件里添加图书分类页的路径“pages/category/category”。

（2）在category.wxml图书分类页文件里进行图书分类页的布局设计，具体代码如下。

```
    <view class="content">
      <view class="search">
        <view class="searchInput" bindtap="searchInput">
          <image src="/pages/images/tubiao/fangdajing-1.jpg" style="width:15px;
height:19px;"></image>
          <text class="searchContent">搜索莫凡商品</text>
        </view>
      </view>
      <view class="category">
        <view class="left">
          <block wx:for="{{category}}">
            <view class="{{flag==index?'select':'normal'}}" id="{{index}}" bindtap=
"switchNav">{{item.firstTypeName}}</view>
          </block>
        </view>
        <view class="space"></view>
        <view class="right">
          <view class="hr"></view>
          <view class="rightContent">
            <swiper current="{{currentTab}}" style="height:500px;">
              <block wx:for="{{category}}">
                <swiper-item>
                  <view class="items">
                    <block wx:for="{{item.children}}" wx:for-item="it">
                      <view class="item" bindtap="more" data-firstid="{{item.
firstId}}" data-secondid="{{it.secondId}}">
                        <view wx:if="{{it.secondTypeIcon}}">
                          <image src="{{it.secondTypeIcon}}"></image>
                        </view>
                        <view wx:else>
                          <image src="/pages/images/category/default.jpg"></image>
                        </view>
                        <view class="name">{{it.secondTypeName}}</view>
                      </view>
```

```
                </block>
              </view>
            </swiper-item>
          </block>
        </swiper>
      </view>
    </view>
  </view>
</view>
```

（3）在 category.wxss 样式文件里进行图书分类页的样式渲染，具体代码如下。

```
.content {
  width: 100%;
  font-family: "Microsoft YaHei";
}
.search{
    width: 100%;
    background-color: #009966;
    height: 50px;
    line-height: 50px;
}
.searchInput{
    width: 95%;
    background-color: #ffffff;
    height: 30px;
    line-height: 30px;
    border-radius: 15px;
    display: flex;
    justify-content:center;
    align-items:center;
    margin: 0 auto;
}
.searchContent{
    font-size:12px;
    color: #777777;
}
.category {
  display: flex;
  flex-direction: row;
}
.left {
   width: 30%;
   font-size: 15px;
}

.left view {
   text-align: center;
   height: 45px;
   line-height: 45px;
}
.select{
    background-color: #dddddd;
    border-left:5px solid #009966;
    font-weight: bold;
}
.normal{
    background-color: #ffffff;
    border-bottom: 1px solid #f2f2f2;
}
.space{
  width: 10px;
```

```
    background-color: #dddddd;
}
.right{
     width:70%;
}
.hr{
    height: 10px;
    background-color: #dddddd;
}
.line{
     height: 1px;
     width: 100%;
     background-color: #dddddd;
     opacity: 0.2;
}
.title{
    padding: 10px;
    font-size: 13px;
}
.items{
    display: flex;
    flex-wrap: wrap;
    justify-content: space-left;
}
.item{
   width: 33%;
   height: 80px;
   text-align: center;
   padding-top:10px;
}
.item image{
   width: 50px;
   height: 50px;
}
.name{
  font-size: 13px;
}
```

（4）在 category.js 业务逻辑处理文件里进行图书分类页的逻辑处理，具体代码如下。

```
var app = getApp();
var host = app.globalData.host;
Page({
 data: {
  flag: 0,
  currentTab: 0,
  category: [ ]
 },
 onLoad: function (options) {
  var page = this;
  this.loadCategory();
 },
 loadCategory:function(){
   var page = this;
   wx.request({
    url: host + '/api/category/getCategoryList',
    method: 'GET',
    data: { },
    header: {
     'Content-Type': 'application/json'
    },
    success: function (res) {
```

```
        console.log(res);
        var code = res.data.code;
        var category = res.data.data;
        if (code = '0000') {
          page.setData({ category: category });
        }
      }
    })
  },
  switchNav: function (e) {
    var page = this;
    var id = e.target.id;
    if (this.data.currentTab == id) {
      return false;
    } else {
      page.setData({ currentTab: id });
    }
    page.setData({ flag: id });
  },
  more:function(e){
    console.log(e);
    var firstId = e.currentTarget.dataset.firstid;
    var secondId = e.currentTarget.dataset.secondid;
    wx.navigateTo({
      url: '../goodsList/goodsList?firstId=' + firstId + "&secondId=" + secondId,
    })
  },
  searchInput: function (e) {
    wx.navigateTo({
      url: '../search/search',
    })
  }
})
```

10.6 项目实战：任务 23——实现图书分类结果列表功能

1. 任务目标

实现莫凡商城图书分类结果列表功能，巩固图书列表动态获取的相关知识。

莫凡商城图书分类结果列表用来显示图书分类二级导航菜单对应的结果列表，结果列表包括图书名称、作者、出版社、出版时间及价格，如图 10.3 所示。

图 10.3　图书分类结果列表

慕课视频

项目实战：实现图书分类结果列表功能

2. 任务实施

（1）在 app.json 文件里添加图书分类结果列表页的路径“pages/goodsList/goodsList”。

（2）在 goodsList.wxml 页面文件里进行图书分类结果列表页的布局设计，具体代码如下。

```
<view class="content">
  <view class="search">
    <view class="searchInput" bindtap="searchInput">
      <image src="/pages/images/tubiao/fangdajing-1.jpg" style="width:15px;
height:19px;"></image>
      <text class="searchContent">搜索莫凡商品</text>
    </view>
  </view>
  <view class="hr"></view>
  <view class="list">
    <block wx:for="{{books}}">
      <view class="book" bindtap="seeDetail" id="{{item.id}}">
        <view class="pic">
          <image src="{{item.listPic}}" mode="aspectFit" style="width:115px;
height:120px;"></image>
        </view>
        <view class="movie-info">
          <view class="base-info">
            <view class="name">{{item.goodsName}}</view>
            <view class="desc">作者:{{item.author}} 著</view>
            <view class="desc">出版社:{{item.bookConcern}}</view>
            <view class="desc">出版时间:{{item.publishTime}}</view>
            <view class="people">
              <text class="price">￥{{item.goodsPrice}}</text>
              <text class="org">￥{{item.goodsCost}}</text>
            </view>
          </view>
        </view>
      </view>
      <view class="hr"></view>
    </block>
  </view>
</view>
```

（3）在 goodsList.wxss 样式文件里进行图书分类结果列表页的样式渲染，具体代码如下。

```
.content{
  font-family: "Microsoft YaHei";
  width: 100%;
}
.search{
    width: 100%;
    background-color: #009966;
    height: 50px;
    line-height: 50px;
}
.searchInput{
    width: 95%;
    background-color: #ffffff;
    height: 30px;
    line-height: 30px;
    border-radius: 15px;
    display: flex;
    justify-content:center;
    align-items:center;
    margin: 0 auto;
}
.searchContent{
```

```
    font-size:12px;
    color: #777777;
}

.list{
    margin-top: 10px;
}
.book{
    display: flex;
    flex-direction: row;
    width: 100%;
}
.pic image{
     width:80px;
     height:100px;
     padding:10px;
}
.base-info{
    font-size: 12px;
    padding-top: 10px;
    line-height: 22px;
}
.name{
   font-size: 15px;
   font-weight: bold;
   color: #000000;
}
.people{
    color: #555555;
    margin-top: 5px;
    margin-bottom: 5px;
}
.price{
     font-size: 18px;
     font-weight: bold;
     color: #E53D30;
     margin-left:5px;
}
.org{
  text-decoration: line-through;
  margin-left: 10px;
  margin-right: 5px;
}
.desc{
   color: #333333;
}
.hr{
    height: 1px;
    width: 100%;
    background-color: #009966;
    opacity: 0.2;
}
```

（4）在 goodsList.js 业务逻辑处理文件里进行图书分类结果列表业务逻辑处理，具体代码如下。

```
var app = getApp();
var host = app.globalData.host;
Page({
 data: {
  books: null,
  host: host
 },
```

```
    onLoad: function(e) {
      var firstId = e.firstId;
      var secondId = e.secondId;
      this.getBookList(firstId, secondId);
    },
    getBookList: function(firstId, secondId) {
      var page = this;
      wx.request({
        url: host + '/api/goods/getGoodsList',
        method: 'GET',
        data: {
          firstId: firstId,
          secondId: secondId
        },
        header: {
          'Content-Type': 'application/json'
        },
        success: function(res) {
          var books = res.data.data;
          console.log(books);
          page.setData({
            books: books
          });
        }
      })
    },
    seeDetail: function(e) {
      var goodsId = e.currentTarget.id;
      wx.navigateTo({
        url: '../goodsDetail/goodsDetail?goodsId=' + goodsId,
      })
    },
    searchInput: function(e) {
      wx.navigateTo({
        url: '../search/search',
      })
    }
  })
```

10.7 小结

本单元包含以下内容。

- 设备应用 API，包括获得系统信息、获取网络状态、加速度计、罗盘、拨打电话、扫码、剪贴板、蓝牙、屏幕亮度、振动、手机联系人。
- 文件操作 API，包括 wx.saveFile()（保存文件到本地）、wx.getSavedFileList()（获取本地文件列表）、wx.getSavedFileInfo()（获取本地文件信息）、wx.removeSavedFile()（删除本地文件）、wx.openDocument()（打开文档）、wx.getFileInfo()（获取文件信息）、FileSystemManager（文件管理器）等 API。
- 窗口 API，包括 wx.onWindowResize（监听窗口尺寸变化）、wx.offWindowResize（取消监听窗口尺寸变化）、wx.checkIsPictureInPictureActive（返回当前是否存在小窗播放）、wx.setWindowSize（设置窗口大小）。
- 微信运动 API，用来获取微信运动步数。